爱上科学
Science

图解 数学简史

数学世界中不可不知的
100 个重大突破

■ [英] 理查德·埃尔威斯 (Richard Elwes) 著

齐瑞红 房超 于幻 译

U0196348

人民邮电出版社
北京

图书在版编目（CIP）数据

图解数学简史：数学世界中不可不知的100个重大突破 /（英）理查德·埃尔威斯（Richard Elwes）著；齐瑞红，房超，于幻译. -- 北京：人民邮电出版社，2022.3（2024.1重印）
（爱上科学）
ISBN 978-7-115-56538-9

Ⅰ. ①图… Ⅱ. ①理… ②齐… ③房… ④于… Ⅲ.①数学史－普及读物 Ⅳ. ①O11-49

中国版本图书馆CIP数据核字(2021)第089029号

版权声明

◆ 著　　　　［英］理查德·埃尔威斯（Richard Elwes）
　　译　　　　齐瑞红　房　超　于　幻
　　责任编辑　胡玉婷
　　责任印制　陈　犇
◆ 人民邮电出版社出版发行　　北京市丰台区成寿寺路 11 号
　　邮编　100164　　电子邮件　315@ptpress.com.cn
　　网址　https://www.ptpress.com.cn
　　北京虎彩文化传播有限公司印刷
◆ 开本：787×1092　1/16
　　印张：26　　　　　　　　　2022 年 3 月第 1 版
　　字数：553 千字　　　　　　2024 年 1 月北京第 3 次印刷
　　著作权合同登记号　图字：01-2021-1414 号

定价：179.80 元
读者服务热线：(010)81055493　印装质量热线：(010)81055316
反盗版热线：(010)81055315
广告经营许可证：京东市监广登字 20170147 号

内容提要

数学无处不在，是日常生活中不可或缺的部分，支撑着世界上绝大多数的基本规律，从美丽的大自然到令人惊讶的对称性技术中，都能看到数学的影子。虽然数学的基本逻辑同宇宙一样古老，但人类直到近代才开始理解这个复杂的学科。那我们是如何发现数学并使之飞跃发展的呢？

本书将告诉读者数学领域的 100 个重大突破。书中以故事的形式讲述了你需要知道且十分重要的数学基本概念。从数学最初的"生命火花"——记数，来回顾我们的进步历程，通过古老的几何形状、经典悖论、逻辑代数、虚数、分形、相对论和形态弯曲等难题，淋漓尽致地为大家展示奇妙的数学世界。书中上百张精美的图片和富有启发性的图表，将为你展示数学这门极为重要的学科的 100 座里程碑，以及它们是如何深远地影响我们的生活的。每个故事都占据 4 页，其中 1 页为全彩图，3 页为文字内容，结构清晰明了。

本书适合对数学及数学发展史感兴趣的读者阅读。

引言

　　数学是一门"永恒"的学科。历史学因时代不同或地域差别而千变万化，艺术品位因文化差异和个人喜好而千差万别，但是数学几乎不会因朝代更迭或个人喜好而有任何变化。无论你是古巴比伦的一位牧羊人还是 21 世纪的计算机程序设计师，1 加 1 永远等于 2。当然，科学的许多分支都具有这种不变性。毕竟，在过去的几千年里，人体结构变化甚微；在地球表面的大多数地方，同一物体所受的引力也几乎是相同的。但是，数学理论的稳固性则是更深层次的。设想若有外星物种存在，它们的生物学知识体系一定与我们的不同。我们甚至可以设想存在不同的宇宙，这些宇宙所遵循的物理规律与我们这个宇宙所遵循的物理规律大相径庭。但是，我们很难想象一个 1+1=3 的世界！数学不仅是正确的，而且是必然的。

　　当然，我们的祖先不是从沼泽地爬出来就掌握了数学。数学发现是在某些特定的历史时刻才有所突破，对于这整个学科的开端——记数更是如此，这种记数能力出现在人类进化史上的一个特定的阶段。

发展历程

　　数学是怎样发展的呢？人们对数学的发展常有一种误解，认为是一位孤独又睿智的学者以与时俱进的认知把各门学科融会贯通，并发现一些隐藏其中的出乎意料的科学真理。但这种想法忽视了数学中的合作性，正如著名数学家、物理学家艾萨克·牛顿所言："如果说我看得更远，那是因为我站在巨人的肩膀上。"

　　本书中描绘的许多数学上的重要突破当然离不开一些耀眼的数学家做出的努力和他们的敏锐洞察力。但是，所有的这些突破性成就都不是凭空而出的，而是建立在早期思想家的成果之上。我认为把每一个突破看成数学发展道路上的一座里程碑，这是一个很好的想法。为此，我努力把每个突破放在合适的背景中，讲述问题的原始出处以及研究者为解决问题所付出的努力，还有对后世的影响。

数学的黄金期

　　数学的发展可分为以下几个时期：古希腊的毕达哥拉斯时期，这时的数学被注以神秘的宗教色彩；印度天文时期，这个时期的数学为我们如今所熟

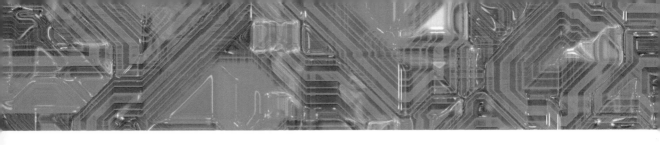

知的数值系统奠定了基础；阿拉伯翻译时期，阿拉伯人收集了此前几乎所有的数学知识；欧洲的启蒙运动开启了学术界的新纪元，这个时期的人们开创了一些新的研究方法，将各个领域的发展都推向了新的阶段，尤其是数学的发展，更是进入了一个黄金时期，我们至今深受其益。

由于世界各地的义务教育与高等教育的普及，特别是计算机的发明和广泛应用使互联网在整个科学技术革命中起着不容小觑的作用，如今的数学家们都在运用高科技进行科学研究、教学及推广工作。这使得数学日趋全球化，数学的发展也达到空前的高度，人们的交流与合作比以往任何时候都更加有效。

与此同时，人类对数学的需求也日益增加。20 世纪初，随着相对论与量子力学的发展，更高级的数学研究能力是深入研究世界所必不可少的。同样的要求，在生活的其他领域也有。例如，政治和经济领域都蕴含着大量的数据，这就需要大量的概率专家、统计人员和风险评估专家等；另外，计算机科学的飞速发展，也是由于 20 世纪初，数学的另一个学科分支——数理逻辑的出现。就连最令人深思的问题：计算机的终极能力是什么？什么是计算机无法逾越的？都将归为数学问题。

数学的未来

当今是数学发展的黄金时期。本书将会告诉读者，我们是如何逐步到达这一黄金时期的。然而，数学的明天又会是怎样的呢？这里，我们将给出一些预测：数学将会对更多的科学观点和社会现象做出合理的解释；数学将会有越来越多的学科分支，而一些分支将会得到意想不到的应用；数学、物理学、计算机科学与其他学科领域间的界线越来越模糊，与此同时，大量先前被人们认为不可能解决的难题将会被难以预料的技术或方法轻易地解决。尽管如此，仍会有许多表述简单、看起来很显然的猜想无法得到证明，这将留给新一代的思想家来处理。

目录

1 记数的发展

突破：简单的记数技能存在于各种动物之中——从鸟类、蜜蜂到恒河猴、黑猩猩。

奠基者：在研究人类的"近亲"时，可以发现，我们的祖先使用记数已有数百万年。

影响：当人类数学家致力于自己的课题的时候，动物认知专家也在研究其他物种的生物是否具有与人类同样的数学能力。

数学是人类文明发展的产物之一。就如水母、长颈鹿、寒鸦等动物在生态系统中，逐渐找到有利于它们生存的最优策略一样，人类拥有的高度的智慧和先进的知识，为他们提供了强有力的武器来应对来自各方的敌人。其中，抽象逻辑思维能力与记数能力是这一认知理论体系的一部分。数千年来，这一技能逐渐演化成几何和数论等学科，并为科学研究奠定了基础。

虽然我们无法考证人类何时首次使用记数，但是我们可以通过动物对数字的反应寻找到一些有趣的现象，从而解释我们的祖先的数字计算能力的变化。如 2010 年，杰茜卡·坎特隆和伊丽莎白·布兰农对两只名叫 Boxer 和 Feinstein 的恒河猴做了一些简单数字加法与数字组合的实验。两只恒河猴可以在屏幕上把不同的数点组合起来做加法运算，并能选出正确的和数，Boxer 和 Feinstein 给出答案的正确率高达 76%，远远高于靠瞎猜所得的正确率，也仅比在校大学生的正确率 94% 稍低。有趣的是，当选项的数字相近时，人和猴子都会花更长的时间来回答（例如，11 和 12）。此前人类简直无法想象猴子在进行算术运算时也需要花费时间进行思考！

左图：实验表明，蜜蜂可以对数值小的数进行抽象推理，在"心"中将不同的模式联系在一起。这些模式包含相同数量的元素，最多有 4 个。这是记忆食物源的路线的有用技能。

数学符号

若要具备高等数学能力，首先需要有某种表达方式来描述数学语言与数学符号，一般都认为只有人类才具备这种能力，然而，在 1993 年，动物学家通过对一只名叫 Sheba 的黑猩猩进行实验后证实这一观点是错误的。黑猩猩与人类的"亲缘"关系最近，但是这两个物种早在 400 万年前就已分离。灵长类动物学家萨拉·博伊森训练 Sheba 将不同的食物数量与数字 0 到 9 相关联，结果就如人类儿童一样，Sheba 成功学会了数字，Sheba 能够顺利地在标有相应食物量的数字和与数字相对应的食物之间移动。有时候它甚至能够掌握纯数学符号的计算，例如能够理解 4+2 等于 6。博伊森对黑猩猩进行的实验说明了动物与学前儿童一样，也有认识和运用数字的能力。

黑猩猩与学前儿童一样具有认识和运用数字的能力。

鸟类与蜜蜂中的记数

也不仅只有灵长类动物才会记数。2009 年，汉斯和他的同事就蜜蜂对图案中元素数量的识别能力进行了实验研究。蜜蜂的表现非常惊人，它们能识别出图案中 4 种不同的元素。这种技能可使它们记住食物的来源。最有名的动物认知实验之一是心理学家艾琳·派博格花了 30 年的时间训练一只来自非洲、名叫 Alex 的鹦鹉。由于它的聪明和对英语的掌握能力，Alex 逐渐出名。它除了可以记住词汇表中大约 150 个单词外，还能记数到数字 6，并进行简单的算术运算，而且运算速度和人的运算速度一样快。Alex 也能够将描述同一数字的 3 种不同方式联系起来：符号（如数字 6）、实物（如 6 个对象的集合）和声音（数字 6 的读音）。

研究表明，Alex 非凡的"成就"并非没有先例。其实，一些鸟类也能够比较两个数之间的大小，判断出哪个更大。2007 年，凯文·伯恩斯和贾森·洛做了一个关于新西兰知更鸟记数能力的实验。知更鸟面临的挑战是计算黄粉虫的数量，然后选出黄粉虫最多的那个洞。它们能够判断出 0 与 2 谁大谁小不足为奇，然而鸟类的智力与记忆力甚至能让它们分辨出更大数字之间的区别，如数字 11 和 12。学者认为这一技能是由它们的囤积行为使然。当食物不足时，知更鸟会藏起自己所得的食物，并试图"打劫"其他同类储备的食物。在这一"斗智"过程中，计算食物数量能力的提高也就可以理解了。

遗传与环境

一个有趣的问题是：数学思维能力是与生俱来的，还是像 Alex 会使用语言那样，仅仅靠后天学习而获得？一项观察实验告诉我们，即便是幼鸟，对数字也有最基本的认知。2009 年，罗莎·鲁佳妮做了一个实验，研究人员在小鸡的窝中放入小鸡大小的黄色球，然后饲养小鸡三四天，使小鸡和黄色球建立起感情。接着，这些小球被分别放在 2 个屏后，而小鸡只能从"玻璃墙"后观察小球被放到 2 个屏后面的过程。为了判断哪个屏后藏的小球多，小鸡需要仔细观察小球，记下对应数量后进行比较——小鸡在对这组数字进行比较时，已经看不到这些小球了。一旦打开"玻璃墙"，小鸡就会跑向藏球较多的那个屏。

接下来的实验是为了研究小鸡的简单计算能力。研究人员在 2 个屏后面把 5 个黄球都放好，然后让一些球在 2 个屏之间来回滚动，这样来改变 2 个屏后面黄球的分布情况。此时，小鸡为了判断哪个屏后藏的球数多，就不得不对它记下的数字进行比较。尽管，实验之前没有对小鸡做过任何记数算法的训练，它们却能够在获得自由后，很快地奔向球数多的那个屏！

上图： 在实验中，新西兰的知更鸟展示出具有辨别数字间差别的能力，最多可辨别至数字 12。

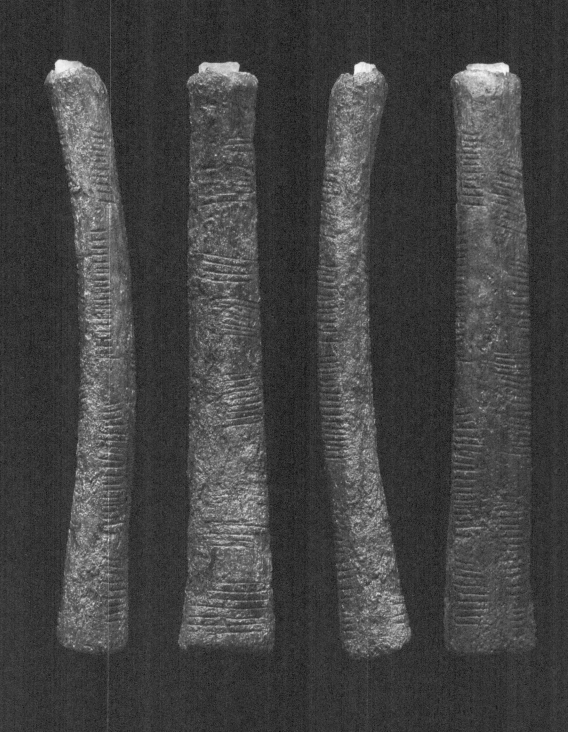

2 记数签

突破：在用来记数的所有工具中，记数签代表人类第一次象征性地描述数字。

奠基者：记数签由旧石器时代打猎、采摘的人使用。我们已经掌握的使用记数签的证据最早可追溯到约公元前 35 000 年。

影响：这些简单的史前工具标志着数学的产生。

虽然多种动物都有能力对数字进行推理，但只有人类做出了从智力记数到象征性地表示数字的这一关键性转变。史前数学存在的证据主要是记数签：刻有槽口的木条或骨头，它们被用来帮助人们记录数字。

数学的最早考古证据是"莱邦博骨"，它在非洲南部斯威士兰的群山中被发现。"莱邦博骨"是一只狒狒的腿骨，上面仔细地刻有 29 个槽口。这一数字表明这根骨头可能是一个简单的阴历日历。其实，它的设计类似于今天纳米比亚的布须曼人使用的日历棒。也许，它是一种用来追踪一个阴历月，或者用来计算女性生理周期的天数的工具。

莱邦博骨

无论"莱邦博骨"的确切用途是什么，它都很明确地证实了这根骨头是用来帮助人们记数的工具。"莱邦博骨"的主人已经向真正的数学的产生迈出了很有必要的一大步：将数用固定的物理形态表示，而不是将数暂时地保存在大脑中。"莱邦博骨"出现的年代是约公元前 35 000 年，这使它的创造者被归为一个现代人（按照进化的说法），但其早于第一次真正文明。第一次真正文明是随着农业的发展，越来越多的人定居下来而形成的。也就是说，直到新石器时代，约 10 000 年前，农业文明才开始。这个文明

左图： 左图为伊香苟骨，距今大约 22 000 年，伊香苟骨是旧石器时代数学的运用的显著证据。被发现于刚果（金），它是一只狒狒的腿骨，被当作记数签使用。

给予了人类社会稳定性和一定的组织结构，为后来出现的创新（如写作、制造陶器和车轮等）技术提供了可能。可是，"莱邦博骨"的旧石器时代的主人对此一无所知，他们只是一群打猎者、采集者中的一员，靠当地的野生动物生活。他们是高度流动的，随着季节变化和本地动物活动进行迁徙，装备着用石头、骨头和木头做成的工具。

伊香苟骨

最著名的史前数学证据是"伊香苟骨"。在 1960 年，该骨在伊香苟地区，即如今刚果（金）的维龙加国家公园被发现。伊香苟骨可追溯到大约 22 000 年前，是旧石器时代打猎者、采摘者的财产。伊香苟骨本质上还是一个记数签，但是槽口的结构比"莱邦博骨"上的精致得多。槽口分成三列：第一列读数为 11、13、17、19；第二列为 3、6、4、8、10、5、5、7；第三列为 11、21、19、9。第一列被认为是对素数理解的证据。但这只是猜测。伊香苟骨同样也是可能是一个阴历日历的追踪工具，追踪的日期长达 6 个月。

"莱邦博骨"的主人已经向真正的数学的产生迈出了很有必要的一大步。

一—二—很多

除了由考古学家挖掘的工具，有关我们从事狩猎、采摘的祖先的其他证据还可通过一些人得到，偏僻的住所将这些人与外面的世界隔绝，他们的生活方式几乎没有任何改变。令人吃惊的是，他们用少得惊人的几个数生存了数千年。沃皮利是澳大利亚的一个土著民族，他们的生活方式在过去的 30 000 年间都保持不变。在沃皮利的语言中，记数以"jinta"（意为1）这个词开始，接着是"jirrama"（意为2）。但是，在沃皮利语言中没有词表示"3"或者"4"。对于任何一个大于"jirrama"的数，用一个表示所有这些数的词"panu"统称，意为"很多"。其余澳大利亚土著民族的语言也表现出相似的情况。没有出现发明更大数的阶段，这似乎是令人吃惊的，直接原因是他们在特殊的沙漠生活中不需要这些数。

沃皮利语言的发现，带来了有关人类认知的深层问题。成长在没有数字的语言环境中的人，有算术的概念吗？把这个问题放在最简单的层面，如果一位传统的沃皮利人面对这样一个选择：5 块食物或者 6 块食物，他能看出区别吗？答案是肯定的，虽然沃皮利人缺少数学方面的词汇，难以在口头上区别出数值大的数字，但是当需要的时候，他们与其他人一样能熟练地从头脑中进行区分。在 2009 年，神经学家布赖恩·巴特沃思请沃皮利孩子在地板上排列筹码，要求筹码与两棍棒相击的声音相匹配，以调查沃皮利孩子的数学能力。沃皮利孩子和讲英语的孩子做得一样好。

布赖恩·巴特沃思的实验告诉我们语言不是决定数字能力的唯一因素，语言只是发展复杂数学的一个必要条件。

艺术和几何

新石器时代开始于约 10 000 年前，出现了艺术、技术以及几何学。几何学作为数学的分支和用于图案设计之间并没有明显的界线。早期陶器上的装饰明显是几何思想存在的证据，英国的巨石阵遗址和位于埃及的纳布塔培亚石阵同样体现出了几何思想。在这些艺术作品上都明显地体现了对称性。把这些看成对群论的早期研究也不完全是没有根据的。

下图：埃及纳布塔培亚石阵（Nabta Playa）的石圈。它可追溯到约 6000 年前，被认为是由游牧牧民建成并当作日历的。

3 位-值记号

突破：通过把数排成列，早期数学家们规定每个数字的意义不但与它的符号有关，还与它的位置有关。

奠基者：古巴比伦数学家（公元前 3000 年—公元前 2000 年）。

影响：位-值记号比之前的记数系统灵活得多，也更易于表示数字，是当今书写数字的标准方法。

　　古巴比伦学者的黄金时期大约开始于公元前 3000 年，留下了许多文化遗产。在这些遗产中，小时制是其中的一个。1h 等于 60min，1min 等于 60s，这些都是来自古巴比伦表示数字的六十进制系统，即以 60 为基数。今天，我们习惯用十进制，以 10 作为数字系统的基数。不管基数如何选择，古巴比伦人的这个创新——将数字排成列，且使数字位置和数字符号本身拥有同样重要的意义，标志着人类思想史上的关键时期。

　　成千上万年以来，人们用数字来表示和理解世界。但是，数字怎样才能被更好地表示出来呢？在史前，刻痕足以满足当时人们的各种基本需求。但是，随着人们定居下来建成稳定的城邦，文明不断发展，更复杂的数字系统也开始被制定出来。有一个特别重要的创新出现在古巴比伦的黏土板上，它对人类的发展起到举足轻重的作用。当时，古巴比伦是世界上最大的城邦，呈现出前所未有的繁荣。

　　古巴比伦是美索不达米亚的一个城邦，它的强盛归因于它先进的农业。在作为本地区中心的上千年历史中，古巴比伦在苏美尔人（Sumerian）和闪米特人（Semitic）之间经历过几次政权的更迭，同时科学、文字和文化都发展到前所未有的高度。古巴比伦人编制了年历，以 12 个月为一年。他们还首先制定以 7 天为一星期，每星期的最后一天为休息日。古巴比伦的科学家们也研究星相，本地的植物、动物、医药和数学等。

左图：一块苏美尔人的石碑，可追溯到大约公元前 2300 年。它是在泰洛（Tello），今伊拉克被发现的，这块石碑用楔形文字列出了绵羊和山羊的数目。

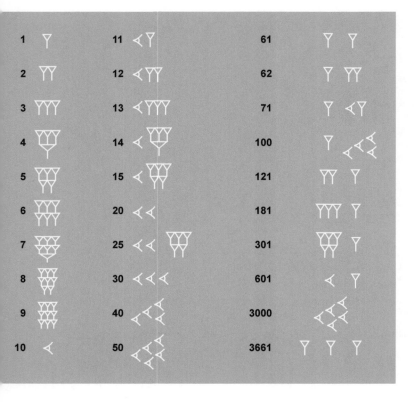

1	11	61	
2	12	62	
3	13	71	
4	14	100	
5	15	121	
6	20	181	
7	25	301	
8	30	601	
9	40	3000	
10	50	3661	

上图： 古巴比伦数字系统是第一个采用位－值记号的数字系统。在位－值记号中，一个数的位置与其符号传递同样多的信息。

古巴比伦数学

在楔形文字中，一个纵向的细楔形表示 1，多个这样的楔形可以表示数字 2～9。引入一个新的楔形（横向的粗楔形）来表示 10，多个 10 的符号的组合可以表示出 10、20、30、40 和 50。用这些文字符号就可以书写数字 1～59。

对于数字 1～59，古巴比伦记数系统是寻常的，与许多其他文化的数字记号相比没有什么特别之处。但是，当表示数字 60 时，它的真正意义就体现出来了。古巴比伦人不是用 6 个表示 10 的符号组合来表示，而是在其左边开始新的一列，写入表示 1 的符号来表示。

这与我们今天书写 10 的方法极为类似。数字 10 不再像数字 1～9 那样拥有自己的文字符号，而是由一个 1 来表示。但是 1 的位置，在其左边新的一列里，意味着它代表"1 个 10"。

进位和借位

只有在历史的长河里，位－值记号的重要性和优越性才能凸显出来。可是，通过回顾历史，我们可以认识到位－值记号的引入是科学史上的重大事件。位值制是表示数字的一种方便、快捷的方法，并使数学运算更易进行。

其他数字系统，如罗马数字，虽然在实际中很容易识读，但用它进行简单的运算，如乘法和除法，会变得晦涩难懂和不够自然。有了位值制，我们可以从一列到另一列进行"进位"或"借位"，使运算可以更清晰明了地进行。这为之后更先进的数字系统和代数理论的发展铺好了道路。

位 – 值记号的优点是显而易见的。随着文明和科学发展的水平越来越高，我们需要用的数字也越来越大。对于一群从事狩猎、采摘的人来说，应用数值小的数字和基于刻画的记数系统已经足够，但对于拥有 50 000 人口和科学家"满天飞"的城市来说所需要的要远远高于此。利用位 – 值记号，古巴比伦记录员可以仅用 3 列符号来表示小于 216 000 的任意一个数。

有了位值制，我们可以从一列到另一列进行"进位"或"借位"，使运算可以更清晰明了地进行。这为之后更先进的数字系统和代数理论的发展铺好了道路。

古巴比伦泥板

考古学家在当今伊拉克发现了几百块泥板，这能为我们提供一些古巴比伦数学发展的情况。其中最著名的是"普力马普顿 322"（Plimpton 322），可追溯到大约公元前 1800 年。很多年以来，它都被认为是一个毕达哥拉斯勾股数表，毕达哥拉斯勾股数如 (3,4,5)，(5,12,13)（见第 5 篇）。但是，现在普遍认为它是为了成为抄写员而需要做的一批练习题。这些泥板也包含了求解一元二次方程（见第 20 篇）的方法，用到了直到花拉子米才完全标准化的方法。同时，在几何学方面，古巴比伦人已经掌握了后来被称为毕达哥拉斯定理（见第 5 篇）的知识。

零的呼唤

位值制自然会引出零的重要概念。为了区别"21"和"201"，这需要体现出表示中间十位的列是有空位的，而不是不存在的。考古记录很清楚地展示了这一发展过程。早期古巴比伦泥板仅把中间列留空，不写文字，就像我们写"2 1"。但是，这是很容易误读的。到公元前 700 年，古巴比伦人已经引入一个停顿符号来表示一个空列。虽然他们不可能把这个特殊符号当成一个真正的数，但这是零的概念的一个重要先驱事件。数世纪后，零的概念出现在印度（见第 19 篇）。

4 面积和体积

突破：发明了计算各种图形的面积和体积的方法。

奠基者：古埃及数学家（公元前 1850 年）。

影响：数千年前，古埃及数学家已经整理出一系列计算面积和体积的方法。对科学家来说，进行不同维度上的测量是很重要的。

数学的一个早期的广泛应用是测量长度，而推广这种方法来计算二维或三维物体的尺寸是一个较大的挑战，这涉及分析面积和体积。几乎所有古埃及数学家的书卷都告诉我们那个时期的学者对这个问题特别感兴趣，而且他们发明了令人瞩目的计算方法。

测量距离有许多种方法，主要取决于标度。传统的方法是用步距来测量人或建筑物的高度，而在世界有些地方则用手来测量马的高度。这些测量单位的起源是很明显的。事实上，手、手指关节和手掌在古埃及是标准的测量单位，并且因此在古埃及诞生了最早的面积和体积科学。当然，如果你想测量一个小镇到另一个小镇的距离，用脚和手作为测量单位显然是不切实际的。在今天，有更长的计量单位，如英里或千米。古埃及以"河"为单位来测量这些长距离。一"河"约等于 6.2 英里（10 千米）。处于手与河之间的标准的古埃及长度单位是腕尺，保存下来的史料告诉我们一腕尺大约是 21 英寸（52.5 厘米）。

面积问题

怎么测量二维图形的面积呢？由古埃及人发明，今天仍在使用的方法是用一个边长为一单位长度的正方形来测量。所以我们今天使用的面积单位是平方米、平方英里，而古埃及人使用的是平方腕尺。如果把单位边长的正方形看作瓦片，那么需要多少块瓦片来覆盖需要测量的区域呢？

左图：在等体积的三维几何图形中，球的表面积最小。当肥皂泡最大限度地减小表面张力时，肥皂泡的形状自然成为球形。

古埃及文明始于大约公元前 3000 年，面积测量的问题对于古埃及是非常重要的。当父母去世时，他们的土地通常会被平均分配给他们的所有孩子。因为需要征税，所以对政府和公民来说，能够准确地计算面积是很重要的。当图形是标准的矩形时，计算面积很容易。一片土地 3m 长，2m 宽，需要 6 个瓦片去覆盖，这里每个瓦片是 $1m^2$ 的正方形。今天，我们把它的面积记作 $6m^2$。

同样的规律适用于体积，这是体现三维空间图形大小的一个量。以 $1×1×1$ 的立方体作为基本单位来测量空间体积，即需要多少个单位立方体来填充该图形。如果一间房是 2m 宽，3m 长，4m 高，则需 6 个立方体为一层，共需 4 层来填充，该房间总体积是 $2m×3m×4m=24m^3$。

当图形不能恰好用整数个瓦片或单位立方体来覆盖或填充时，其面积或体积将变得很难测量。即使对于最简单的图形——三角形，面积也不是明显的。如果一个三角形底部长为 w，高为 h，则它的面积是 $\frac{w×h}{2}$。这是古埃及几何学家掌握的事实之一。

阿姆士莎草纸书

这部莎草纸书是由古埃及僧侣、数学家阿姆士（Ahmes）所著，称为"阿姆士莎草纸书"，有时也称为"莱因德数学莎草纸书"（莱因德是生活在 19 世纪的文物研究者，他将这份莎草纸书带到了英国）。该书记载着 87 个题目。

在"阿姆士莎草纸书"上，有几个问题是几何问题，涉及计算图形的面积。如第 50 题：求直径为 9 khet（1 khet 是 100 腕尺）的圆形地的面积，给出的答案是 64 平方 khet。这表明那时用了 π 的近似值 $\frac{256}{81}$（见第 12 篇）。其他的问题涉及求三角形、梯形、矩形等的面积。

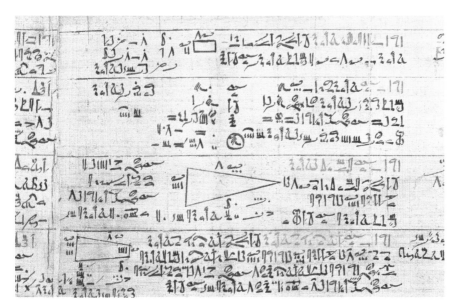

金字塔和莫斯科莎草纸书

比"阿姆士莎草纸书"更早的是"莫斯科莎草纸书"，可追溯到大约公元前 1850 年。该书包括 25 个数学问题及解答。第 14 个问题可能是从古埃及数学中保存下来的最有影响的问题，涉及推导金字塔的体积。事实上，这个金字塔是个正棱台，即切掉顶部的正棱锥。已知金字塔的底是一个边长为 4 腕尺的大正方形，顶部是一个边长为 2 腕尺的小正方形，金字塔的高为 6 腕尺，如何计算这个几何体的体积？正确的处理方法不是显而易见的。事实上，截金字塔所得的几何体是以边长为 a 的正方形为底，高为 h，边长为 b 的正方形为顶，它的体积为：

$$\frac{1}{3} h\, (a^2+ab+b^2)$$

任何人几乎都可以根据以上公式推导出正确答案（56 立方腕尺），这个事实告诉我们古埃及几何学家已经掌握了一些相当复杂的几何公式。

5 毕达哥拉斯定理

突破：关于直角三角形三条边的基本关系。

奠基者：通常把这一发现归功于毕达哥拉斯（公元前570年—公元前475年），但是，这个定理很有可能早就被早期几何学家所掌握。

影响：这是早期从几何形状提取基本代数规则的一个例子。这仍是我们今天计算长度的主要方式，它依旧是初等几何学的基石。

影响最早且被人们所熟知的数学定理，恐怕就是"毕达哥拉斯定理"了。它描述的是关于直角三角形三边代数关系的一个基本事实。它为我们提供了一个已知三角形的两边如何求解第三条边的方法。但是"毕达哥拉斯定理"并非对所有的三角形都成立。它的适用范围仅限三角形的特殊子集——直角三角形。

不知道是哪位几何学家最先发现了直角三角形的三条边的关系。据考证，早在公元前1700年，古巴比伦的数学家已经对此十分了解（见第6篇，Yale碑上的图片）。这就意味着，早在毕达哥拉斯之前，许多人可能已经发现了这个事实。比如有证据显示在古希腊人对这个问题感兴趣的数世纪之前，古印度和中国就已经知道了这一事实。遗憾的是，并没有史料证实，早期的思考者有没有把这个事实从观察的角度上升到一个定理：这一观察对所有直角三角形都成立，并给出相应的证明。对这个定理现存的最早证明出现在欧几里得的《几何原本》中（见第9篇）。因此，即使是在古代，这个结果也归功于那个名字与该定理紧密相连的人，即毕达哥拉斯。

神秘的毕达哥拉斯

毫无疑问，毕达哥拉斯是对古希腊文化很有影响力的人，他的一生都

左图：直角三角形被用于装饰瓷砖。由直线构成的每种图形通常都可以分解成直角三角形，这使得直角三角形成为一个不仅让几何学家而且让工程师和图形设计师也很感兴趣的图形。

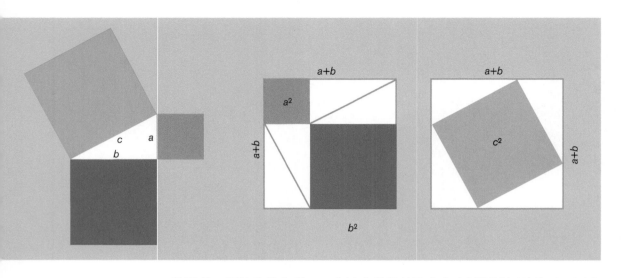

笼罩着一层神秘的色彩！一位诗人曾称他为宇宙之神阿波罗的儿子，还有人尊称他是宙斯的使者。关于他神话般能力的故事也有很多。其中，包括他拥有可以在两个地方同时出现的能力，甚至有传言，认为他在返回人类王国之前，曾在地下世界度过了 207 年。

众所周知，毕达哥拉斯是一位哲学家、数学家，是毕达哥拉斯学派的领袖。他在意大利南部的土地上建立了他们的第一所学校。毕达哥拉斯学派信奉素食主义，他们相信人死后灵魂可以转生到其他动物。最重要的是，毕达哥拉斯学派还深信，在深层次上，能够使这一切发生的是数学，特别是几何学在其中起到了巨大作用。于是，他们对数学的热衷，已不是单纯的好奇，而是成了他们人生的使命。

毕达哥拉斯定理的内容

毕达哥拉斯研究的三角形，即由三条边首尾相连构成的图形。他研究的是其中的一类特殊情况——直角三角形，即有两条边互相垂直。定理的内容是：在直角三角形中，若三条边长分别是 a、b、c，其中 c 是最长的，则它们一定满足

$$a^2+b^2=c^2$$

即 $a \times a+b \times b=c \times c$。这条最长边通常被称为"斜边"，是直角的对边，如果一个直角三角形中两条短边的长分别是 3 和 4 个单位长度，则斜边长必定等于 5 个单位长度，因为 $3^2+4^2=9+16=5^2$。

毕达哥拉斯定理的证明

　　毕达哥拉斯去世后的数世纪，已有多种方法可以证明该定理的正确性。目前已知的好几百种不同的证明里，所应用的技巧也各有不同。其中，最漂亮的一个证明是由 12 世纪印度几何学家婆什迦罗给出的，婆什迦罗的证明是先构造 4 个要讨论的直角三角形，并将这 4 个直角三角形用两种不同的方法排在一个正方形框架中，该框的边长是 $a+b$。在第二种排法中剩余的空间可放入一个边长为 c 的正方形，当然在这两种情况下总面积是相等的，也就是说，两个小正方形的面积加起来等于大正方形的面积，或可写成：$a^2+b^2=c^2$。

毕达哥拉斯和距离

　　直角三角形仅占据图形的很小一部分，可是为什么毕达哥拉斯定理在数学中占据着如此重要的地位呢？答案是这样的，我们估计距离的一般方法是：如果一张纸上两点的水平距离是 3cm，垂直距离是 4cm，则在这个问题中隐藏着一个直角三角形。这两点间的直线距离可以由这个看不见的直角三角形的斜边给出：5cm。

最重要的是，毕达哥拉斯学派还深信，在深层次上，能够使这一切发生的是数学，特别是几何学在其中起到了巨大作用。于是，他们对数学的热衷，已不是单纯的好奇，而是成了他们人生的使命。

　　事实上，很多著名理论的背后都隐藏着毕达哥拉斯定理。例如，欧几里得定义的圆，是到中心距离等于定长 r 的点的集合。虽然一个圆看起来不怎么像直角三角形。但是距离本身的准确记法却是用毕达哥拉斯定理来表示的，这就是为什么圆的标准方程与这个定理如此相像：$x^2+y^2=r^2$。

毕达哥拉斯定理与数论

　　毕达哥拉斯定理是几何学中的一个定理，但它却暗示着另外一个重要的数学分支——数论。所有直角三角形的三边能否都由整数给出？通常这种情况不会发生（见第 6 篇）。但是也有一些毕达哥拉斯三元数的例子，其中，(3,4,5) 是第一个，接着是 (5,12,13)、(7,24,25) 和 (6,15,17)，是否有无限多对这样的三元数对？这一问题被欧几里得所肯定并给予解决。当毕达哥拉斯定理中的平方被更高次方取代，是否仍有相似的组合数？这一问题就是"费马大定理"（见第 91 篇）。

6 无理数

突破： 无理数是指不能表示成分数的那些数，它的发现显示出整数的局限性。

奠基者： 根据传说，毕达哥拉斯学派成员、梅塔蓬图姆的思想家希帕索斯，在大约公元前 500 年发现了无理数。

影响： 这次数系的扩充是应用反证法的第一个例子。反证法是受现代数学家重视的一种方法。

从学科的开始，正整数一直是数学的中心，但是这些数字在很多场合是不够用的，不久后，需要用分数来测量一些复杂的量。今天，数学家把分数称为有理数。所以，当发现有无理数，即不能用分数来表示的那些数时，对于古代数学家，是一个巨大的震撼。

毕达哥拉斯定理是几何学的基本定理（见第 5 篇），整数是数论中最引人注目的部分：1，2，3，4 等。但是毕达哥拉斯定理和整数契合得并不是很好。

集合与数

如果直角三角形的两条直角边的长度是整数，很常见的情形是第三边的长度不是整数，最简单的例子是边长为 1 个单位的正方形沿对角线切开，可以得到 2 个两直角边都是单位长为 1 的三角形。斜边 c 的长度必须满足 $c^2 = 1^2 + 1^2$，这也就是说，c 是乘自身等于 2 的某个数。现今，用平方根的符号（$\sqrt{\ }$）可表示成：$c = \sqrt{2}$。

但是 $\sqrt{2}$ 这个数是什么？显然它不是整数，因为它既不是 0 也不是 1，其他的整数又都太大。对于公元前 5 世纪的希腊数学家们来说，这个残酷的事实是分数也不能表示它，这是一个令人恐慌的发现，因为在发现这个之前，数学家们从没想过会存在分数之外的数。这意味着肯定有其他的数——无理数。$\sqrt{2}$ 是第一个被知道的无理数。

对于毕达哥拉斯学派来说，整数是整个数学的基础。"存在一个数不能用两个整数比的形式表示"的问题引起整个学派的极大恐慌。而且这个令人恐慌的事实来源于它们所热爱的毕达哥拉斯定理。当时有些关于证明了 $\sqrt{2}$ 的无理性的毕达哥拉斯学派的学者希帕索斯命运的传闻，一些人说他被逐出这个学派，甚至有人说他已被处死，虽然不知道希帕索斯最终的结局怎样，但至少无理数引起了这个学派的分裂。

无理量度

之后几代的希腊数学家勉强接受了这些像 $\sqrt{2}$ 的数，他们并不认为这些数是真正的数，觉得这只是一个抽象的量度。今天我们称 $\sqrt{2}$ 为无理数，即它不能表示成整数之比——不可能写成 $\sqrt{2} = \dfrac{a}{b}$，这里 a、b 为任意整数。那写成一个小数是怎样的呢？在这种情况下，结果近似为 1.414 213 562 37…。但是无理数也不像小数那样易写，无理数的小数部分展开会延续到无穷，没有终止或陷入一个循环中。最著名的例子是"π"（见第 12 篇），约翰·兰伯特在 1761 年证明 π 是无理数。后来 π 被计算到小数点后万亿位。事实上，π 不仅是无理数还是超越数（见第 48 篇）。

Yale 碑

古巴比伦数学家很可能远远早于毕达哥拉斯学派知道这一结论，Yale碑（或 YBC 7289）是古巴比伦数学中最著名的代表之一，可追溯到约公元前 1700 年。这块碑包含一个边长被标为 30 单位长的正方形的图案，两条对角线也被画了出来，它们的长度被标为 42.42638 单位长，精确到小数点后 3 位。

这告诉我们古巴比伦人不仅熟悉毕达哥拉斯定理，而且他们给了 $\sqrt{2}$ 一个合理的近似值（事实上，近似值就在碑上给出）。我们不清楚他们是否注意到这个近似值是不完美的，或是否相信他们得到了一个准确答案，

可能在希帕索斯之前，古巴比伦数学家就已经证明了 $\sqrt{2}$ 的无理性，但是我们不能确定。

用反证法证明

　　希帕索斯证明他的结果所使用的方法沿留下来了，这个方法如同这个定理本身一样有重要的意义，而且是用反证法证明的最著名的例子之一。数学家们在后来的几个世纪中无数次应用这一方法。这一方法通过设定否定结论来进行。为了证明 $\sqrt{2}$ 是无理数，其不能由一个整数的分式表示，希帕索斯假设它的否定结论成立，所以他假定 $\sqrt{2} = \dfrac{a}{b}$（a、b 为两个整数）。从这一假设出发，他可以推出一个不合理的结论——本身与否定结论矛盾的结论。

　　乍一看，这似乎是一个奇怪的论证，不合理通常不在数学家的心愿单上，可是，这种证明进行得很好。如果从 $\sqrt{2}$ 是有理数的假设不可避免地推出一个不成立的结论，则 $\sqrt{2}$ 必不是有理数，只能是无理数。

7 芝诺的悖论

突破：芝诺的悖论声称证明了运动是不可能的，但是悖论的真正意义在于观察到离散分析和连续分析的对立。

奠基者：埃利亚的芝诺（约公元前 490 年—公元前 425 年）。

影响：虽然芝诺的哲学没有被广泛接纳，但是他的悖论仍然是"引人入胜"的。这些悖论也描述了一些复杂的数学问题，这些数学问题直到 2000 年后才得以完全解决。

埃利亚的芝诺是一位哲学家，他以一系列的悖论而闻名于世。这些悖论困扰了思想家长达数百年之久。彻底地解决这些悖论需要一些复杂的数学理论。可是在芝诺的那个年代，这些理论都是不存在的。

芝诺的主张在今天被标榜为"神秘的一元论"，他相信事物基本的一元性。在上与下之间，在过去、现在和将来之间，对世界的所有表面上的分隔都是虚幻的。最后，芝诺认为只有一个持续的永不改变的现实，他将其命名为"存在"或者"是一"。芝诺从他的老师巴门尼德那里继承了这一哲学思想。巴门尼德是苏格拉底之前最著名的哲学家。为了维护巴门尼德的世界观，芝诺编制了 40 个悖论，但只有屈指可数的几个保留至今。

芝诺的悖论

芝诺的悖论中最有名、最持久的是关于运动的悖论。芝诺主张物体的运动和各种形式的变化都是根本不存在的，并且他还努力地去证明这个结论。不幸的是，他的原稿没有被保存下来，我们只能通过亚里士多德的著作来了解。芝诺思想的风格在第一个二分悖论中有所体现。如果一个男孩

左图： 时间是连续的。目前我们知道，可以对一段时间进行无限细分，而不会遇到一个不可分割的最小单位；可是我们测量时间的方法，不管是石英晶体的振动还是钟表的滴答声，本质上都是离散的。

想从房间的一边走到另一边，他必须首先穿过房间的一半。但是在到达房间的中点时，他必须到达穿过房间的那条线的 $\frac{1}{4}$ 点。他不可能到达那一点，除非首先通过那条线的 $\frac{1}{8}$ 点、$\frac{1}{16}$ 点等，他一步也迈不下去。

犬儒学派的哲学家第欧根尼的回答是：站起来，静静地穿过房间。他坚定地指出世界上充满了不费吹灰之力就能移动的物体。

阿基里斯和乌龟

芝诺最有名的悖论是"阿基里斯和乌龟"的故事，在这个故事中，因特洛伊战争而出名的阿基里斯面临一个相当容易的挑战：追赶并抓住一只乌龟。可是，在芝诺讲述的故事中，阿基里斯发现完成这个任务比想象中要困难得多。每次到达乌龟的出发点时，他发现他与乌龟之间仍有一小段路程。作为一种爬得很慢的动物，乌龟每次移动不会爬得很远，但是每次都发生同样的问题，每当阿基里斯跑到乌龟的新位置时，乌龟已经离开原先所处的位置，并向前爬了一点点。不管阿基里斯怎样做，乌龟总是提前了一点点。

离散系统和连续系统

芝诺的悖论的核心是一种在离散系统和连续系统之间的对立的思想，这一思想"占领"了数学界达数世纪。离散系统是按单独的、散开的步骤进行的。最基本的例子是自然数系统，由 1 开始，到 2 之前有一个缝隙，然后 3……在一个连续系统中，没有跳跃，而是光滑连续的。

连续系统的概念在芝诺时代之前就已经存在。但是直到牛顿和莱布尼茨做了有关微积分的工作，它的深层内涵才得以揭示。直到 19 世纪早期实数正规化，连续系统的法则才最终确定下来。

从一个数学角度来说，芝诺的伟大洞察力在于观察到连续系统和离散系统的明显不同。虽然距离通常用一个连续的标度来测量，但是芝诺的悖论是用离散的过程来描述的。阿基里斯的旅程是这样阶段性发生的：首先他必须到达乌龟的起点，然后到达第二个位置，这样一直持续下去。显然，阿基里斯需要完成的阶段数是无穷的，因为数列 1,2,3,4,5…，没有尽头。

但是连续系统允许一种可能性。假设阿基里斯的速度比乌龟快 10 倍（这当然是一个保守估计，但是这使数字更容易被计算）。也许阿基里斯第一次追逐的距离是 9m，当他跑完这段距离时，乌龟移动了 0.9m。当阿基里斯再跑完这段路程时，乌龟又移动了 0.09m，这样一直持续下去。所以阿基里斯需要到达的位置距离乌龟每次的出发点分别是 9m、9.9m、9.99m、9.999m 等。在这个连续的世界里，很容易确定阿基里斯追上乌龟的位置正好距出发点 10m。严格地说，这些距离的数值构成一个收敛数列（见第 23 篇），这意味着，它们趋近于一个有限数，在这种情况下是 10。

阿基里斯发现完成这个任务比想象中困难得多。每次到达乌龟的出发点时，他发现他与乌龟之间仍有一小段路程。作为一种爬得很慢的动物，乌龟每次移动不会爬得很远，但是每次都发生同样的问题，每当阿基里斯跑到乌龟的新位置时，乌龟已经离开原先所处的位置，并向前爬了一点点。不管阿基里斯怎样做，乌龟总是提前了一点点。

在二分悖论中，通过穿过房间的越来越短的距离——$\frac{1}{2}$、$\frac{1}{4}$、$\frac{1}{8}$ 等，芝诺得到了一个矛盾的结论。因为没有第一步，这个男孩被困住了。然而在一个连续的情景中，永远没有第一步。"0"后没有"最小数"是实数的基本事实。事实上，芝诺的二分悖论高度预示了由艾萨克·牛顿和戈特弗里德·莱布尼茨发明的微积分。距离的递减数列中，数字越来越小，小男孩跑完该段距离的时间也越来越短。在此的数世纪后，牛顿和莱布尼茨将会明白，瞬时速度可由经过一小段距离的平均速度的极限来计算。

8 柏拉图体

> 突破：柏拉图体是由直线和平面构成的对称性最好的五种三维图形的统称，即五种正多面体的统称。
>
> 奠基者：泰阿泰德（约公元前 417 年—公元前 369 年）、柏拉图（约公元前 429 年—公元前 347 年）。
>
> 影响：柏拉图体为之后数百年的数学的分类设定了模式，它也是几何学中最有名、最美丽的话题之一。

在古希腊的所有数学成就中，有一个被赋予了相当高的地位。这个著名的成就包括所有图形中最具对称性的、最漂亮的图形——柏拉图体。

柏拉图体以哲学家柏拉图的名字命名，欧几里得的著名作品《元素》以它收尾，并且它受到了毕达哥拉斯学派异常的重视。前面提到的都是人类思想史上重要的名字。然而，目前我们所知道的是，它被一个几何学者首次证明，虽然如今他的名望不那么显著，他就是泰阿泰德。遗憾的是，他的工作成果没有被保存下来，我们主要通过他的朋友柏拉图的描述来了解他的工作成果。一般认为，欧几里得的《元素》的某些部分是泰阿泰德研究的直接陈述。泰阿泰德最伟大的成果是柏拉图体的分类。

二维和三维几何

泰阿泰德描述了三维立体空间如何不同于二维平面空间。多边形是二维图形，可以由直线画出，如三角形、矩形、五边形等。在这些图形中，最具对称性的是这样的图形——它们的所有边都相等，所有角都相等，即正多边形。虽然有数不胜数的不同形状的三角形，但满足前面条件的三角形只有一种，就是三边都相等的等边三角形。类似地，只有一种正四边形，那就是正方形，也只有一种正五边形、一种正六边形等。二维平面中的理论比较简单：对每一种边数，只存在一种相应边数的正多边形。

左图：黝铜矿是一种常见的矿石，它主要由铁、硫和锑组成。它有惊人的、形成具有正四面体形状的晶体的趋势。正四面体是最简单的柏拉图体。

自然地，我们希望在三维空间里也能看到同样类似的结论。可能只需一个小实验，就可以发现三维空间的情况是比较复杂的。在三维空间中，最具对称性的图形是由全等的平面图形构成的正多面体，比如立方体。特别地，立方体的面是正方形，而正方形本身是规则的图形（正多边形）。

立方体的每个角看起来都像其余的角，所以如果你将立方体的一个角移到另一个角的位置，移动后的图形和移动前的图形看起来完全相同。那么除了立方体，还有其他的例子吗？

柏拉图写道：正四面体、立方体、正八面体、正二十面体分别代表火、土、空气、水 4 种经典元素。同时，正十二面体如同造物主为整个宇宙的布局。

泰阿泰德理论

毕达哥拉斯学派中的一部分人意识到柏拉图体中的两个几何体都是由等边三角形构成的。正四面体有 4 个面，实质上，它是以正三角形为底的正棱锥。正 8 面体有八个面，看起来像两个以正方形为底的正棱锥在底面处黏合在一起。

当时，毕达哥拉斯学派认为这 3 种立体图形——正四面体、立方体、正八面体，构成了正多面体的全集。可是不久，有人确定一些更复杂的几何体也满足以上这个定义。正十二面体由 12 个正五边形构成，每个顶点连接着五条棱，正二十面体由 20 个正三角形构成。有了这些发现，情况就变得比较复杂。可能有更多面的正多面体等着被发现。

这时，泰阿泰德证明了他的著名理论，这 5 种立体图形是所有的正多面体。没有正七面体，100 个正三角形也构不成正多面体。

"泰阿泰德理论"是数学上的一座真正的里程碑，不仅因为它使我们对几何体的理解更进了一步，还因为它所代表的意义。它是一个非常超前，基于数学理论的分类理论。由抽象的正多面体定义开始，泰阿泰德可以推理出所有满足定义的几何体。这是许多伟大的理论数学家在之后几个世纪的证明模式。例如，壁纸群的分类（见第 54 篇）和有限单群的分类（见第 96 篇）。但是泰阿泰德对柏拉图体的分类是首创的，至今仍是最知名的分类。

正多面体的宇宙

古希腊思想家对 5 种柏拉图体都有不同程度的迷恋。特别是柏拉图认为它们有着深刻且神秘的意义。他写道：正四面体、立方体、正八面体、正二十面体分别代表火、土、空气、水 4 种经典元素。同时，正十二面体如同造物主对整个宇宙的布局。这种柏拉图体式的宇宙论在 16 世纪意外地复兴了，尤其是天文学家、几何学家开普勒假定我们的太阳系是一个由柏拉图体嵌套组成的系统，系统中不同的行星沿着由 5 个正多面体所确定的轨道运行着。

如今我们知道，无论是太阳系，还是水、火、土等都不具有柏拉图体的形式。当开普勒放弃他的柏拉图体的宇宙学，他就继续做出了一些真正有关行星如何围绕太阳运转的重要发现。但是，当开普勒发现两个满足正多面体定义的几何形状时，他也促进了多面体理论向前发展。

不久，路易·潘索又发现了两个类正多面体。4 个开普勒 – 潘索正多面体形成了对泰阿泰德古典理论的新的挑战。这个问题的解决办法来源于保存完好的文献，泰阿泰德曾经假设正多面体不自我相交，也就是说它的交面之间不会穿过彼此。这个要求，只有 5 种可能的正多面体满足。但是去掉这个要求就会有 9 种可能，即 5 个柏拉图体和 4 个开普勒 – 潘索正多面体。

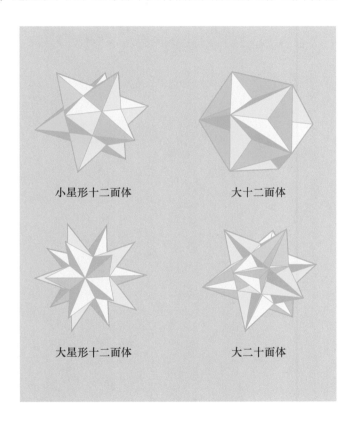

小星形十二面体　　　大十二面体

大星形十二面体　　　大二十面体

上图： 4 种开普勒 – 潘索正多面体是三维空间中仅有的自我相交保持柏拉图体对称性的正多面体。

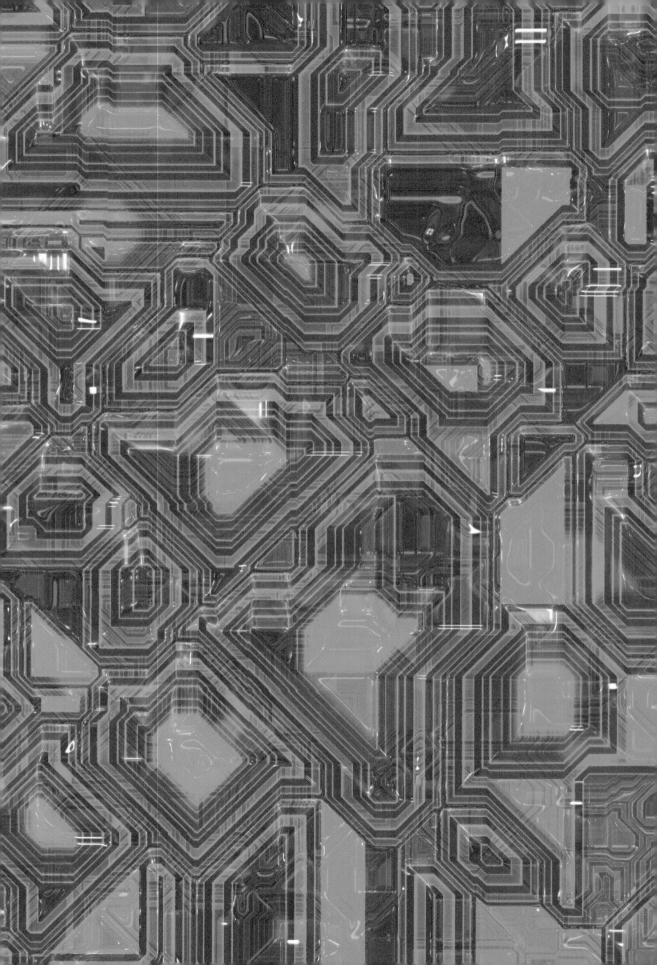

9 逻辑

突破：亚里士多德关于命题对错的讨论确立了逻辑学的学科地位。

奠基者：亚里士多德（公元前 384 年—公元前 322 年）。

影响：亚里士多德的讨论持续了 2000 年之久，到了 19 世纪，逻辑学已经发展为一门庞大的学科，最终开启了计算机时代。

逻辑学是把数学统一在一起的学科。一个定理与一个猜想（或一个猜测）的区别是定理有一个符合逻辑的证明。当然，逻辑的应用不会限制在数学中，这在因特网的时代体现得淋漓尽致。因特网的时代是建立在逻辑规则上的。首次认真研究逻辑是在大约公元前 350 年，由哲学家亚里士多德进行的，从此逻辑学作为数学前沿维持了数千年。

亚里士多德出生于希腊大陆上马其顿王国的斯塔基拉。青少年时，他到雅典的柏拉图学院学习。在柏拉图学院，他获得了才华横溢的思想家的好名声，与他的老师和学员建立了很好的关系。柏拉图死后，亚里士多德游行到阿索斯（今土耳其）。在此建立了他自己的学校。他与阿索斯国王的养女皮西厄斯结婚，但是当波斯军队入侵时，亚里士多德和他的妻子被迫逃离他们的新家，亚里士多德回到马其顿成为菲利普国王儿子（13 岁男孩，名叫亚历山大）的老师。这位王子长大后，成为古代世界最伟大的军事领袖——亚历山大大帝，建立了世界上最大的帝国。我们不可能不去考虑人类历史上这两位伟人的关系，遗憾的是，没有任何可靠的证明资料。亚里士多德是一个相当高产的作家，写了多达 200 本著作，涉及科学、政治和哲学各种领域。他的大部分著作都不幸遗失了，但是他的最伟大的成就是 6 本著作，一起构成了《工具论》，这里他对各种形式的辩论进行了严格的分析，正是这个时候，逻辑学本身作为一门正式学科诞生了，而不是作为学习其他学科的智力工具。

左图：现代科技中的芯片是逻辑的物理呈现形式。芯片由具有几千个或几百万个逻辑门的电路建成，这些逻辑门对输入应用简单的逻辑原则，如"与""或"和"非"等，最终形成了能够进行高度精密计算的元器件。

亚里士多德的三段论

亚里士多德分析了一种被称为"三段论"的论证。最著名的例子（虽然不是亚里士多德实际使用的例子）如下：

苏格拉底是一个人，

所有的人都终有一死，

所以苏格拉底也终有一死。

这里第三行的结论可由前两行中的条件用逻辑推出。而且，命题的真实性与苏格拉底没有任何关系。命题的真实性和"苏格拉底"的物种还有性别，甚至真实世界中人的死亡率都没有关系。这个命题完全由这个形式决定：

X 是 Y，

所有的 Y 都是 Z，

所以 X 是 Z。

这三行论证被称为三段论。不是所有的三段论都是等价成立的，例如这是一个假的三段论的例子：

X 是 Y，

所有的 Z 都是 Y，

因此 X 是 Z。

这种形式的例子是：苏格拉底最终是要死的，所有的黑猩猩最终也都是要死的，所以苏格拉底是黑猩猩。亚里士多德的分析让他遍历了所有可能是这种形式的命题。首先他把可能出现三段论的陈述方式分成 4 种类型，第一对是"所有 X 都是 Y""存在 X 不是 Y"。第二对是"存在 X 是 Y""没有 X 是 Y"。这 4 种陈述可以出现在三段论的任何一个层次上，可以作为其中的一个条件，也可以作为结论。此外，每一个推理中的 3 个不同对象

一般称作 X、Y、Z（例如，苏格拉底、必然要死、黑猩猩）。

亚里士多德着手分析在这 4 个命题结构中 3 个对象所有可能的组合，每一个都可当作推理的条件或结论。这一分析正好给出了 256 种可能的推理，在这些推理中，亚里士多德总结出只有 24 种是真命题。

莱布尼茨、布尔和德摩根

亚里士多德的逻辑一直延续到 19 世纪，虽然亚里士多德成功地对有效的推理做了一个彻底分类，但是仍有挑战，毕竟能由"苏格拉底是一个人"型的三行命题回答的复杂问题不是很多。但是把几个推理融到一起，就有可能得到看起来不好回答的问题的答案。

在亚里士多德和 19 世纪的思想家如乔治·布尔和奥古斯塔斯·德摩根之间的很多年里，只有一个人在逻辑研究中取得了重大进展，他就是戈特弗里德·莱布尼茨。乔治·布尔和奥古斯塔斯·德摩根做的是进一步拆解逻辑语句的组合部分，开始用逻辑连接词如"与""或""非"。例如，陈述"X 与 Y"是真的当且仅当 X 和 Y 都是真的。而"X 或 Y"为真，只需 X 和 Y 其中一个为真。当组合这些连接词时将会发生奇迹，德摩根的名字被用来命名了这一著名定律："非（X 与 Y）"逻辑等价于"（非 X）或（非 Y）"。

就像亚里士多德所做的那样，这些逻辑学家致力于用一套逻辑正确的、严格的规则来代替人类直觉的不确定性，这实质上已经创立了新的逻辑语言，并具有很强的代数气息。

上图： 因为三段论只有有限多种可能的形式，所以它们是服从机械分析的。大约 1777 年，查尔斯·斯坦厄普的"Demonstrator"能够从三段论的两个前提条件推断出正确结论。30 年后"Demonstrator"的升级版本，还能解决数学和概率问题。

10 欧几里得几何

> 突破：欧几里得是数学公理化的鼻祖，他系统地研究了平面几何。

> 奠基者：亚历山大城的欧几里得（约公元前 300 年）。虽然他的著作中的很多内容都是对早期学者工作成果的收集和整理。

> 影响：欧几里得的《几何原本》作为标准的几何学教科书使用了长达 2000 年。即使在今天，它仍包含了几乎所有学校的几何学课堂所讲授的内容。

从毕达哥拉斯到柏拉图，对于古希腊的有智慧的学者，几何是极其重要的。虽然当时很多人都研究过几何，但只有亚历山大城的欧几里得的著作才是最关键的。在其著作《几何原本》中，他将希腊几何学家的知识整理成一个系统连贯的知识体系。

欧几里得生活在亚历山大城——埃及的首都（古希腊、古罗马时代），包括现在中东的大部分地区当时都是希腊帝国的一部分。亚历山大城是一个富裕的大都市，在成为埃及的政治经济中心的同时，也成为文化学习中心，它在包罗万象的文化中成为一个人才荟萃、四通八达的国际都市。

亚历山大图书馆

亚历山大城尤以城中的图书馆而享有盛誉。这座图书馆是当时世界上最大的图书馆，大约建于公元前 300 年，连接着一个博物馆和一个庙宇。亚历山大图书馆就是亚历山大城文化繁荣发展的导航灯塔，吸引着那个时代最伟大的诗人、思想家、科学家汇集在这里，也吸引着人类各种声音飞跃高山和大海抵达这里，从而融汇成人类发展史上最壮阔的文明交响。在公元前 48 年，这个图书馆却被尤利乌斯·恺撒的战火毁灭。在这个图书

左图：在物理学中，光线常模拟为平行线，即可以无限延伸而不相交。这在现代科学中无处不在的思想可通过欧几里得的著作溯本求源。

馆的早期，亚历山大城最伟大的学者——欧几里得一直居住和工作在这里。

对于欧几里得的生活我们至今一无所知，他可能在亚历山大城出生和长大，也可能来到这里学习。他好像在雅典度过了一段时间，这里正是柏拉图的学生学习的地方，当然欧几里得对他们的工作很熟悉。

欧几里得在亚历山大城建立了他自己的几何学院，并在此作为一名数学教师而备受尊敬。这就可以很合理地去想象欧几里得的大部分时间会在这里的图书馆里或附近度过。他的学生们继承了他的工作，这对阿波罗尼奥斯发展圆锥曲线理论（见第13篇）起着关键作用。

上图：欧几里得的《几何原本》中的某一页阐述了圆周角定理。在右手边的圆中，圆弧的圆周角正好等于同圆弧的圆心角的一半。

欧几里得的《几何原本》

欧几里得的伟大成就是一部共 13 卷的著作——《几何原本》。《几何原本》解决了各种各样的数学问题，值得一提的是素数论（见第 11 篇），但它的主要内容是几何。毋庸置疑《几何原本》是已出版的最重要的数学著作，直到 19 世纪仍是几何学的标准教科书。它经过了大量的出版、翻译、评论，其版本数在世界历史上数一数二。

很难说清这本书中有多少定理是欧几里得自己的发现，因为他的目的是收集整理当时已知的所有几何学知识。在任何情形下，《几何原本》的重要性不仅在于它所包含的定理，而且在于欧几里得采用的方法。欧几里得从最底层的 5 个称为"欧几里得公设"的基本规律开始，建立了一个连贯的知识体系，这是史无前例的。然后，他一步一步地推进，用前面推导得出的定理来认真推导后面的每个定理。这正是现代数学家们研究每门学科的方法：从最基本的公理出发，然后由此逐步构建。

欧几里得几何

　　欧几里得几何产生在二维平面上。在这样的背景下，欧几里得研究了直线、圆以及由直线和圆构成的图形的性质。他深入地研究了距离、角度和面积的基本概念。如今，在世界上所有几何学课堂上所教授的大部分定理和主题都直接来自欧几里得。

欧几里得证明了有关三角形的几个重要事实，包括毕达哥拉斯定理，以及在任意三角形中，3 个内角之和一定是 180°。

　　平行线指两条直线可以向两端无限延伸且永不相交。平行线在欧几里得的著作中有一个基础的身份，平行线的角色被争论了很多个世纪，并在新的"非欧几何"（见第 46 篇）被发现时，达到极点。欧几里得关于平行线的分析包括所有我们目前最熟悉的事实，例如，内错角定理描述了当两条平行线与第三条直线相交时，第三条直线在这两条平行线上所成的角一定相等。

　　在用直线构造图形时，首先出现的是三角形。欧几里得证明了有关三角形的几个重要事实，包括毕达哥拉斯定理，以及在任意三角形中，3 个内角之和一定是 180°。他也证明了一些更深入的定理，包括三角学所开始涉及的相似和比例（见第 14 篇）。

　　圆也在欧几里得的考虑之中，他给出了圆的现代定义：在平面上选定一点，标记所有到此点等于定长的点的位置，圆就出现了。圆周角定理是欧几里得有关圆的著名定理之一。该定理描述了这样的一个事实：在圆上任选两点，用直线将它们与圆上的第三个点相连，所形成的角的度数将正好是将这两点与圆心相连所形成的角的度数的一半。

　　在《几何原本》的其他地方，欧几里得几何叙述了各种各样的问题，这些问题盛行了几个世纪，其中有黄金分割（见第 22 篇）。他投入了大量时间来研究尺规作图，这是又一个经得起数世纪探索的话题，且直到 19 世纪才得以解决（见第 47 篇）。在《几何原本》的最后一卷中，欧几里得从平面几何转移到三维立体几何，给出了经典几何核心内容的一个证明——柏拉图体的分类（见第 8 篇）。

11

素数

> 突破：大约在公元前 300 年，欧几里得证明了两个重要的数学理论——素数有无限多个以及任何数都可以表示成素数之积。
>
> 奠基者：亚历山大城的欧几里得（约公元前 300 年）。
>
> 影响：欧几里得的定理使素数成为数学的焦点之一。虽然至今还有大量关于素数的未解之谜，但是许多关于素数的定理已经被陆续证明。

欧几里得最著名的著作《几何原本》完整地详述了几何知识，以至于成为其后两千多年标准的几何学教科书。此外，《几何原本》不仅涉及几何，在书的第九章，有一节是关于数论的，欧几里得关于数论方面的发现是数学史上最重要的一部分，而其中的核心就是素数。

今天，素数在数学中起着类似于原子在化学中所起的基础作用。化学元素，例如氧或氢，由单原子组成。更复杂的化合物，如水，由原子复合组成（1 个水分子由 2 个氢原子和 1 个氧原子组成）。数学家研究素数正如化学家试图理解元素及其组成方式一样。对于自然界中的基本事物，它们很少与大于 3 的素数有关。但是也会有例外，比如在 2001 年，数学生物学家格伦·伟布认识到，某些种类的蝉的生命周期是 13 或 17 年，这有助于它们避免与它们的天敌的生命周期重合。

左图： 在 1963 年发现的乌拉姆螺旋，展示了意想不到的素数分布。这里，整数从 1 开始，从中心按螺旋形式展开。每个点的大小表示这个数拥有的真因子的个数的多少。所以，在这个图形中，只有一个真因子的素数看起来是黑色斑点。

素数的研究

素数是指除被表示成 1 和它本身之积外，不能被表示成其他整数之积的整数。6 不是素数，因为它可以写成 2×3，而 5 是素数，唯一可把 5 写成两个整数之积的方式是 5×1（或 1×5）。欧几里得不是第一个研究素数的人，毕达哥拉斯学派同样对素数很感兴趣，认为它们的不可分解代表着一些神秘的意义，比如原子性。但是素数在数学中的核心地位是在欧几里得的书中确立的。

因为素数是构成其他数的基本单元。然而这些重要的数里有着许多未解之谜，以至于看似简单的问题却变成了难题。

较小的一批素数是 2、3、5、7、11、13、17、19、23 和 29。在对素数的研究中，欧几里得证明了两个重要定理，他致力于研究的第一个问题是素数是否具有有限个或者可以永远地罗列下去。欧几里得证明了可以持续无限制地罗列素数：素数有无限多个。

无限多的素数是当时对素数的最大的洞察，但是欧几里得不止步于此，他继续证明了第二个定理，可以说这是更重要的。这些年来，这个定理已成为算术的基本定理。它的内容是：对任意一个数（如 100）可以分解成素数的乘积。此外，如果不考虑顺序，这种表示方法是唯一的。例如，你想把 100 分解成为素数之积，如果不考虑顺序只有一种分解方法，即 $2 \times 5 \times 2 \times 5$。

哥德巴赫猜想

欧几里得第一次对素数进行了严谨的研究，并且他的基础定理解释了为什么如此多的数学家专注于素数的研究。因为素数是构成其他数的基本单元。然而这些重要的数里有着许多未解之谜，以至于看似简单的问题却变成了难题。没有比 1742 年克里斯蒂安·哥德巴赫与莱昂哈德·欧拉通信中所涉及的素数问题更好的例子了。哥德巴赫注意到，任何大于或等于 4 的偶数都似乎可以表示成两个素数之和，4=2+2、6=3+3、8=5+3、100=29+71 和 1000=491+509 等。在给他朋友的回信中，欧拉写道："每个偶数都是两个素数之和，我认为这是一个完全确定的定理，但我无法证明它。"

欧拉的自信背后是大量的证据。近年来托马斯·奥利维拉·席尔瓦进行了一项数值验证，他验证了 1 609 000 000 000 000 000 内的偶数。然而人们对于这个看似简单的问题的关注，已经超过了两个半世纪，一个完整的对于任意偶数都成立的证明仍然遥遥无期。

伯特兰定理

哥德巴赫猜想似乎预示着对素数的研究是无望的，但是在欧几里得之后，也有一些在此研究上取得成功的故事，其中之一就是约瑟夫·伯特兰关于素数分布的观察。确切地说，素数在数中出现的频率是怎样的，这是一个关于素数的非常深刻的问题，是黎曼猜想的主要内容（见第 50 篇）。但是，伯特兰注意到从任意一个数出发都可以找到一个素数，这个素数与原数之差小于原数。也就是说，从 100 出发，下一个素数与 100 之差不超过 100，换句话说，100 与 200 之间必然有一个素数。更通常的是，如果你以任意数（如 n）出发，在 $2 \times n$ 之前必能找到一个素数。不像哥德巴赫猜想，经过人们的努力和发挥聪明才智，伯特兰定理很快被证明：1850年，俄国最伟大的数学家巴夫尼提·切比雪夫给出了证明。

当然，伯特兰定理对素数分布的估计相当粗略。一般来说，n 和 $2n$ 之间不只有一个素数（事实上，100 与 200 之间有 21 个素数）。后来，两位 20 世纪最伟大的数学家斯利尼瓦瑟·拉马努金和坎尔德什·帕尔改进了伯特兰定理，他们证明了在 n 和 $2n$ 之间可以找到任意多的素数，只要 n 充分大。

上图：某些种类的蝉的生命周期恰好是素数。有的是 13 年，有的是 17 年。这种战略可帮助它们远离天敌。如果它们的周期是 10 年，这就会增加和生命周期为 2 年或者 5 年的天敌同步的概率。

12

圆的面积

突破：阿基米德发现了圆面积和球体积的计算公式。

奠基者：锡拉库萨的阿基米德（公元前 287 年—公元前 212 年）。

影响：这些公式是数千年来几何学的奠基石，成为工程学的工具，预示了后来微积分的出现。

锡拉库萨的阿基米德是古代最伟大的思想家之一，他的事迹也一直激励着他的同代人与追随他的科学家。他的很多伟大的思想对数学的发展有着持续、深远的影响，这些影响无论是在纯数学理论上，还是在应用数学分支上都有所体现。而这些思想的源泉是最简单的图形——圆。

即便是浴缸也可以为阿基米德提供灵感。一天，正在洗浴的阿基米德发现浸入水中的物体比它们在空气中时要轻。对此，他进行了深思，并得到这样的结论：它们的重量之差恰好等于物体排开水的重量。这一结论即浮力定律（阿基米德原理）。这一发现促使他喊出"Eureka！"，即"我发现了它了！"

在阿基米德的一生中，他有无数次的机会来放出那声著名的呐喊。他是第一个设计滑轮和杠杆原理实验的人，但由于杠杆原理的实验，他被锡拉库萨当局抓去设计军用发射器。不过，他在几何学领域的发现甚至超过了他在力学方面的成就。其中最为重要的是求闭区域所围面积的先驱技术。这一方法也预示了大约 2000 年后艾萨克·牛顿和戈特弗里德·莱布尼茨的工作（见第 32 篇），这里的思想是把区域划分成非常窄的条形，先计算每个条形的面积，然后把所有的条形面积相加。数世纪后，这一技术就是广为人知的积分学。

左图：圆是如此基本的图形以至于在自然界中的数不胜数的地方都出现了圆或其近似图形，从土星环到鱼群的漩涡。

阿基米德成功地将这一项技术应用到椭圆、螺旋线、抛物线、双曲线等几种曲线上。但是，当他转向研究最有名的曲线——圆时，这一方法引导他发现了整个数学界知名度最高的公式：$A = \pi r^2$。

圆和正方形

阿基米德公式给出了计算圆面积（公式中用 A 表示）的一种方法。只要知道圆的半径（r）就能求圆面积，半径是圆心到圆周上任一点的直线段的长。

在阿基米德的手中，π 迅速有了名气。他的新公式证明了 π 是决定圆周长和圆面积的关键。

特别地，阿基米德公式还把圆的面积与边长等于圆半径的小正方形面积联系起来。例如，若圆的半径是 3 厘米，则正方形的面积是 9 厘米^2。一般地，若圆的半径为 r，则相应正方形的面积是 r^2（$r \times r$ 的缩写）。

阿基米德公式告诉我们有多少个小正方形嵌入相应的圆中。这一结果和圆的大小无关，对任意圆都相同，并由几何学世界的"超级明星"——π 给出。所以要计算任一圆的面积，我们必须用其半径乘半径再乘 π。若圆半径是 3 厘米，则圆的面积是 $\pi \times 3 \times 3$ 厘米^2，结果大约是 28.3 厘米^2。

π 的近似值

今天，π 的概念已被人们彻底理解并且在各学科中有着数不胜数的应用。在阿基米德的时代，π 可是一个相当神秘的家伙。数世纪以来，人们知道有一个数可以表示半径与圆周的长的关系，后来这个特殊的数被命名为"π"（希腊字母，代表圆周率）。

但是这个数字 π 是什么？目前，我们已知道它可以精确到万亿小数位，但是在古代，它真正的值有特别大的不确定性。对于这个问题，阿基米德也做出了很大贡献，通过精确地比较圆内接多边形和外切多边形的周长，他得到的 π 的值具有惊人的准确度——在 3.141 和 3.143 之间。今天我们知道 π 的真值接近 3.142（π 不能被精确地表示成一个小数，它是一个无理数，见第 6 篇）。

正是阿基米德对圆的痴迷最终导致他的死亡，享年75岁。当时，他正坐着观察一个几何图形，突然一个入侵罗马的士兵路过，无意中碰掉了那个图形，阿基米德对此冒犯很生气，并指责那个士兵说："不要打乱我的圆。"与此同时，那个士兵抽出他的剑，野蛮地将他杀死。

上图：《阿基米德的死亡》，一幅可追溯到公元前212年的罗马马赛克图的18世纪的副本，展现了伟大的几何学家被杀害，而他的圆被弄乱的场景。

球体和圆柱体

阿基米德对几何学的研究并不仅限于曲线和圆。他的研究也涉及圆的"兄长"——球体。通过把求圆的方法应用到三维空间中，阿基米德求出了计算球体的表面积的公式：$A=4\pi r^2$ 和球体的体积公式：$V=\frac{4}{3}\pi r^3$。由这些公式，他证明了：当一个球体嵌入一个同高同宽的圆柱体内时，该球体正好占据圆柱体 $\frac{2}{3}$ 的内部空间，表面积也正好是圆柱体表面积的 $\frac{2}{3}$。

在他巨大的成就清单中，最令人兴奋的正是球体和相应的圆柱体的关系。在他死后的数世纪里，阿基米德的坟墓由装饰在墓前的一个球体和圆柱体，以及联系它们大小的公式而闻名。

13 圆锥曲线

> 突破：圆锥曲线是通过平面切割圆锥而得到的优美曲线。阿波罗尼奥斯对圆锥曲线进行了详尽的研究。

> 奠基者：梅内克缪斯（约公元前 380 年—公元前 320 年）、佩尔加的阿波罗尼奥斯（约公元前 262 年—公元前 190 年）。

> 影响：圆锥曲线贯穿几何学和物理学领域，特别是在天文学中作为行星和彗星的运行轨道。

几何学始于最简单的图形——直线和圆。针对直线和圆提出了大量的理论，古代几何学家，如欧几里得和阿基米德，为这些研究付出了巨大的努力。可是，研究一些更加复杂的、超越这些基本图形的图形的时代很快就到来了。当几何学家首次远离直线和圆的领域时，他们遇到的第一种图形就是一个美丽的曲线家庭，统称为圆锥曲线。

约公元前 350 年，由梅内克缪斯发现的圆锥曲线，被包括欧几里得在内的几位希腊数学家进行了深入的研究。在约公元前 250 年，佩尔加的阿波罗尼奥斯进行了首次明确的分析，从而真正地"驯服"了这些优美图形。在阿波罗尼奥斯的同代人中，他以"几何学圣"而闻名。

阿波罗尼奥斯——几何学圣

阿波罗尼奥斯的 8 本关于圆锥曲线的书是畅游几何学领域的力作，他从几个不同角度系统地研究了这些圆锥曲线。阿波罗尼奥斯把圆锥曲线分成了 3 大类，它们的名字一直沿用至今：椭圆、抛物线和双曲线。

这种新的、更高级的几何圆形实际上直接来自对原有图形的进一步思考。阿波罗尼奥斯的构造始于圆和圆心正上方的一个点。现在想象用直线

左图：法国奥代洛的太阳炉。它的抛物面覆盖了 9500 枚镜子，这些镜子把太阳光反射到位于其抛物线焦点的一个炉具上，产生的温度可高达 3500℃。

右图： 圆锥曲线可以定义为当一个无限长的对顶圆锥被一个平面所截时得到的曲线。这个平面的角度将决定曲线的类型。

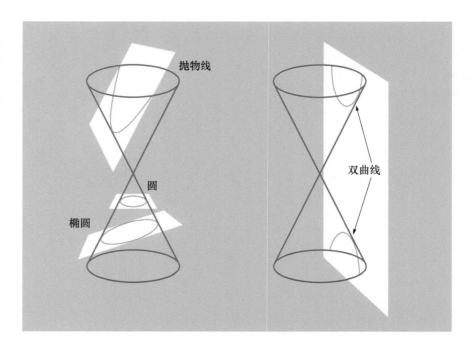

连接圆周上的每个点与该点，得到的面就是圆锥面。但是如果这些直线无限延伸，得到的就不再是一个圆锥面，而是在顶点处相连的两个无限长的圆锥面。

圆锥面是最简单的三维图形之一，但是一些复杂的二维曲线包含于圆锥面。阿波罗尼奥斯的问题是：假设你用一个平面截取圆锥面，截线是什么样的？一种可能是，如果截面正好与水平面平行并截在恰当的地方，你可以得到圆。用来截取的平面高一点儿或低一点儿，可得到与之前相比小一点儿或大一点儿的圆。但是当不是平行地截取时，这将变得更加有趣——得到的图形看起来像被拉伸或压扁的圆，这就是最常见的圆锥曲线——椭圆。

自然界中的圆锥曲线

在阿波罗尼奥斯后大约 2000 年，椭圆在宇宙中的角色终于被揭示出来。数世纪以来，人们讨论和研究地球、太阳和其他行星的相对运动，认为地球是宇宙的中心，太阳围着地球转。但是随着望远镜和科学设备越来越精良，我们得到的测量结果似乎越来越奇怪和矛盾。甚至在尼古拉·哥白尼揭示了"地球绕着太阳转而不是太阳绕着地球转"后，原先的错误观点仍然保留着。最终，17 世纪早期，天文学家、数学家约翰内斯·开普勒纠正了之前的错误——哥白尼和其他所有天文学家都认为行星运行轨道是圆形的。实际上，开普勒发现这些轨道是椭圆形的，特别是太阳不是在椭圆的中心而是在一个称为"焦点"的重要位置上。就像阿波罗尼奥斯早就发现的那样，椭圆有两个焦点，对称地位于其中心的两边。这就引出一个很美的方法来画椭圆。取一条细绳，用图钉将细绳两端钉在桌子上，用铅笔拉紧细绳就可以画出一个以这两个图钉为焦点的椭圆。

随着望远镜和科学设备越来越精良，我们得到的测量结果似乎越来越奇怪和矛盾。

通过重力的作用可以得到第二种圆锥曲线——抛物线。阿波罗尼奥斯最初是通过用一个平行于圆锥的侧边的平面来截圆锥面而得到这条曲线。不像椭圆，这条曲线是不封闭的"U"形。

生活中到处都存在抛物线。如果你向空中斜抛出一块石头，石头经过的那条轨迹就是抛物线（忽略空气阻力的影响）。伽利略·伽利莱在 1638 年证明了这个结论，驳斥了亚里士多德的旧物理观（认为抛出的石头是沿直线运行，它的速度逐渐慢下来直到它跌回地面）。抛物线也出现在宇宙中。一些彗星，如哈雷彗星，能可预测地、规律性地出现在夜空。哈雷彗星大约每 75 年出现一次，而海尔-波普彗星的轨道周期超过 2000 年。但是也有一些其他的彗星飞入太空后，就再也没有出现。一个例子是 1577 年大彗星——约翰内斯·开普勒童年的重大天文事件。通过继续整理天体轨道的工作，开普勒发现单次现身的彗星——只出现一次的彗星，通常在绕太阳的抛物线轨道上运行。

3 种圆锥曲线的最后一种是双曲线，阿波罗尼奥斯通过垂直地切割对顶圆锥使得平面与两个圆锥相交来得到这种曲线，得到的曲线有两个独立的分支，这两个分支不相交但完全对称。双曲线是自然界中十分稀少的圆锥曲线，却是非常有用的，例如，哈勃望远镜的镜面形状就是双曲线，它可以让天文学家观测宇宙。

14　三角学

突破：大约在公元前 150 年，天文学家喜帕恰斯最先研究了三角形中角度与距离之间的关系。

奠基者：喜帕恰斯（约公元前 190 年—公元前 120 年）。

影响：三角学的应用贯穿科学和工程学，特别是在有了袖珍计算器之后。三角学这一学科远远超出了有关三角形的初等几何学，其应用领域已涉及当代数学中一些很复杂的问题。

在初等几何学中，两个最基本的问题是距离和角度，可是它们之间的关系却不能一目了然。虽然早在欧几里得的著作《几何原本》中就对它们的关系进行过一些研究，但是直到天文学家喜帕恰斯关注这个学科，三角学才变成一门实用的技术型学科。

在欧几里得的《几何原本》中，他花了大量的时间研究三角形。他研究的问题主要有两个：三角形三条边长度之间的关系和三角形三个内角之间的关系。对于第一个问题，最重要的结果是毕达哥拉斯定理。该定理给出了三角形三边长度的准确关系，但众所周知的是，这一定理不是对所有三角形都成立——仅对直角三角形成立。在对角的研究中，欧几里得得出的主要结论是：在任意三角形中，三个内角的和一定等于 180°。关于描述边长关系，毕达哥拉斯定理只对包含某一特定角（90°的角）的三角形成立。这一结论强烈地暗示了角度和边长之间微妙的依赖关系，这在三角学的研究中呈现了出来。

相似和比例

虽然欧几里得没有研究过这个我们称之为"三角学"的问题，但他的确认识到了相似三角形的重要性。相似三角形是指具有相同的形状但不必

左图：不管是显而易见的三角学还是隐藏在建筑结构中的三角学，都是当今工程师的必备知识。

有相同的大小的三角形。严格地说，两个相似三角形三个内角完全对应相等。正是存在相似三角形这一事实说明了边角关系不是完全明朗的。边长不能决定角，角也不能决定边长。

欧几里得的重要发现是相似三角形的对应边成比例。所以，如果知道一个三角形的三个内角的角度和一条边的长，理论上就可以确定其他两条边的长。

喜帕恰斯的三角函数表

1000 多年来，从希腊到中国的学者都在逐步改进喜帕恰斯的三角函数表。

确定了一个三角形的三个内角的角度和一条边的长，理论上必定可以确定其他两边的长。这是一回事，但是计算这两边的长是另一回事，怎么计算呢？回答这个问题的是出生在比提尼亚的尼西亚（今土耳其）的喜帕恰斯，在亚历山大和罗德岛，他以天文学家的身份而出名。虽然他的著作没有流传下来，但是我们知道他的天文观测包括几个伟大的成果。他计算出的一年的长度精确到 7 分钟以内，而且绘制了当时世界上最精确的星图。喜帕恰斯采用数学的方法来研究天文学，努力了解地球、太阳以及其他天体之间的关系。但是他发现他那个年代的几何学的知识不能满足他的要求；特别是他需要把有关宇宙天体间角度的信息转换成它们之间的距离的时候。

喜帕恰斯采用了一种高度可行的实用的方法，通过绘制和度量各种各样的三角形，他制作了一个他需要的数据表，这是第一次对三角学的真正开发。喜帕恰斯使用的工具，后来被现代计算器上的正弦和余弦函数（分别简写为"sin"和"cos"）所超越，可是在本质上，它们所代表的思想是相同的。

在直角三角形中，设我们知道两个锐角中的一角（如 30°）、斜边的长度（如 10 厘米），根据喜帕恰斯的原理，这些数据可将三角形完全确定下来，并只有一个三角形满足这些条件。如果你想知道那个已知角的对边的长度，我们只需用 $\frac{1}{2} \times 10$ 厘米，便可得到答案 5 厘米。这个神奇的数 $\frac{1}{2}$ 依赖于角度 30°，对于其他角度，则为不同的值。今天我们记作 $\sin 30° = \frac{1}{2}$。

喜帕恰斯用的是弦而不是正弦，并将不同角度 x 的弦值列成表。知道了这些，推算包含给定角的三角形的尺寸也就很简单了。

马德哈瓦和超越数

从一开始，三角学与天文学、应用科学就相互交叉。例如，在卫星通信中需要准确计算出卫星与地球上固定点所成的角度和距离。所以从古希腊到中国的许多科学家都被吸引去改进喜帕恰斯的三角函数表，不可思议的是，他们所有的改进都依赖该表格进行，如果能找到一个独立的公式来计算每一个角度 x 的正弦值将非常好，可是，他们没有找到这个独立方法，毫无选择地，只能根据制作弦表的方法构造更详细的表格。

上图: 现代通信依靠卫星网络进行。通过卫星网络，大量信息不断流动。这一网络依赖于三角学来分析卫星和地球上的点所成的角度和距离。

在印度南部的喀拉拉邦，大约在 1400 年，最终发现了一个这样的公式，做出这一突破的又是一位天文学家——马德哈瓦，他注意到计算正弦函数需要一个无穷的过程，特别是用弧度制表示角度 x，则

$$\sin x = x - \frac{x^3}{3\times2\times1} + \frac{x^5}{5\times4\times3\times2\times1} - \frac{x^7}{7\times6\times5\times4\times3\times2\times1} + \cdots$$

或者更简明地写为 $\sin x = \dfrac{x}{1!} - \dfrac{x^3}{3!} + \dfrac{x^5}{5!} - \dfrac{x^7}{7!} + \cdots$

在欧洲，直到 17 世纪发明了微积分（见第 32 篇），这一结果才被算出。可是随着时间的流逝，这一结果的影响很有戏剧性：正弦函数（及其他三角函数），现在属于"超越函数"，意指若精确求值需要无穷多次运算。因此，三角函数不再处于三角学中卑微的地位，而成为复分析（见第 37 篇）和抽象波形（见第 41 篇）研究的关键。

15 完全数

突破：完全数是其所有真因子之和恰好等于它自身的数。完全数是古代的一个奇迹。

奠基者：毕达哥拉斯（约公元前 570 年—公元前 475 年）、欧几里得（约公元前 300 年）、尼科马库斯（约公元 60 年—公元 120 年）。

影响：莱昂哈德·欧拉建立了完全数与梅森素数之间的关系，但是完全数至今仍未得到充分的理解。

数字的两类最基本的运算是加法和乘法，毕达哥拉斯学派对那些恰好满足这两种运算并在其上可以找到平衡点的数字很好奇。他们赋予这些数字某种重要性，称它们是"完全数"。

第一个完全数是 6，一个数是否是完全数取决于它的因子，即那些恰好能整除该数且比该数小的数。6 的因子是 1、2 和 3（6 本身也是它的因子，但这里我们忽略它）。毕达哥拉斯学派认识到了把这些因子加在一起可得到奇妙的结果：1+2+3=6。完全数是稀少的，大多数数字不具有这种性质。如 8 的因子是 1、2 和 4，加起来和是 7。6 的下一个完全数是 28，它的因子是 1、2、4，7 和 14，28 的下一个完全数是 496，第四个完全数是大约在公元 100 年，由尼科马库斯发现的 8128（接下来我们将看到尼科马库斯对数学有着不寻常的见解）。然而直到 15 世纪，第五个完全数 33 550 336 才被找到。

完全数是稀少的，因此关于它们，存在着大量的推测和猜想。例如，尼科马库斯认为完全数的结尾会以数字 6 和 8 交替出现。但是这一猜想随着在 1588 年第六个完全数的发现而宣告破灭，第六个完全数是 8 589 869 056（第五个同样以 6 结尾）。杨布里科斯曾猜想只有一个完全数分别位于 1 和 10 之间、10 和 100 之间、100 和 1000 之间等。第六个完全数的发现也宣告这个猜想是错误的。

左图： 数字 6 是第一个被认为是"完全"的数，同时具有两种有趣的算术性质，可以表示很多自然界的对称图形。一个有名的例子是雪花，它的美来自它的六边形对称。

10407932194664399081925240327364085
53861526224726670480531911235040360
80596733602980122394417323241848424
21613954281007791383566248323464908
13990660567732076292412950938922034
57731833496615835504729594205476898
11211693677147548478866962501384438
26029173234888531116082853841658502
82556046662248318909188018470682222
03140521026698435488732958028878050
86973618690071472071055703168729087

上图：完全数与寻找大素数紧密相连。这是第十五个梅森素数，在 1952 年由拉斐尔·罗宾逊发现，等于 $2^{1279}-1$。目前知道的最大素数是第 51 个梅森素数，$2^{82589933}-1$，共有 24862048 个数字长。

在对完全数的研究中，最大的谜团是"是否存在任意大的完全数"，或者"只有有限个完全数"。对于当今的数论学家来说，这仍是一个巨大的挑战。

梅森素数

大约在公元前 300 年，当欧几里得发现了完全数与数学世界中的明珠——素数（见第 11 篇）密切相关时，完全数的重要性和地位被凸显出来了。一般情况下如果 p 是素数，则 $2^p - 1$ 仍是素数。然而，特例 $2^{11} - 1 = 2047$，它不是一个素数，具有" $2^p - 1$ "形式的素数称为"梅森素数"。马兰·梅森于 17 世纪开始罗列梅森素数。大多数已知的数值巨大的素数都是梅森素数，因为比较容易验证它们是素数。

欧几里得比梅森早几千年注意到这些奇怪的素数。特别是他指出了梅森素数和完全数的关系。他证明了如果 M 是一个梅森素数，那么 $\frac{M \times (M + 1)}{2}$ 将是一个完全数。例如 3 是一个梅森素数，那 $\frac{3 \times 4}{2} = 6$ 是完全数。类似地，7 是梅森素数，$\frac{7 \times 8}{2} = 28$ 是完全数。直到 18 世纪莱昂哈德·欧拉证明了精确的对应关系：每一个偶完全数必须可以表达成 $\frac{M \times (M + 1)}{2}$，其中 M 是梅森素数。这个定理把寻找梅森素数和偶完全数捆绑在了一起。对于这两种数，我们都还不知道它们的数量是有限还是无限的。欧几里得 - 欧拉定理只关注偶完全数。那么有没有奇完全数？像雪怪一样，没有人见到过奇完全数，并且大多数人怀疑它们是否存在。但是，没有人能够完全排除它们的存在。

亏数和盈数

我们不知道完全数的个数是有限的还是无限的，确定的只有它们是数字中的少数。许多数的因子之和小于这个数，比如 8。尼科马库斯用"欠缺、贫困和不足"来形容这些数，并称之为亏数。其他的数字可能过剩，如 12 的因子 1、2、3、4 和 6 之和是 16。尼科马库斯认为这些数是"多余、超过，过大和泛滥"的，并称之为盈数。

有时，亏数和盈数会成对出现。例如，220 的因子 1、2、4、5、10、11、20、22、44、55 和 110 之和是 284（220 是盈数）。然而，当把 284 的因子（1、2、4、71 和 142）加起来会得到 220。阿拉伯数学家，例如塔比·伊本·库拉，对像 220 与 284 一样的"相亲数"进行了深入的研究，他还设计了一种方法去寻找新的相亲数。

真因子和数列

1888 年，欧仁·卡塔兰提出了这样一个问题：以任何一个数开始，后面的数都是前一个数的真因子之和，一直重复下去，最后会得到什么？这个问题的答案是第一个数字的真因子和数列。一个可能的结果是碰到一个完全数且后面的数字就保持不变了。如果数列中出现一对相亲数，那么该数列将简单地重复这两个数。更长的重复周期也可能会出现，这被称为"相亲数链"。此外，数列也许会出现一个素数（如 7），然后它将会回到 1（除了素数本身之外没有其他因子），然后到 0。卡塔兰提出的疑问是：是否每个数列只会是上面三种可能中的一种？答案是未知的。如以 276 开始的数列的最终项目并不清楚。目前来看，这个数列中的数只是越来越大，这使得这个问题似乎成了一个非常困难的问题。

在对完全数的研究中，最大的谜团是"是否存在任意大的完全数"，或者"只有有限个完全数"。对于当今的数论学家来说，这仍是一个巨大的挑战。

16 丢番图方程

突破：丢番图在代数学中取得了最早的突破，但是他最著名的理论是对整数的分析，现在称为丢番图方程。

奠基者：亚历山大城的丢番图（约公元 200 年—公元 284 年）。

影响：丢番图的书《算术》极大地鼓舞了古典数学家、伊斯兰黄金时代的思想家，也影响了一批欧洲数学家，如皮埃尔·德·费马。

为了理解整个数字系统，我们需要清楚这些数字之间所有可能的关系：这些关系可以通过丢番图方程表示出来，这个方程以亚历山大城的丢番图的名字命名。他在《算术》中研究了这些方程，这也是之后几个世纪的数学家思想的源泉。

如同之前的欧几里得，我们对丢番图本人所知甚少，丢番图也居住在知识分子聚集地——埃及的亚历山大城。虽然这里曾经是古罗马帝国的一部分，但丢番图却用希腊语写作和交流。他的生平经历是一个谜，后人大都认为他在 84 岁去世。

丢番图最伟大的著作是《算术》。欧几里得的《几何原本》对一个特定的主题进行了详细的论述，而《算术》是一本不连贯的著作，它共有 13 卷，由 130 个不同的问题组成。令人遗憾的是，只有 6 卷保存了下来，其余 7 卷似乎很早就丢失了。1968 年，在被人发掘的一些古阿拉伯的书籍中，可能包含《算术》中遗失的那一部分的翻译版本，却并没有得到普遍的认可。

丢番图方程

由于《算术》是第一本致力于求解方程的书，所以丢番图有些时候被称为"代数之父"。丢番图在《算术》中研究了诸如线性方程和二次方程

左图：丢番图方程是表达整数之间的关系的主要方式。求解这些方程是非常困难的，但是方程告诉了我们整数之间是否有关系，如果有，是何种关系。

等课题，之后花拉子米给出了更全面、更完善的求解方法（见第20篇）。

在很长一段时间里，丢番图方程曾受到许多数学家极大的追捧。像许多古代的数学家一样，丢番图对无理数（见第6篇）充满了怀疑。因此，他在求解方程的时候，特别渴望求出整数解，或者至少是有理数（分数）解，这就使求解这些方程变得非常困难。以至于后来有一位学者在《算术》的复本上写道："丢番图的思想如恶魔撒旦一样，因为这些问题太难了。"

丢番图对幂运算也特别感兴趣。像9、16这样的平方数，即由某一个数乘以自身得到的数（$9=3\times3$、$16=4\times4$），如果涉及多个平方数，运算会更复杂。例如，《算术》中的第3卷，他想找到一个数 x 同时使得 $10\times x+9$ 和 $5\times x+4$ 都是平方数，他找到一个答案——$x=28$。这是正确的，因为 $10\times28+9=289=17\times17$ 和 $5\times28+4=144=12\times12$。

像这样寻找整数或者有理数来满足一些特殊条件的方程后来被称为"丢番图方程"。它被后人认为是理解整数间是否有联系的主要途径。

希帕提娅的评注

在丢番图完成《算术》100年之后，出现了我们能叫上名字的、对丢番图方程感兴趣的第一位女数学家——希帕提娅。她同样是亚历山大城的居民，她从事天文学和物理学的教学和研究工作，宣传柏拉图和亚里士多德的哲学。她对《算术》遗留下来的6卷做了注释，这也暗示着另外7卷在此之前就已经丢失了。为早期学者的作品写评论或注释是常见的做法，希帕提娅对阿波罗尼奥斯的《圆锥曲线论》（见第13篇）也做了注释。

希帕提娅除了是一个著名的女知识分子，她还是典型的柏拉图主义哲学推崇者。

丢番图的复兴

随着古典数学黄金期的逝去，印度和阿拉伯数学家走在了时代的前列。

在阿拉伯，《算术》被翻译为阿拉伯文并被深入地研究。现今，保存最好的翻译版本是阿布·瓦法·布兹贾尼在 10 世纪翻译的，而且他对《算术》做了相应的注释。直到 16 世纪，《算术》才被翻译成拉丁文并逐渐被欧洲数学家所熟知。

在《算术》成书千年以后，人们终于意识到了丢番图方程的重要性，此时出现了几个源于《算术》的、为人们津津乐道的重要数学故事。皮埃尔·德·费马在阅读克劳德·巴歇德最近翻译的《算术》时，他想扩充勾股数的二次方到高次方，这也就是数学界最大的未解之谜之一——费马大定理（见第 91 篇）。数论中的一个主要议题也根源于丢番图——怎样把整数分解成一些数的幂次方，这个问题后来演化成永恒的"华林问题"（见第 59 篇）。

同样，丢番图的工作对于 20 世纪的逻辑和计算科学影响也十分重大。希尔伯特的第十个问题（见第 81 篇）：能否通过有限个步骤来判定丢番图方程的可解性？对这一问题答案的研究是现代数学的基石。

上图：希帕提娅是一位杰出的哲学家、教师和科学家，以及我们能叫上名字的第一位女数学家。据说她被杀害标志着亚历山大城作为一个知识中心的统治地位的结束。

印度－阿拉伯数字

> 突破：为我们熟知的印度－阿拉伯数字形成于公元前150 年—公元 600 年的古印度。
>
> 奠基者：关于这些数学工作的最早记载可追溯到公元250 年时的巴赫沙利手稿。
>
> 影响：印度－阿拉伯数字是当今数字表示的国际标准。

我们用来书写数字的符号起源于古印度。特别是被我们所熟知的符号 1、2、3、4、5、6、7、8、9 和 0，它们首先在古印度发展，然后被传播到欧洲和新大陆（北美）。

正像世界上许多其他地方一样，古印度的数学家们运用不同的方法表示数字。用现在的标准衡量，大部分数字的表示方法的效率不高。这与欧洲使用的罗马数字具有同样的劣势。然而，从公元前 3 世纪的某个时间开始，一个记数系统开始在印度发展，后来被认定为国际标准记数系统。

当古巴比伦人使用六十进制的时候（见第 3 篇），古印度和其他地方的人普遍使用十进制数字系统，也就是说数字以 10 为进制，逢 10 进 1。虽然 10 这个数本身没有任何重要的数学意义，可是我们容易看出为什么选用十进制数字系统。人类进化出十根手指，手是我们用来记数的第一个工具，这远远早于第一根记数树枝。

大约在公元前 150 年，古印度中部的居民发展了一种"婆罗米数字系统"，这是我们所知的现代数字系统的最初形式。这个数字系统包括数字 1 到 9 的符号，以及数字 10,20,30,…和 100,200,300,…等的新符号。把这些放在一起，就可以表示很多数字。然而，随着时间的流逝，人们所需要的符号总量在逐渐减少。

*左图：*印度斋浦尔的简塔曼塔第 18 号天文台上的天城文数字。这些数字在现代印度仍被使用并且和印度阿拉伯数字 0～9 拥有共同的祖先。图示表示数字 6。

吠陀时期和耆那教中的数学

宗教对"巨数"的需要是使数字系统向更简洁的趋势发展的一个驱动力。印度历史中的吠陀时期开始于约公元前 1000 年，以经典文献"吠陀"的名字命名。印度宗教中最初的这批经文是用早期梵文写成的。这个时期的某些人在手稿中已经讨论了巨数。在大约可以追溯到公元前 250 年的史诗《罗摩衍那》中，据说英雄罗摩指挥了一支拥有 100 001 000 010 000 000 100 010 000 010 001 000 001 000 100 000 100 010 000 000 005 名士兵的军队。

吠陀时期的数学家对 10 的多次方进行命名，一直到罗摩军队所需要的那个数——10^{62}（同时，古希腊所拥有的最大计量单位是"万"，即 10 000）。在引入位－值记号之前，精确计算这些巨数是非常困难的。如今，学者们相信正是在这个时期，十进制符号产生了。

另一个宗教 ——耆那教，创立于大约公元前 6 世纪，推动了这一想法进一步发展。耆那教仔细研究了非常长的时间跨度，例如定义 $756 \times 10^{11} \times 8\,400\,000^{28}$ 天为一个 shirsha prahelika（超级大的有限数，耆那教也发明了一种关于无穷的不同名称的理论，大胆预测了格奥尔格·康托尔的基数理论，见第 53 篇）。

巴赫沙利手稿

可查证的、首次有文字记载的使用印度－阿拉伯数字的证据在巴赫沙利手稿中。1881 年，人们在现今巴基斯坦的一座叫巴赫沙利的村庄里发现了这个手稿。保存下来的部分包括 70 页的桦树皮，其上列有各种各样的数学法则，且每个法则都有例子。由于一些桦树皮已经腐烂，所以学者研究它们是非常困难的，甚至不能鉴定其年份。在过去，学者认为手稿所存在的年份是公元

欧洲		Gobar.	印度		
14世纪	12世纪	(阿拉伯)	10世纪	5世纪	1世纪

前 200 年至公元 1200 年。但最近，学者们认为它很可能存在于公元 400 年左右（也有可能是这个时期原稿的手抄本）。

巴赫沙利手稿因其使用的记号而令人非常感兴趣。虽然现代人无法辨识其所用的符号，但这有可能是第一个保存最完全的十进制记数法的例子，并且它给出了 0 的记号（实际上是一个点）。这份手稿也包含分式的例子，与我们今天所表示的分数十分类似，只是把分数线省略了。这份手稿讨论了盈利和亏损，应用了负数（用"+"来表示，这与现代的记法不同）。

不论巴赫沙利手稿的真相到底如何，可以肯定的是，在印度数学发展的鼎盛时期，婆罗摩笈多的工作可能是最耀眼的（见第 19 篇），十进制记数系统正在蓬勃发展。

阿拉伯人和欧洲人的传播

这个新的记数系统被印度北部的波斯数学家所接受，并由他们传播到世界其他地方。大约在公元 825 年，花拉子米（见第 20 篇）写了一本有重要影响的著作——《用印度数字运算》（目前只保存了拉丁文翻译本）。这本书对十进制记数系统的传播发挥了重要作用，并促进该系统演变成现代形式。

宗教对"巨数"的需要是使数字系统向更简洁的趋势发展的一个驱动力。

在公元 1202 年，比萨的列奥纳多所著的书——《计算之书》把这些数字引入欧洲。列奥纳多以其外号"斐波那契"更为人熟知（见第 22 篇）。斐波那契的父亲是一个富有的商人和外交官，他大部分时间在北非的阿尔及利亚度过。年轻的斐波那契跟随他的父亲到处旅行，这使他体会到地中海周围的学者所使用的数学符号的高效性。

这个记数系统被称为"阿拉伯数字"，它与罗马数字共存于整个欧洲长达几个世纪，并逐渐地占据了主导地位。直到 15、16 世纪的印刷革命以及由它带来的识字人数的增加和标准化，这 10 个数字定格为我们今天所熟知的模式，成为数学书写的全球标准。

18　模运算

> 突破：模运算涉及数的循环，就像钟表上的时间一样。
>
> 奠基者：孙子（约公元 400 年—公元 460 年）、皮埃尔·德·费马（1601 年—1665 年）。
>
> 影响：模运算不但是数论中重要的运算，而且是计算机科学中的重要运算，它构成了现代密码学的基础。

11+7 等于什么？在一些背景下，看似不可能的结果却是正确的。例如，如果现在是 11 点，则 7 个小时后将是 6 点。因此写成 11+7=6 是完全正确的。这个时钟里的数学运算其实就是模运算。模运算的首次正式研究是由孙子在大约公元 450 年做出的。

对时钟的情形，这种模运算可以说成模 12 运算，当然，其他任意的整数也可以进行这种运算。如果今天是星期二，15 天后星期几？这一问题可以理解为一个模 7 运算问题，而每小时里的分钟数可以引出一个模 60 运算。

分钟、小时和天

自从人类首次把时间分成像分钟、小时和天这样的小时间段，就需要考虑模运算。如果莱邦博骨的槽口代表的是"阴历"，可以说模 29 运算是首个我们有证据可查的人类数学。

然而，从莱邦博骨出现后又过了很多年，这一问题才真正得到数学家的关注。大约在公元 450 年，模运算以一个谜语的形式首次出现在孙子的著作中。在此后的几个世纪中，模运算在数学中变得超级重要。这种运算围绕一个剩余数的思想。若现在是 8 点钟，从现在起 20 小时后是几点钟呢？这相当于计算（8+20）mod 12，通过观察我们可以得到答案：12 恰好嵌

左图：模运算是众所周知的计时数学。钟表上的时针的模运算是模 12 运算，而秒针的则是模 60 运算。

入 28 两次（因为 12×2=24），留下一个余数 4，正是这个余数给出了答案：
8+20 = 4 mod 12。

所有基本的代数运算——加、减、乘和除都可推广到模运算的情形中，所以我们可以写 3×4 = 1 mod 11，7－9 = 15 mod 17，甚至 5÷4 = 3 mod 7（因为 5 = 12 mod 7）。因为通常的运算在模的背景下与在一般整数背景下的运行是一样的，数论学家对模运算做了大量研究，模运算是在有限数集中进行的，所以很方便。对于模 5，每个数字必须等于 0、1、2、3、4 中的一个，所以模 5 运算中实际上只有 5 个数，就像钟表表盘只需 12 个数。

中国剩余定理

孙子的这个谜题将会继续产生难以估量的影响，因为这个谜题开启了通往模运算的数学大门。

在《孙子算经》（孙子的数学手稿）中，作者给出如下的一个难题：有物不知其数，三三数之剩二，五五数之剩三，七七数之剩二。问物几何？

孙子的这个谜题将会继续产生难以估量的影响，因为这个谜题开启了通往模运算的数学大门。孙子求的是这样的一个数 n，满足 $n = 2$ mod 3、$n = 3$ mod 5，$n = 2$ mod 7。事实上，孙子的突破是一个基本的"洞悉"——这样的数一定存在。总可以找到一个合适的数，使它同时满足多个模运算条件。在孙子的难题中，答案是 23。这个著名的结论称为"中国剩余定理"。

对这种运算有一个限制，模底数必须是素数。在这个难题中，底数是 3、5 和 7，素数指不能被除 1 和它本身外其他数整除的数，否则，模条件可能彼此矛盾，比如不可能找到一个数 n 同时满足 $n = 1$ mod 3 和 $n = 2$ mod 6。

费马小定理

后来，模运算与素数分析密切结合。一个有名的例子就是皮埃尔·德·费马的小定理（不要与大定理混淆，见第 91 篇）。费马小定理考虑一个素数，设为 P，另一个不需要是素数的整数 n。费马仔细思考 n^P，即 P 个 n 相乘，$n \times n \times \cdots \times n$（$P$ 个）。费马小定理陈述了这样一个事实，即 n 和 n^P 将总是等价的，也就是说 n^P mod $P = n$ mod P。这个定理对检测一个数是否是素数非常有用。如果你检验数 q 是否是素数，并且找到一个数 n 满足

$n^q \bmod P \neq n \bmod q$，则 q 不是素数。这是现代素数验证计算的理论基础，是用来检验新的很大的素数的方法，也是现代公共密码系统的基础。

高斯黄金定理

素数模运算也是卡尔·弗里德里希·高斯称为"黄金定理"的背景。现在更多地称该定理为二次互反律。已知两素数 p 和 q（都不等于 2），观察这两个数，$p \bmod q$ 和 $q \bmod p$，在 1801 年，高斯证明了这两个数之间存在非常漂亮的对称性。他证明了如果一个数是平方数，则另一个数也是平方数（有一个例外的情形，如果 p 和 q 都是 4 的倍数且多 3，则一个不是平方数，另一个正好是平方数），这个定理特别具有影响力。数学家在这个定理的基础上做了进一步的推广，后来形成了称为朗兰兹纲领的数学理论。

23 mod 3 = 2

23 mod 5 = 3

23 mod 7 = 2

上图： 孙子最初问题的解答：23 除 3、5、7 的余数分别为 2、3、2。

19 负数

突破：婆罗摩笈多把数字系统扩展为包含 0 和负数的系统，这被认为是数字 0 第一次享有它作为数字的权利。

奠基者：婆罗摩笈多（公元 598 年—约公元 665 年）。

影响：婆罗摩笈多的记数系统对于当今广泛运用的数字系统的发展是至关重要的。

婆罗摩笈多的《婆罗摩历算书》是一部引人注目的著作，它描绘了新的数字及它们的运算法则。特别重要的是，婆罗摩笈多第一次把 0 提升到数的位置。然后，他进一步扩展了记数系统，使得它包含我们今天称为"负数"的数字系统。

在印度，至少从巴赫沙利手稿（见第 17 篇）开始，数学家运用类似于今天广泛运用的位制系统来书写数字。在这个系统下，比如数字 3 所代表的意义取决于它所在的位置。37 中的数字 3 所代表的意义与 73 中的 3 所代表的意义完全不同。这种发展仿效了古巴比伦的数学（见第 3 篇）。它明显优于希腊和罗马所运用的数字表示系统。这种位制编排导致了古巴比伦和印度数学家发明了数字 0，他们需要某个表示空列的数字，以区别 307 和 37。然而，在这个时期，0 仍接近于一个标点符号而不是一个真正享有其权利的数字。

婆罗摩笈多的《婆罗摩历算书》

第一次真正扩展数字系统的尝试出现在公元 628 年学者婆罗摩笈多的著作中。他是印度圣地乌贾因的一位著名天文学家。乌贾因位于现在印度中部的中央邦。婆罗摩笈多在数学上最大的突破是他的著作《婆罗摩历算书》中的一部分，这本书以诗歌的形式写成，并且包含了一些对代数、数

左图： 根据摄氏度温标，0℃是在标准大气压下，水结成冰的温度。负数表示比这个温度更低的温度。在地球上，记录的最低温度是在俄罗斯的东方站测到的 -89.2℃。

论和几何学的见解。在最重要的章节中，婆罗摩笈多罗列了一些新的运算法则，即加、减、乘和除的运算规则，这些法则都包含数字 0。

在婆罗摩笈多的著作中，0 变得不仅仅是一个标点符号。事实上，他给出 0 作为数字的正式定义。他说 0 是任何数字减去它自身的结果，例如，7 - 7 = 0。这似乎对我们来说是非常显然的，但是在当时，这需要想象力"飞跃"，才能看到这是有实际意义的定义。在过去，数字用来形容所收集物品的多少，当移除所有的物品时，为什么还需要保留一个数字呢？

0 不符合运算的一般规律加深了这种反面意见。例如，当你对任意数乘 2，这个数字扩会大两倍，但 0 不是这样的。婆罗摩笈多对此并不苦恼，他细致地描述了 0 的运算规则：第一，任意一个数字加上或减去 0，其值不变；第二，任意数乘 0 等于 0。

负数

婆罗摩笈多不仅仅是因为 0 而成为先驱。他走得"更超前"，把负数——直观上比 0 小的数纳入他的专著，然而，0 个芒果可以被理解为没有一个芒果。那"-4 个芒果"的意义呢？

虽然婆罗摩笈多的著作有一点儿抽象，但他运用了启发性的财政语言。在这种情形下，负数代表着赊欠。-4 个芒果意味着赊欠别人 4 个芒果。根据这种说法，0 是不亏不欠的临界点，即没有赊欠别人任何东西。负数不完全是一个新的概念，出于贸易的目的，中国的数学家很早就考虑过它们。但是天才的婆罗摩笈多合并了所有的数——正数、负数和 0，从而使得它们成为一个新的单一的数字系统。

他是第一个写下当今仍被认为是标准运算法则的人，例如，两个负数相加的结果仍为负数，负数乘正数得到一个负数，如 $4 \times (-4) = -16$。婆罗摩笈多同样掌握了计算规则中最令人费解的概念：两个负数之积是正数 $(-4) \times (-3) = 12$。

除以零

婆罗摩笈多的加法、减法、乘法的运算理论几乎没有改变地沿留至今。但是对于除法，他的想法与现行的规则却不吻合。把 8 本书分成 4 堆，每堆书包含两本书，因此 $8 \div 4 = 2$。但是当 0 出现在上一个式子会发生什么呢？你把 0 本书分成 4 堆，每一堆会有几本书呢？结果似乎是 0。婆罗摩笈多也是这样理解的，但是当他考虑颠倒上述问题时，他又遇到了一个问题。

把 8 本书分成 0 堆是什么意思？每一堆有几本？这个问题似乎是没有意义的，其实它就是没意义的。我们说 $8 \div 4 = 2$。因为 2 是唯一乘 4 得 8 的数字。类似地，计算 $8 \div 0$，我们就需要一个数乘 0 后得到 8，但是不存在这样的数。

在过去，数字用来形容所收集物品的多少，当移除所有的物品时，为什么还需要保留一个数字呢？

面对这个问题，婆罗摩笈多做出了粗疏的决定。为了解决问题，他发明了一整列的新数，它们分别表示为 $\frac{1}{0}$，$\frac{2}{0}$，…因此按照定义 $0 \times \frac{8}{0} = 8$。这不是我们如今采用的规则。今天的数学家坚信这种 0 作除数的问题是没有意义的，比如表达式 $\frac{8}{0}$ 是无意义的。因此，现代数学的基本规则是不能用任何数去除以 0。

代数学

突破：花拉子米开启了对抽象方程的研究。他最初的想法是得出一个协助计算的实用指南，但结果却是创立了代数学。

奠基者：花拉子米（公元 780 年—公元 850 年）。

影响：全世界的中学生至今仍在学习花拉子米的关于一元二次方程的求根公式。他的工作为后来《大术》（见第 24 篇）的发展奠定了基础。

　　代数学可以看作一个求解方程的学科。花拉子米的著作《代数学》不仅引进了"代数学"一词，而且奠基了代数学这门学科。花拉子米是 9 世纪巴格达"智慧之家"的一位学者。那时的巴格达是一座富饶繁华的城市，也是知识分子集中之地。"智慧之家"是由当地领袖赞助的图书馆和研究中心。

　　"智慧之家"特别注重翻译。来自世界各地的学术著作在"智慧之家"中，都从波斯文、梵文、中文等语言翻译成了阿拉伯文。花拉子米负责翻译古希腊的科学和数学著作。欧几里得和其他一些人的著作很可能是由他翻译的，这形成了他自己研究数学的基础。像之前的亚历山大图书馆一样，1258 年，"智慧之家"在入侵者对巴格达的灾难性围攻中被毁坏。

代数学的诞生

　　古希腊数学的两大主题是数论和几何学。当无理数被发现之后，这两个主题结合到了一起。无理数的发现导致希腊数学进入动荡时期。虽然诸如欧几里得和丢番图等数学家在相关研究中取得了长足的进步，但是他们还没有触碰到无理数的基本性质。

　　事实上，阿拉伯的数学家，包括花拉子米在应用负数时是非常小心谨

左图：当数学家面对形如 $4x^2+3x-7=0$ 的方程时，立刻就想到求解方程，即寻找 x 的值使得这个方程成立。罗格斯大学的巴曼·卡兰塔里认识到，求解方程时可以生成一个漂亮的图片，他称之为多项式图。

慎的。然而，对花拉子米采取的数学方法来说，其实人们根本不用过度担心会出什么问题。对不同种类的数字的哲学解释，无论是正数、负数还是有理数或无理数，本来就不是那么重要。真正重要的是你将运用它们进行何种运算，加、减、乘还是除。这4种运算足够解决几乎所有类型的实际问题，而不必考虑任何数字可能具有的进一步的意义。

对不同种类的数字的哲学解释本来就不是那么重要。真正重要的是你将运用它们进行何种运算。

在《代数学》中，花拉子米第一次对方程做了认真的分析，并就如何解决这些问题给出了详细的说明。这就使得代数学成为一门学科，并为花拉子米所处的时代的科学家和官员运用数学技巧解决实际财政问题提供了宝贵的指导意见。

方程与未知数

如果一个数与4之和为9，那么这个数是多少呢？花拉子米考虑了类似的问题，并用散文的方式记录了它们。现在我们喜欢用符号，习惯地把未知数用字母 x 表示，将问题变为寻找 x，使其满足 $x + 4 = 9$。这就是一个方程，求解方程就是寻找 x 的值。

当然，这个问题的答案是显而易见的。然而花拉子米察觉到，沿着一个确定的步骤可以求解所有这种类型的方程。花拉子米将这类方程描述为"完整"（al-jabr）或"平衡"（al-muqabala）方程。该解答步骤也是目前全世界教授给学生的步骤。本质上，这意味着方程两边必须同时进行某种运算使得方程仍成立。花拉子米对方程两边同时减去4仍使得方程平衡，方程左边减去4，将会去掉"+4"。为了使方程成立，方程右边应该像左边一样，$x = 9 - 4$，因此 $x=5$。类似地，求解方程 $2x = 12$（是 $2 \times x = 12$ 的简写），花拉子米的规律是两边同时除2，我们得到 $x = 12 \div 2 = 6$。

通常，各种运算需要结合在一起才能求解方程，比如 $3x + 5 = 11$，首先方程两边同时减去5得到 $3x = 6$，然后两边同时除3得到 $x = 2$。花拉子米的著作在这个领域的价值在于他仔细罗列了已经被数学家使用了几个世纪的技巧方法，但他并没有满足于此。

二次方程

当出现未知数与未知数的乘积时，解方程就变得复杂困难。花拉子米的最大突破就是解一元二次方程。举一个简单的例子，$x^2 = 16$（x^2 代表 $x \times x$），我们如何找到 x 呢？我们需要一个数的平方（数自身乘自身）结果是 16。现在我们称这个数为 16 的平方根，记为 $\sqrt{16}$。不难想到一个值——4（事实上，需要着重指出的是，根据负数的运算规则，-4 同样是一个正确的答案）。

然而一些二次方程更为复杂，例如 $x^2 - 5x + 6 = 0$，即使在现代计算器的帮助下，也很难有一个确切的步骤求解这个方程。不过写出来的话，它的方法相当于现代世界各地的课堂上采用的公式。对任意形如 $ax^2 + bx + c = 0$（a、b、c 是常数且 $a \neq 0$）的公式，有两个解，可以通过公式

$$x = \frac{-b \pm \sqrt{b^2 - 4ac}}{2a}$$

求得。在上面的例子中，这个公式给出其解为 $x=2$ 或 $x=3$。

把花拉子米的求解公式应用到更复杂的方程上，是中东和欧洲代数学领域的一个主要的驱动力。1545 年，吉罗拉莫·卡尔达诺所著的《大术》使这个求解公式的影响达到了顶峰。

上图：花拉子米在《代数学》一书中引进了"代数"一词并写下了二次方程的求根公式。

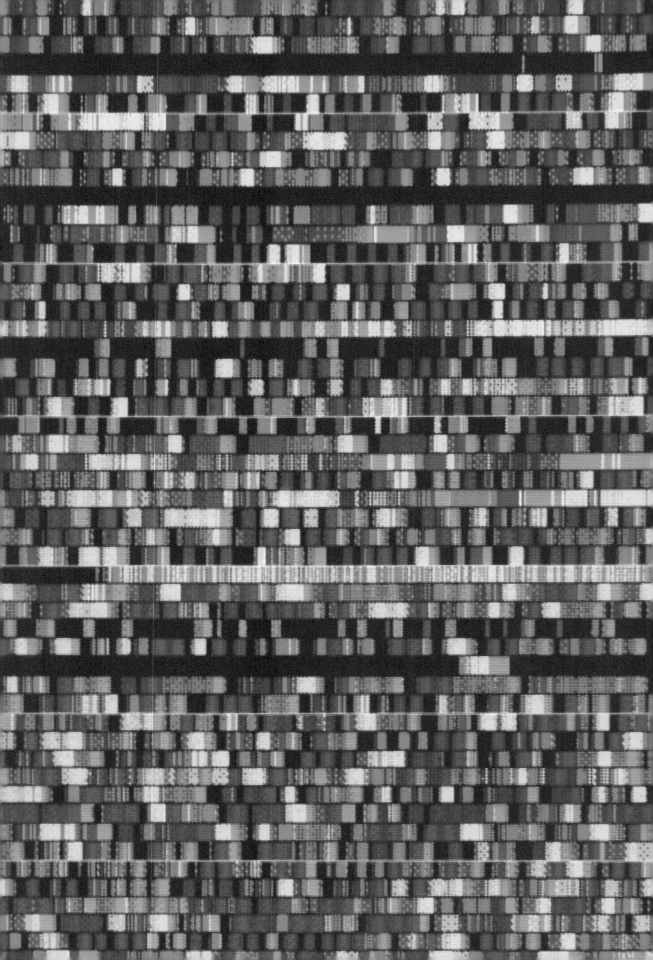

21 组合学

突破：排列组合是组合学最基本的概念。所谓排列，就是指从给定个数的元素中取出指定个数的元素进行排序。组合则是指从给定个数的元素中仅仅取出指定个数的元素，不考虑排序。排列组合的中心问题是研究给定要求的排列和组合可能出现的情况总数。二项式定理是解决这一问题的有力工具，同时也是组合学的一座里程碑。

奠基者：宾伽罗（约公元前 200 年）、卡拉吉（953 年—1029 年）、布莱兹·帕斯卡（1623 年—1662 年）。

影响：帕斯卡三角和二项式定理都有广泛的应用。同时，更复杂的组合问题继续困扰着现代思想家。

组合学分析一组对象可排成不同序列的排法数目或取出其中一部分的不同取法的数目。组合学问题是很有用的，可是它通常是比较难的，它常出现在数学和科学中。通过著名的二项式定理，组合学也对理解代数学起着重要作用。

如果一个房间有 5 个人，选择 3 个去参加一个游戏，有多少种可能的选择？当然，答案不是一目了然的。但是像这样的组合问题会在很多种情况下发生，不管是科学还是日常生活。从数学本身来看，它们在概率论的学习中相当重要。

阶乘

对排列组合问题的最初洞见涉及被现代数学家称为阶乘的理论。如果房间中的 5 个人站成一排，他们有多少种不同的站法？站在最前面的人有5 种选择。一旦第一个位置定下来，第二个位置有 4 种可能的选择。第三个位置有 3 种，以此类推，一旦前 4 个位置被确定下来，那个剩下的人只

左图：人类基因组中的一段，其中黄色、绿色、红色和蓝色分别代表不同的碱基对。识读这段基因需要仔细地组合、分析。人类基因组具有 30 亿对碱基对，所有可能的不同子序列的个数增长快速，以致很快就失控了，这使得寻找这段基因成为一个挑战。

能站在第五个位置。这表明站法有 $5 \times 4 \times 3 \times 2 \times 1$ 种。自从 19 世纪早期以来，对于这个问题数学家就开始用记号 5! 来表示所有可能的站法，5! 读作"5 的阶乘"。5!=120，这表明阶乘是一个增长极快的"函数"。10! 大约是 360 万，而 60！（60 个人排列的不同方法数）超过了可见宇宙中的原子数。这给我们一个重要启示：仅靠实验不能解决组合学的很多问题，我们需要一个更抽象的方法。这一问题大约在公元前 800 年由印度数学家开始研究。

排列与组合

阶乘可以用于分析更复杂的情况，比如：一个房子里有 5 个人，令其中 3 个人站成一排。所有可能的站法可由 $5 \times 4 \times 3$ 给出。写成阶乘的形式为 $\frac{5!}{2!}$，即 $\frac{5!}{(5-3)!}$。这表明了计算的一般规律。在现代术语中，从 n 个人中选 r 个人站成一排，所有可能排列的数目可表示为 $\frac{n!}{(n-r)!}$，可是这并没解决那个选择参加游戏者的问题。即使有相同的人，他们的排列也可能是不同的，这正是排列问题。但是如果我们只关心选出的人数，不关心他们的顺序，那就是一个组合问题而不是排列问题。从 n 个人中取 r 个人的组合数比对应的排列数小，因为同样一群人可以按不同的顺序排列，实际上，共有 $r!$ 种不同顺序。这表示组合数应是排列数除 $r!$，即

$$\frac{n!}{(n-r)! \times r!}$$

若从 5 个人中选 3 个人，则不同的选法共有

$$\frac{5!}{2! \times 3!} = 10$$

这些组合数可以从帕斯卡三角中直接得出。帕斯卡三角是数学中最有名的事物之一，在中国一般称它为"杨辉三角"。

帕斯卡三角

由 1 开始，在 1 的下一行再写 2 个 1，其余各行都以 1 为开始和结尾，中间的每个数字都是它"肩膀"上两个数字的和，这种简单的方法可以延伸到任意多行，从而形成一个漂亮的三角形。

帕斯卡三角以 17 世纪法国著名学者布莱兹·帕斯卡的名字命名。但是，有几个思想家更早发现了这个三角形。它首次出现在宾伽罗的著作中。宾伽罗是印度文学理论家，大约在公元前 200 年，他写了名为《诗律经》的一本书。直到很久以后，帕斯卡三角所隐藏的思想才得到充分研究。在 13 世纪，这个三角形被中国数学家杨辉发现，并在《详解九章算术》里解释了这种形式的数表。所以这个三角形也称为"杨辉三角"。

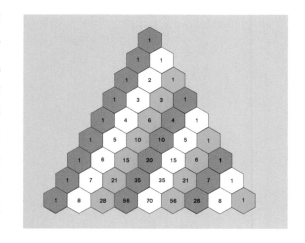

上图：很多性质隐藏在帕斯卡三角中。初始行 1 后的从右上到左下的斜线按顺序列出整数，其后的斜线分别列出三角数、四面体数以及更高维几何体的数。

关于帕斯卡三角最神奇的是组合数可以直接读出。例如，1、5、10、10、5、1 这行分别列出了从 5 个物体中选取 1 个、2 个、3 个、4 个和 5 个物体的方法数，即选 1 个有 5 种取法，选 2 个有 10 种，选 3 个有 10 种，选 4 个有 5 种，选 5 个有 1 种（对于该行的开始的数，可以理解为从 5 个中选 0 个有 1 种取法）。

在帕斯卡三角中，有很多其他美丽的性质。例如，三角数指要用球来组成正三角形时，所需要的球的个数。所有三角数正好位于帕斯卡三角从右上到左下的第三条斜线上——1、3、6、10、15，等等。四面体数则指用球来堆成底为三角形的锥体时，所需要的球的个数。

二项式定理

二项式定理给出两个数之和的整数次幂展开为类似项之和的恒等式，即 $(a+b)^n$ 的代数展开式。帕斯卡三角与二项式定理不仅对计算物体数目有用，而且它们在代数中也扮演着重要角色。代数学家经常遇到几个括号连乘的表达式。例如表达式 $(1+x)^2$ 指 $(1+x) \times (1+x)$。展开后可得 $1+2x+x^2$，而

$$(1+x)^5 = 1+5x+10x^2+10x^3+5x^4+x^5$$

这涉及的数字直接取自帕斯卡三角的第 6 行。这个有名的事实让数世纪的数学家避免了很多烦琐的计算。纯手算 $(1+x)^5$ 需要 32 个独立步骤，很容易出错。但是有了帕斯卡三角，根据它的结构很快就可得出结果。而根据二项式定理，这个结果可以直接写下来，甚至不需要计算帕斯卡三角的前 5 行。在大约 1000 年，二项式定理由阿拉伯数学家卡拉吉首次给出证明。

22　斐波那契数列

突破：毕达哥拉斯学派研究的黄金分割与最早由古印度数学家所仔细考虑的斐波那契数列有着密切的关系。

奠基者：毕达哥拉斯（公元前 570 年—公元前 475 年）、宾伽罗（约公元前 200 年）、列奥纳多·斐波那契（1170 年—1250 年）、约翰内斯·开普勒（1571 年—1630 年）、雅克·比奈（1786 年—1856 年）。

影响：斐波那契数列和黄金分割的名声超出了数学界并进入大众视野。

数学家们都对出现在几何学中的很多美丽的物体非常着迷。但是随着时间的推移，一个特别的话题开始代表几何学的完美现象。相同的数学现象出现在不同的场景中。

毕达哥拉斯学派的标志是五芒星，即五角星。他们赋予这一图形神秘的重要性。在五角星的边缘隐藏着一个特别的数，它是几何学完美观的代表。

五角星和黄金分割

五角星的一边与另外一边的交点将这条边分成长度不等的两部分。然而，当你观察各个部分的比值时，就会发现一个关于数字的完美对称，即整条边的长与长线段的长的比值等于长线段与短线段的比值。记长线段的长为 a，短线段的长为 b，则关于它们的比值可表示为 $\frac{a+b}{a} = \frac{a}{b}$。

通过这些信息，可以计算出这个分式的值。今天我们把它称为黄金分割，通常用希腊字母 ϕ 表示，它的准确值是 $\phi = \frac{1+\sqrt{5}}{2}$，是个无理数（见第 6 篇），但它不是超越数（见第 48 篇）。它的近似值是 1.618。在代数

左图：向日葵中的螺线条数总是一个斐波那契数。在这一情形下，一个方向的螺线条数是 21，另一方向的是 33。同样的现象也在其他地方发生，如菜花和菠萝的螺线。

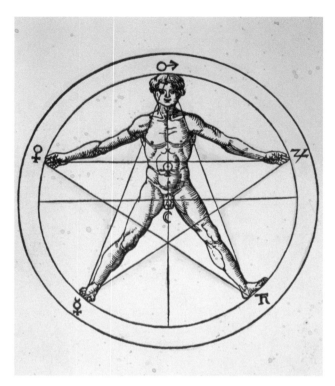

中，φ 因为满足方程 $1+\phi = \phi^2$ 而更加有趣。

不是只有毕达哥拉斯学派研究黄金分割，欧几里得在《元素》一书中也有讨论，并将它命名为"极平均的比值"。欧几里得给出了如何用尺规作图法来构造黄金分割的方法。

上图： 神秘学者海因里希·科尼利厄斯·阿格里帕在 16 世纪画了这幅把人内接于一个五角星的人体图，这幅图是大量试图把黄金分割与人的体形联系起来的尝试之一。五角星和黄金分割在历史上一直是一个相当神秘的话题。

艺术中的黄金分割

集艺术家、雕刻家和建筑师于一身的菲狄亚斯生活在公元前 5 世纪。据说他是第一个意识到黄金分割的美学的人。事实上，符号 φ 以他的名字命名。不幸的是，虽然菲狄亚斯雕刻的 12 米高的宙斯巨像被认为是古代世界的奇迹之一，但没有一件他的作品得以保留至今。

从菲狄亚斯开始，包括列奥纳多·达·芬奇和萨尔瓦多·达利在内的几位艺术家对 φ 有着浓厚的兴趣。人们常常认为长与宽的比为黄金分割率 φ 的矩形是最令人愉悦的图形。但是，从心理上对此结论的验证从来没有完全令人信服过。

黄金矩形确实具有非常迷人的数学性质，如果你从该矩形中去掉一个边长为矩形的宽的正方形，出乎意料的是，剩下的小矩形仍是黄金矩形。重复这个过程，从小黄金矩形中去掉一个正方形会得到一个更小一些的黄金矩形，可形成一个从大到小嵌套、面积递减的黄金矩形列，这是一个非常优美的图案。连接这些矩形的顶点可形成一个黄金螺旋线，这条曲线与对数曲线（见第 34 篇）非常接近。

斐波那契数列

黄金分割与另一个起源于印度的在数学界很有名气的问题紧密相连。

以斐波那契这个名字而闻名的比萨的列奥纳多，他在年轻的时候，在地中海沿岸的阿拉伯国家旅行。他在旅行中最重要的成果是把印度－阿拉伯数字引入了欧洲（见第 17 篇）。另一个发现是出现在他的著作《计算之书》中的一个数列。这个数列最早是由印度文学理论家宾伽罗在 1000 多年前分析诗歌的韵律时发现的。斐波那契数列具有如下形式：

$$1,1,2,3,5,8,13,21,34,55,\cdots$$

这个数列具有这样的特征：后一个数等于它前面两个数之和。

该数列已成为数学出现在自然界中不同的领域的一个代表。许多花的花瓣数正好就是斐波那契数（斐波那契数列中的成员）。在某些类型的仙人掌、松果、菠萝和其他类型的植物上的螺旋线条数也是斐波那契数。

黄金矩形确实具有非常迷人的数学性质，如果你从该矩形中去掉一个边长为矩形的宽的正方形，出乎意料的是，剩下的小矩形仍是黄金矩形。

比奈公式

斐波那契数列和黄金分割之间的关系可以通过下面的分数数列展示出来（斐波那契数列中后一个数与前一个数的比值）。

$$\frac{1}{1},\frac{2}{1},\frac{3}{2},\frac{5}{3},\cdots$$

约翰内斯·开普勒证明了，当斐波那契数列趋近于一个无穷数列时，新数列越来越接近一个常数。这个常数就是黄金分割数 ϕ。

因此，ϕ 出现在斐波那契数列的通项公式中。如果你想计算第 50 个斐波那契数，则不需要计算中间的前 49 个，这个公式可以帮你直接到达"目的地"。虽然莱昂哈德·欧拉、丹尼尔·伯努利和其他人都曾独自推出这个通项公式，但是它以雅克·比奈的名字命名，雅克·比奈在 1843 年发现了这个通项公式，第 n 个斐波那契数是

$$\frac{1}{\sqrt{5}}\left[\phi^{n}+(1-\phi)^{n}\right]$$

当 n=50 时，计算得到 12 586 269 025。

23

调和级数

突破：尼克尔·奥里斯姆第一个意识到无穷多个数相加是非常奇妙的，可以产生一些惊人的结果。

奠基者：尼克尔·奥里斯姆（1323年—1382年）、皮耶特罗·曼戈里（1626年—1686年）和莱昂哈德·欧拉（1707—1783）年。

影响: 调和级数是无穷级数理论中第一个深奥的级数，至今，无穷级数理论仍是数学中最复杂的问题之一。

当你尝试把无穷多个数相加时，结果会是怎样的呢？在14世纪，尼克尔·奥里斯姆解决了这个问题。到了18世纪，莱昂哈德·欧拉再一次关注这个问题并取得了令人瞩目的成果。

像中世纪许多学者一样，尼克尔·奥里斯姆不仅是一位学术专家，而且研究一切他所能研究的课题。他是一位哲学家、物理学家，他也对早期经济学领域有着重要的影响，同时，他是一位无神论者。几乎比哥白尼早200年，奥里斯姆认识到移动的夜空可以用旋转的球来解释（但他最终顺应了当时的普遍观点——是夜空在转而不是地球在转）。

在奥里斯姆的手稿中隐藏着一个重大数学定理的首次证明，它遗失了数百年之久，直到被17世纪的数学家皮耶特罗·曼戈里再次发现。加法是数学中最古老、最令人熟悉的运算，可是奥里斯姆提出了这样的问题：当一个人试图把无限个数而不是有限个数相加时，结果会怎么样呢？

左图： 调和级数中的数不仅对数学来说很重要，对音乐来说也很重要。在音乐中，这些数表示一个基音的和弦音。将不同的和弦音叠在一起会产生不同音色的声音，从而让不同的乐器有它们自己的特征声音。

收敛和发散级数

在很多情况下，这种无穷个数求和的问题是没有意义的。如果你想计算出 1+2+3+4+5⋯，这个和会依次没有限制地增长。加到14之后，总和

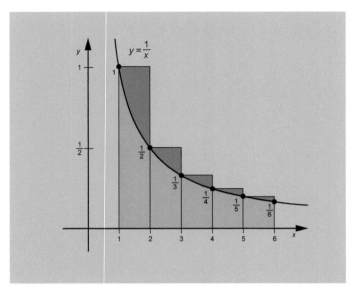

$y = \frac{1}{x}$

1

$\frac{1}{2}$

$\frac{1}{2}$

$\frac{1}{3}$

$\frac{1}{4}$

$\frac{1}{5}$

$\frac{1}{6}$

上图：红色区域表示曲线 $y = \frac{1}{x}$ 下方的面积，而所有的矩形的面积表示调和级数。虽然这两个面积都是无穷大的，但是这两个面积的差（蓝色区域）是一个固定的有限数，称为"欧拉 - 马歇罗尼常数"，约等于 0.557。

会超过 100，加到 45 之后，总和超过 1000。越来越多的数相加，其总和会超过你给出的任何数，这就是所谓的发散级数。另一个例子是 1+1+1+1+1+…，第一次相加得到 1，第二次得到 2，第 100 次得到 100 等。

在这些例子中，试图求无限多个数的和只能是徒劳。在很多情况中都是如此，但是在某些情形下，却是另一回事。例如，求 0.9+0.09+0.009+0.0009+…，其和依次为 0.9、0.99、0.999、0.9999，…随着越来越多的数的相加，其和越来越接近 1，但是永远不会是或者超过 1。这是收敛级数的一个例子。

调和级数

这两个例子的明显区别是，在收敛级数的例子中，依次被加的数越来越小。不难看出这是收敛的一个必要条件。所以奥里斯姆思考分数级数 $1 + \frac{1}{2} + \frac{1}{3} + \frac{1}{4} + \frac{1}{5} + \cdots$ 的结果是什么？这个级数被称为调和级数。因为类似于 $\frac{1}{2}$，$\frac{1}{3}$，$\frac{1}{4}$，…的分数是音乐中涉及的数学理论的中心（相对于一个给定的音，具有这些分数倍波长的音是泛音，即八度音、纯五度音和纯四度音等）。

毕竟乍看起来，这些级数似乎应该收敛到某个固定的有限数。每一项都比前一项小，当一直加到百万分之一时，很难想象其和将变成很大的数。但是尼克尔·奥里斯姆提供了一个简单而富有戏剧性的证明，即证明这个级数是不可能收敛的。事实上，该调和级数无限增长。与表面相反，此调和级数是发散的。令这个发现更惊人的是，前几项之后，这个级数增长得这么慢，以至于几乎不能感知，使和仅达到 10 就需要 12 000 多项相加。和达到 50 需要 10^{20} 多项（这个数是 1 后面有 20 个 0），若每秒加 1 项，求 10^{20} 项的和需要的时间比宇宙存在的时间还长，可是，就像奥里斯姆所证明的，这个级数的结果最终会超过给出的任意一个数，即使它需要超乎想象长的时间来达到这个数。

尼克尔·奥里斯姆指出，使用常规方法处理无穷级数问题是不够的，因为它们的变化不是很显然的。在 17 世纪，这个结论被重新发现，但它带来的问题多于它能解决的问题。例如，如果级数限定在素数上，$1 + \frac{1}{2} + \frac{1}{3} + \frac{1}{5} + \frac{1}{7} + \frac{1}{11} + \cdots$ 或平方数 $1 + \frac{1}{4} + \frac{1}{9} + \frac{1}{16} + \frac{1}{25} + \cdots$（$1 + \frac{1}{2 \times 2} + \frac{1}{3 \times 3} + \frac{1}{4 \times 4} + \frac{1}{5 \times 5} + \cdots$），结果将会怎样呢？

巴赛尔问题

这些问题"降临"在当时最伟大的莱昂哈德·欧拉的身上。在 1737 年，欧拉证明了素数级数与调和级数服从相同的变化趋势，它们是发散的。可平方级数是不同的，皮耶特罗·曼戈里独立地重新发现奥里斯姆的定理，注意到平方级数"逃逸"不到正无穷，而是收敛到某个有限数上，但是他不能回答这个提问——这个神秘的有限值是多少？在 1644 年，他抛出这个问题作为对数学界与他同时代的人的挑战，称为"巴赛尔问题"。问题形式很简单，即求 $1 + \frac{1}{4} + \frac{1}{9} + \frac{1}{16} + \frac{1}{25} + \cdots$ 的值。

与表面相反，此调和级数是发散的。令这个发现更惊人的是，前几项之后，这个级数增长得这么慢，以至于几乎不能感知。

在 1735 年，最终由欧拉通过使用新的、充满想象力的方法找到了答案。这个答案十分出人意料，极限是 $\frac{\pi^2}{6}$（$\frac{\pi \times \pi}{6}$ 大约等于 1.645）。

有关无穷级数的问题当然是令人兴奋的谜题，但是它们又不仅是这样。它源于奥里斯姆突破性的微妙而复杂的方法，发展成名为"数学分析"的现代学科。这个学科的核心问题是黎曼假说（见第 50 篇），其中黎曼 Zeta 函数是奥里斯姆和欧拉级数的一种推广。

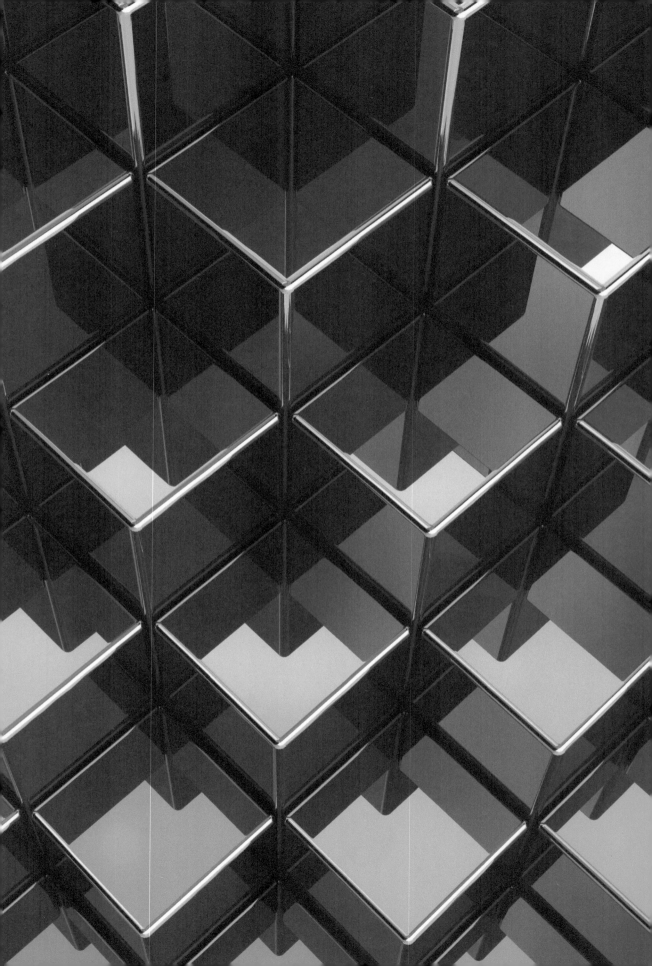

24

三次方程和四次方程

突破：卡尔达诺的《大术》中包含求解三次和四次方程的高超技巧。

奠基者：吉罗拉莫·卡尔达诺（1501 年—1576 年）、洛多维科·费拉里（1522 年—1564 年）、希皮奥内·德尔·费罗（1465 年—1526 年）、尼科洛·冯塔纳（1500 年—1557 年）。

影响：《大术》标志着一个代数时代的结束，它记载的方法在今天也是无价的。

解方程是过去几个世纪中数学界的中心议题之一，在 16 世纪的意大利更是如此。对数学家来说，这个时代最大的挑战就是找到求解三次和四次方程的方法。在卡尔达诺的跨时代著作《大术》中，这两个问题都被攻克了。

随着不断取得的进展，解方程在当时顶级数学理论家中引起了激烈的智力角斗。吉罗拉莫·卡尔达诺、洛多维科·费拉里、希皮奥内·德尔·费罗和尼科洛·冯塔纳互相挑战以至于产生了公共比赛。他们把一切赌注押在这些成列的、让对方解决的难题上。当他们剽窃彼此的工作成果，或者公开了他们发誓要保守的秘密时，可怕的纠纷产生了。这是一个知识分子的熔炉，在这里声誉被建立又被毁灭。在这个特别阶段所产生的数学成果在 1545 年的著作《大术》中被展示出来。这本书第一次给出了三次和四次方程的定义性描述。

左图：这张立方体的照片严格上说并不是一张照片，而是使用光线追踪软件在计算机上创建的。使用这种技术通常需要求解大量的三次方程。即使在今天，它采用的方法仍是卡尔达诺的《大术》中所给出的方法。

方程与解

求解一个方程意味着需要根据一些关于未知数的间接信息来确定这个未知数。例如，如果一个数的 2 倍是 6，那么这个数必须是 3，记作 $2 \times x = 6$。这里字母 x 代表未知数，事实上，代数中习惯省略乘号，即 $2x = 6$，方程的解是 $x = 3$。

通常未知数要经历多次运算。一个数的 3 倍加上 4 得 25，那么这个数是多少呢？这样的问题可以根据逆运算很容易得到答案。首先，25 减 4 得 21，然后，将 21 除 3 抵消原未知数的"乘 3"，得到答案 7。这个问题可以写为 $3x + 4 = 25$，其解为 7。

数千年来，人们都只理解涉及未知数与已知数（量）的加、减、乘和除的运算问题，根据实践，问题是可以按照上面提到的步骤去解决的，也就是依次进行逆运算直到得到答案。但是当出现未知数与其自身相乘时，问题就变得复杂起来。

如果一个数乘它自身得 9，那么这个数是多少呢？我们记作 $x^2=9$（其中 x^2 是 $x \times x$ 的缩写）。这个问题不难解决，显然 3 满足这个方程。但是

进一步的数学理解出现了一个惊喜，这个方程允许第二个解。根据负数运算法则，$(-3) \times (-3)=9$ 也是正确的，因此 -3 同样是方程的解，这说明涉及"x^2"的方程一般有两个独立的解。

利用幂的符号，上述的方程可以记为 $x^2=9$，它有两个解：$x=3$ 或 $x=-3$。一个更复杂的方程是 $x^2 - 5x+6=0$，这里的未知数首先和它自身相乘，然后减去自身与 5 的乘积，最后加上 6 得到结果 0。它的难点在于不能按上述的逆运算去求解含有 x^2 项的方程。像这样含有 x^2 项的方程称为二次方程。此处，这个方程的两个解分别是 2 和 3。知道了结果就很容易验证它们的正确性，但是首先，怎么找到它的解呢？

9 世纪的数学家花拉子米以他关于代数的著作而出名，他第一个发现了解决任意一元二次方程的求根公式（见第 20 篇）。自此，这个求根公式就印入每代学生的大脑。考虑如下的方程：

$$ax^2+bx+c=0$$

其中 a、b、c 为任意 3 个数（$a \neq 0$），则它的解可以通过如下公式得到：

$$x = \frac{-b \pm \sqrt{b^2 - 4ac}}{2a}$$

（取"$\pm$"中的 + 可以得到一个解，取 - 可以得到另一个解。）

三次与四次方程之争

虽然首次利用一元二次方程求根公式的学生可能会被吓到，但是一旦运用它之后，就会发现它非常简单。在发现这个公式之后，花拉子米就合上了有关一元二次方程的书。只需应用这个公式，每一个一元二次方程都可以求解。可是对加入了 x^3（$x \times x \times x$）项的三次方程来说，它通常有 3 个解，求解它的这 3 个解完全是另一回事。对具有 x^4 项、有 4 个解的四次方程进行求解就更加复杂了。尽管俄默·伽亚谟在大约 1100 年取得了实质性的进展，但这些方程仍持有足够的理由使意大利文艺复兴时期的数学家"作战"。一旦找到，它们的求根公式的影响力将远远超过花拉子米的关于一元二次方程的求根公式。

在著作《大术》中，卡尔达诺完整地给出了这两类方程的求根公式。他把一元三次方程的求根公式归功于尼科洛·冯塔纳（他通常被人们称为塔塔里亚，意思是"结巴"）和希皮奥内·德尔·费罗，而把四次方程的求根公式归功于洛多维科·费拉里。

《大术》的发表在代数史上是一个件重大事件，但它不意味着求解数学方程的结束，下一个是有 5 个解的包含 x^5 项的五次方程。这里的一大惊喜仍藏在深处，直到 1820 年才被透露出来。

下图：红色的是三次函数曲线，蓝色的是四次函数曲线。求解对应的方程就是找到曲线与水平轴的交点。一般地，三次方程有 3 个根，四次方程有 4 个根。

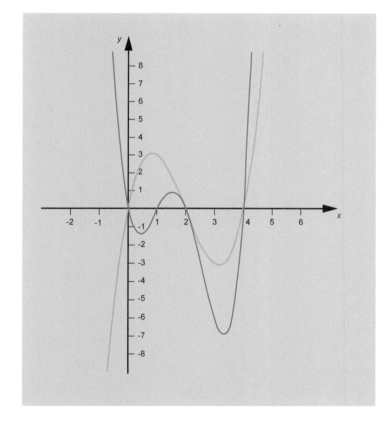

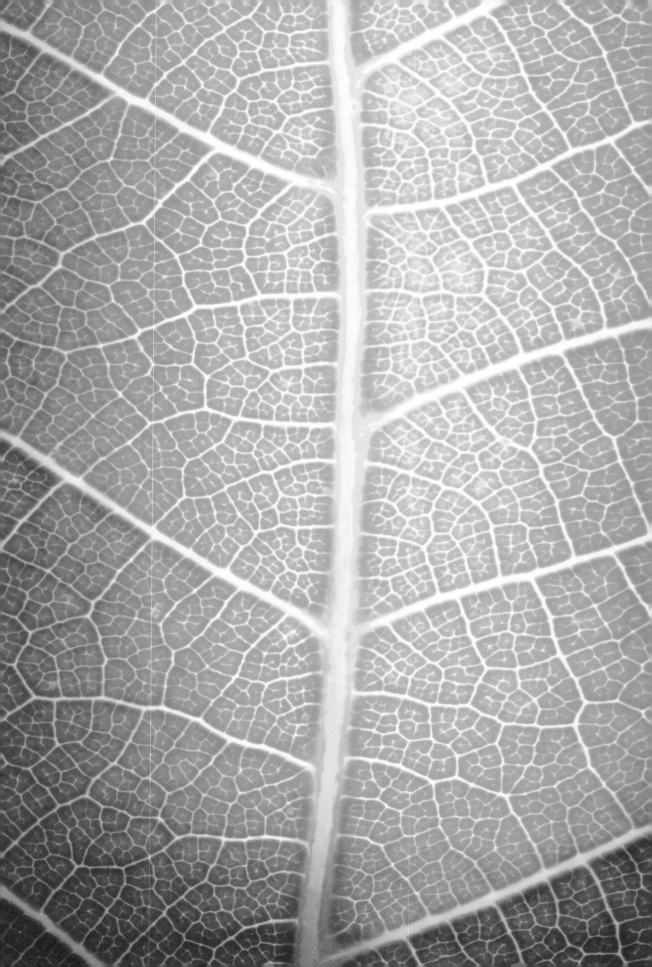

25 复数

突破：邦贝利在一个被扩充的数字系统上写下了运算法则，这一系统包含被称为"虚数"的数。

奠基者：拉斐尔·邦贝利（1526年—1572年）。

影响：复数为几乎所有现代数学的分支奠定了基础，也对人们理解物理学中的量子力学起着非常重要的作用。

在历史的某些时刻，数学家不得不去彻底重新评估关于数的概念。在16世纪，这样的时刻来临了，研究人员突然发现自己正面对出现在公式中的"虚数"。拉斐尔·邦贝利迎难而上，他在一个被扩充的数字系统上写下了运算规则，如今这个数字系统被称为"复数"，这个问题成为数学上一个宏伟的突破。如今，邦贝利的数系仍是大部分现代数学得以发展的基础。

数字系统的上一次扩充是引入了负数（见第19篇）。事实上，负数包含了更抽象的被称为"虚数"的线索。这个线索隐含在负数乘法中。

复数的运算法则

一个负数与一个正数的乘积是负数，这一点儿也不奇怪，例如 $3 \times (-2) = -6$。常见的错误是两个负数的乘积仍为负数。事实上，两个负数的乘积为正数，例如 $(-3) \times (-2) = 6$。这可以引出一个重要的结论就是数与自身的乘积总是正数，一个正数乘自身得到一个正数，如 $2 \times 2 = 4$。与此同时，一个负数和它自身的乘积也为正数，如 $(-2) \times (-2) = 4$。总结起来就是：没有任何数与自身相乘能得到一个负数。如果数学家在研究过程中需要一个数使得它与自身相乘得到 -1，他们就会被困住。表达式 $\sqrt{-1}$ 不与任何已知数对应。另外一种叙述方式就是方程 $x \times x = -1$（$x^2 = -1$），这似乎是无解的。

左图：光合作用，植物通过光合作用将二氧化碳转化成氧气，这种转化依靠的是在原子水平上的量子效应。要准确地描述这一过程需要用到复数。

邦贝利代数

在大多数情形下，像 $x^2=-1$ 这样无解的方程被认为是无意义的。这仅是生活中的一个事实，数百年来，数学家们与这一问题相安无事，但在 17 世纪意大利的"代数温室"里，它开始引起严重的不便。当研究人员如吉罗拉莫·卡尔达诺试图求解三次和四次方程（见第 24 篇）时，发现在研究过程中经常出现类似于 $\sqrt{-1}$ 的表达式。面对这些表达式，数学家们进退维谷。最简单的处理方法是放弃运算，毕竟它似乎是毫无意义的式子。但是一些人发现如果坚持计算下去，这些表达式的问题有时会自行消失。很快，他们找到了像 $\sqrt{-1} \times \sqrt{-1}$ 的表达式，它其实可将 -1 取代。引人关注的是，尽管推导过程显然是毫无根据的，但是最后得出的结果却是完全正确的。

在 1572 年，这个方向上取得了一个突破，因为拉斐尔·邦贝利出版了《代数学》一书，这本书包含了在一个扩大的新数系上的运算法则，而这个数系包含了像 $\sqrt{-1}$ 这样的量。随后，勒内·笛卡儿嘲笑地称 $\sqrt{-1}$ 为"虚数"，这一偶得的名字一直沿用至今。笛卡儿不是唯一一个不喜欢虚数的人。卡尔达诺抱怨说，运用虚数进行研究工作简直就是一种"精神折磨"。毫无疑问，这影响了随后几个世纪的人。尽管有这些保守派，这一时代的数学家仍逐渐开始接受邦贝利的运算法则，并且开始大胆地运用类似于 $\sqrt{-1}$ 的量。然而，这些数学家并没有完全承认它们是真正的数。

虚数单位——i

直到历史上一位伟大的数学家接受邦贝利扩展的数字系统，这个数字系统才完全从冰窖中解脱出来。在 18 世纪，莱昂哈德·欧拉赋予了 $\sqrt{-1}$

笛卡儿不是唯一一个不喜欢虚数的人。卡尔达诺抱怨说，运用虚数进行研究工作简直就是一种"精神折磨"。

名字：i 或者虚数单位。其他的虚数就是 i 的倍数：比如 2i、-3i 和 $\frac{2}{3}$ i。邦贝利的数字系统（复数系统）不仅包含实数（例如 2、-1 和 π）和虚数，还包含实数与虚数的组合：2+2i、-1-3i 和 $\pi + \frac{2}{3}$ i。总而言之，复数系统为现代数学提供了背景。

欧拉试图对这一新数系做进一步改善，并认识到把当时所熟知的知识，比如数百年前的三角几何中有名的三角函数推广到复数域上时，将呈现出全新的面貌。这一发现引导欧拉得到他最著名的公式：欧拉公式（见第38篇）。在奥古斯丁-路易·柯西的著作中，当时新近发展的积分理论（见第32篇）在复数系统中找到了一个很好的归宿。因此，复数的潜能不断被挖掘。19世纪早期代数基本定理的发现（见第40篇）更是造就了复数的辉煌地位。

复数几何

大约在1800年，有关复数的高深理论得到了证明，同时，卡斯帕尔·韦塞尔和罗贝尔·阿尔冈最终找到了解除伴随复数这一"精神折磨"的方法。他们发现这一数系有一个几何表示。如果实数沿一条从左向右的水平直线分布，虚数沿一条竖直直线垂直分布，

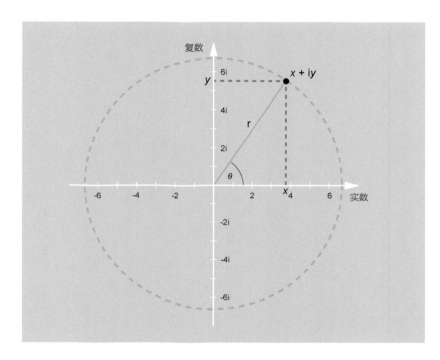

则整个复数系统就对应于整个平面。这种表示复数的方法为几何设置了一个极佳的场景。例如，用 i 乘等价于绕原点逆时针旋转90°，而用 -1 乘等价于关于竖直轴做了一个对称。几何和代数思想的交融在之后数年中的意义是深远且重要的。

上图：阿尔冈图将复数描绘成二维平面，任一复数如 $x+iy$ 都可用角度 θ 和长度 r 表示。

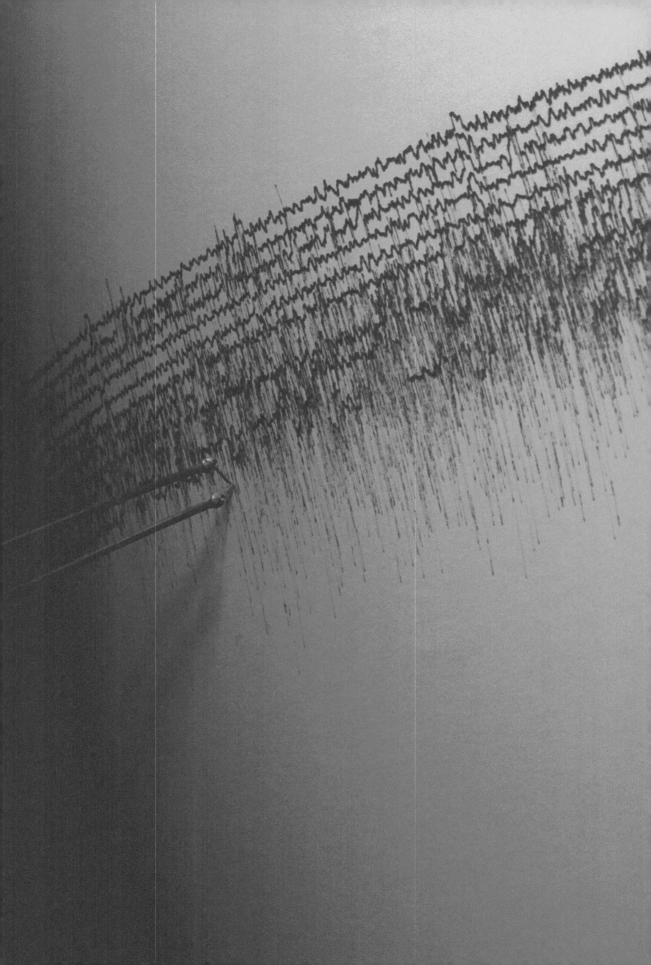

对数

> 突破：对数是由纳皮尔在 1594 年发现的，对数运算与幂运算是相对的，这引起了整个科学领域的兴趣。
>
> 奠基者：约翰·纳皮尔（1550 年—1617 年）、亨利·布里格斯（1561 年—1630 年）。
>
> 影响：数世纪以来，不管对科学家还是对工程师，对数表都是非常实用的工具。现在，因与指数函数的密切联系，对数仍充满了极强的数学吸引力。

在过去的很多年中，很多人习惯地把对数表放在手边用来帮助自己进行乘法和除法运算。在 20 世纪后半叶，便携计算器最终将对数表推入历史。但是，在级数和微积分的深层数学领域中，那引人入胜的发现确保了对数本身永不过时。

在 16 世纪后期，约翰·纳皮尔开始研究他最初称为"人造数"的数。他发现了一种方法，可以将复杂的乘法运算转化为相当简单的加法运算。为了求两个数的乘积，如 4587 和 1962，他首先计算这两个数的人造数并求它们的和。然后将这两个人造数的和进行反人造数运算，即计算原数使得它的人造数就是这个和。虽然这个过程没有涉及乘法运算，但所得的结果确实是原来那两个数的乘积——8 999 694。

纳皮尔的对数

不久后，纳皮尔给他的人造数起了一个新的、更好的名字——对数。今天，我们明白对数只是幂运算的逆运算。幂运算指某数与它本身重复相乘，所以，"2 的 3 次方"指 3 个 2 相乘，即 $2 \times 2 \times 2 = 8$，也可写作 $2^3 = 8$。相应地，我们说"以 2 为底，8 的对数是 3"，记作 $\log_2 8 = 3$。可以以任何数为底数来取对数，例如：以 10 为底，1000 的对数是 3（因为

左图：地震仪用来测量地震的强度。衡量地震强度的、国际上通用的里氏震级表正是对数运算：测定为 3 级的地震强度是测定为 2 级的地震强度的 10 倍。

$10 \times 10 \times 10 = 10^3$）。对于纳皮尔的乘法，整个计算过程需要确定一个底数。所以，计算 8 乘以 64 的积，先以 2 为底取对数，分别得到 3 和 6，对这两个对数求和：3+6 = 9。最后一步是对数的计算过程的逆运算，即计算 $2^9 = 512$（可以核查 $8 \times 64 = 512$）。

布里格斯的对数表

在约翰·纳皮尔发明对数后不久，亨利·布里格斯开始把它转变成一个有用的工具。因为我们应用十进制数制来表示数，布里格斯选择以 10 为底计算对数是比较方便的，并开始着手制作一个"对数表"——从 1 到 1000 的所有整数的对数。在几年时间里，布里格斯和其他数学家将这个表推广到一个更大的数集上。

当然，对于大部分整数来说，它们的对数都不是整数，所以研究者不得不给出他们求得的对数的精确程度。在 18 世纪后期，加斯帕德·戴普罗尼监督制作了一个特殊的数学用表，这个数学用表多达 17 大本双开卷，包括最大到 200 000 的正整数的对数，精确到小数点后第 19 位（对于较大的数，精确到第 24 位）。

这个数学用表多达 17 大本双开卷，包括最大到 200 000 的正整数的对数，精确到小数点后第 19 位。

自然对数

自从纳皮尔发现对数以来，对数学家来说对数非常有用。就像杰出的科学家皮埃尔·西蒙·拉普拉斯所说的："对数的发现通过节省劳动使天文学家的寿命翻倍。"但是，对数的数学意义比它作为计算工具的意义更为重要和深远。在 1650 年，皮耶特罗·曼戈里首次意识到这一点。他的有关级数（见第 23 篇）的研究与他在对数方面的兴趣出乎意料地结合在一起。

调和级数的表达式是 $1 + \frac{1}{2} + \frac{1}{3} + \frac{1}{4} + \frac{1}{5} + \cdots$。曼戈里有些吃惊地注意到这个表达式不趋近任何一个有限数，而是没有上限地不断增大。可是，若对它稍做修改，得到的另一个表达式 $1 - \frac{1}{2} + \frac{1}{3} - \frac{1}{4} + \frac{1}{5} - \cdots$ 收敛于一个固定的有限数。

这个交错级数有一个确定的极限，约等于 0.693147。曼戈里证明了这个极限数就是 2 的自然对数（通常记作 ln2，虽然读成 log2）。自然对数像其他的任何对数一样，只是对底数有一个特殊选择，以 e（见第 37 篇）为底数，e 约等于 2.71828。确实，正是通过自然对数和曼戈里的结论，数学中最重要的函数之一——指数函数，开始崭露头角。

的确，对更准确的对数表的寻找有力地推动了抽象级数理论的发展。在 1668 年，尼古拉斯·墨卡托出版了名为《对数技术》的著作，在此著作中，他发现了自然对数的级数公式：

$$\ln(1+x) = x - \frac{x^2}{2} + \frac{x^3}{3} - \frac{x^4}{4} + \cdots$$

这个美丽的定理正是曼戈里结果的推广，曼戈里的结果对应于 $x=1$ 的特殊情形。

Gr.	0		+|−			
min	Sinus	Logarithmi	Differentiæ	Logarithmi	Sinus	
30	87265	47413852	47413471	381	9999619	30
31	90174	47085961	47085554	407	9999593	29
32	93083	46768483	46768049	434	9999566	28
33	95992	46460773	46460312	461	9999539	27
34	98901	46162254	46161765	489	9999511	26
35	101809	45872392	45871874	518	9999482	25
36	104718	45590088	45590140	548	9999452	24
37	107627	45316714	45316135	579	9999421	23
38	110536	45050041	45049430	611	9999389	22
39	113445	44790296	44789652	644	9999357	21
40	116353	44537132	44536455	677	9999323	20
41	119262	44290216	44289505	711	9999289	19
42	122171	44049255	44048509	746	9999254	18
43	125079	43813959	43813177	782	9999218	17
44	127988	43584078	43583259	819	9999181	16
45	130896	43359360	43358503	857	9999143	15
46	133805	43139582	43138686	896	9999105	14
47	136714	42924534	42923599	935	9999066	13
48	139622	42714014	42713039	975	9999025	12
49	142531	42507833	42506817	1016	9998984	11
50	145439	42305808	42304768	1058	9998942	10
51	148348	42107812	42106711	1101	9998900	9
52	151257	41913644	41912499	1145	9998856	8
53	154165	41723171	41721986	1189	9998811	7
54	157074	41536271	41535037	1234	9998766	6
55	159982	41352795	41351515	1280	9998720	5
56	162891	41172626	41171290	1327	9998672	4
57	165799	41006643	41005268	1375	9998625	3
58	168708	40821746	40820323	1424	9998577	2
59	171616	40650816	40649342	1473	9998527	1
60	174524	40482704	40481241	1523	9998477	0
					min Gr. 89	

89 a

上图：取自约翰·纳皮尔 1614 年的专著《奇妙的对数表的描述》里用的一张最早的对数表。约翰·纳皮尔研究的是后来被称为"自然对数"的对数，而亨利·布里格斯研究的是以 10 为底的对数——后来被称为"常用对数"。

微积分和对数

墨卡托的定理暗示了自然对数的"自然"，但是一个更完整的故事需要用牛顿和莱布尼茨的微积分理论（见第 32 篇）来诉说。

方程 $y = \frac{1}{x}$ 描述了一个被称为"倒数"的重要概念。正是这个方程把 2 和 $\frac{1}{2}$、4 和 $\frac{1}{4}$、一百万和一百万分之一等联系起来。从几何图形上看，它是一条被称为"双曲线"的曲线。出乎意料的是，"自然对数作为这条曲线下方的面积"的说法出现了。这也是对数函数是指数函数（见第 37 篇）的逆函数的这一事实的一个结论。由此可得自然对数 $y = \ln x$ 的导数只能是函数 $y = \frac{1}{x}$。虽然现在对数表已被计算机所取代，但是这一深刻的事实确保了对数仍在数学中扮演着一个重要角色。

27 多面体

突破：每一代数学家都会努力扩充已知几何图形的集合，一个主要的进展是由约翰内斯·开普勒发现的新的正多面体。

奠基者：阿基米德（约公元前 287 年—公元前 212 年）、约翰内斯·开普勒（1571 年—1630 年）、路易·潘索（1777 年—1859 年）。

影响：目前发现的多面体的家族极大地引发了人们对三维空间的几何的兴趣。

几何学家的美学思想是对称，纵览这一学科的历史，几何学家努力去发现和归类他们找到的最对称的图形，这个问题的中心是多面体——由平面和直线构成的三维几何体。多面体的故事开始于泰阿泰德对柏拉图体（见第 8 篇）的分析。但是接下来的几个世纪中，人们发现了更多多面体。

我们周围到处都是对称图形。最熟悉的对称图形应该是正方形。这个图形符合几何学家的美学概念，因为正方形的边都相等，角也都相等。一个三角形可以满足这样的标准，但不是每一个三角形都满足——只有三角形家族中最对称的成员即等边三角形才满足。除了正方形，具有五条边的正五边形和具有六条边的正六边形等也都是完美的对称图形。随着边数的增加，正多边形越来越接近完美几何图形——圆。

自古以来，多边形就广为人知，并且是很多数学家深层次研究的起点。特别是一个被反复追问的问题：把这些平面多边形粘在一起会是一个怎样的三维立体图形呢？这个问题吸引了数学家达千年之久，有的数学家甚至到了痴迷的程度。

左图：意大利威尼斯圣马可教堂的地板是由小星形十二面体装饰的。这些马赛克地板可追溯到大约 1430 年，早于 17 世纪约翰内斯·开普勒第一次分析星形正多面体的时间。

阿基米德的立体图形

第一个突破归功于泰阿泰德，他的 5 个柏拉图体是正多边形对应的三维几何图形。它们是完全对称的，所有的面都是全等的正多边形。

100 年后，阿基米德把这一研究又向前推进了一点儿，通过弱化对称所需要的条件，阿基米德发现了一些美丽的多面体。类似的图形没有人见过。严格地说，他去掉了所有面都必须全等的要求，但每个面仍需要是正多边形。他的图形仍具有很强的对称性：每个角、每个面的布局是完全相同的。有了这些考虑，阿基米德得到了一个拥有 13 种优美成员的几何体家族，每种几何体都比柏拉图体更复杂、更难理解。阿基米德的立体图形中最有名的是截角二十面体，以"足球"广为人知，它由 12 个正五边形和 20 个正六边形组成。除了阿基米德的 13 种不同的立体图形外，有两个拥有无穷多个成员且满足这一标准的图形家族，称为棱柱和反棱柱。

> 阿基米德得到了一个拥有 13 种优美成员的几何体家族，每种几何体都比柏拉图体更复杂、更难理解。阿基米德的立体图形中最有名的是截角二十面体，以"足球"广为人知。

星形正多面体

不幸的是，阿基米德关于多面体的著作丢失了。在文艺复兴时期，欧洲科学家和艺术家包括列奥纳多·达·芬奇和约翰内斯·开普勒着手重新研究那 13 种美丽的阿基米德的立体图形。可是，这一研究让他们发现了一件令人吃惊的事情：一些新的高度对称的图形似乎也满足柏拉图体的性质，可是在《泰阿泰德篇》的古老清单中却没有这些图形。

1619 年，约翰内斯·开普勒发现了两种立体图形——小星形十二面体和大星形十二面体。它们的面都是全等的，都是由等长直线段构成的，角也都是相等的。不像正十二面体的每个面是正五边形，开普勒的这两种立体图形的每个面都是五角星形。所以几何体的棱在某点处两两相交，这使得它们看起来像星星。

事实上，开普勒被艺术家"重击一拳"，因为在威尼斯圣马可教堂的马赛克地板的装饰中，可以看出保罗·乌切洛对小星形十二面体的描绘。约 200 年后，路易斯·潘索又发现了两个美丽的星形多面体——星形大十二面体和星形大二十面体。这 4 个星形多面体一起给由泰阿泰德开始创建的正多面体的清单画上了句号。

约翰逊几何体

多面体的研究持续了整个 20
世纪，几何学家致力于研究弱对
称图形。一个关于古埃及人众所
周知的例子是金字塔。它有一个
面是正方形，通常是底面，4 个
面是三角形（当然是等边三角形），
但它不是阿基米德几何体。最高
处的顶点与其他几个顶点的构造
是不同的，金字塔表明通过弱化
对称性的要求，一系列新的相关
图形就可能被找到。在 20 世纪，
几何学家为自己设定了一个挑战：找到能由正多边形构成的三维几何体的
所有分类。1966 年，诺曼·约翰逊解决的正是这个问题，他发布了一系
列共 92 种约翰逊几何体。

上图：位于挪威奥
斯陆加勒穆恩机场
附近的开普勒之星
完工于 1999 年，它
由一个正二十面体
和一个正十二面体
（两类柏拉图体）
嵌套在一个大星形
十二面体（一类星
形正多面体）中。

这些几何体的定义特征不是对称性而是凸性，大概意思是图形没有洞，
也没有能从图形的主干伸出的部分（开普勒星形多面体不满足凸性）。诺
曼·约翰逊认为他的凸多面体的分类是完整的，但他却不能确切地证明这
个结论。在 1969 年，维克托·查加勒成功地完成了此工作，证明了诺曼·
约翰逊的分类是完整的。除了柏拉图体和阿基米德描述的几何体外，再没
有其他凸几何体是由正多边形构成的了。

第一种约翰逊几何体是人们熟悉的金字塔，第二种是它的"近亲"，
以正五边形为底的金字塔。除此之外，没有以正六边形为底的金字塔，因
为 6 个正三角形无法以恰当的方式连接在一起。尽管这回避了某些对称性
（当然每个面都是对称的），但许多约翰逊几何体都蕴含着不可否认的
美丽。

平面图形的镶嵌

28

> **突破：** 当在平面上铺满瓷砖来创造一个不断重复的图案时，平面镶嵌（或"平面填充""平面密铺"）就产生了。这些图形不但有令人愉快的美感，而且带来了几个有趣的几何问题。
>
> **奠基者：** 亚历山大城的帕普斯（约公元 290 年—公元 350 年）、约翰内斯·开普勒（1571 年—1630 年）。
>
> **影响：** 虽然平面镶嵌在物理和化学中都有出乎意料的应用，可是它并没有得到彻底的理解。

　　什么样的图形可以嵌在一起生成一个重复的图案呢？这个简单的问题从很早以前就已经吸引了马赛克专家和艺术家。这个问题在数学中也有很长的历史。虽然平面镶嵌理论起初看起来似乎很简单，但是当相同的问题放在比较复杂的背景下时，它就成了比较深奥和困难的数学问题。

　　一个正多边形是一个完全对称的等边图形，这意味着它所有的边都是等长的，所有的角都是相同的，也许最有名的例子是正方形。但是每个设计师和 DIY（自己动手做）发烧友都知道正方形的另外一个性质，即它可以平面镶嵌。

正镶嵌

　　正方形瓷砖可以彼此完美地连接，可以按要求覆盖任意想要覆盖的平面，且正方形之间彼此没有重叠，也没有缝隙。这个事实已经被认同了成千上万年，但不是每一种图形都有这个性质。例如正五边形，五条边都相等，却不能密铺平面。正五边形的一个内角是 108°，所以没有方法在某一点放置几个正五边形，使得以这一点为顶点的内角之和是 360°，就像 4 个 90° 那样。

　　只有 3 种正多边形可以用于平面镶嵌：正方形、等边三角形和正六边

左图： 伊朗设拉子利基的拱形屋顶装饰的多彩不规则拼图。选取的图形使得彼此之间没有间隙并且没有交叉，这是镶嵌的基本要求。

上图： 正方形镶嵌。正方形是可以用于正镶嵌的 3 种图形之一，另 2 种是正三角形和正六边形。覆盖模式中涉及的八角星更为复杂，它是不规则的镶嵌的无限集中的一个。

形，这一事实从亚历山大城的几何学家帕普斯的工作以来被人们认同了很多年。这 3 种正多边形是顶角可以完美地结合在一起的、仅有的正多边形。而正五边形、正七边形、正八边形或有更多边的正多边形都不能镶嵌平面。可以进行平面镶嵌的 3 种正多边形称为"正镶嵌图形"。

非正镶嵌

正五边形不能用于镶嵌平面，因为它们的顶点不能以一种合适的方式结合在一起。但是一些斜五边形的图形却可以将其顶点完美地结合在一起。这些五边形的边是直的但是不等长，角也不全相等。虽然镶嵌五边形似乎很简单，但是其方法至今仍是相当"神秘"的。目前已经知道有 15 种不同的方法可以使五边形连接起来铺设地板，并且已经证明这 15 种就是全部的方法。（译者注：2015 年发现了第 15 种，2017 年证明了这 15 种就是全部的方法。）

另外，每种三角形都可以进行平面镶嵌，不管等边与否，每种四边形也是一样的。因此平行四边形、梯形和风筝形都是平面镶嵌图形。对于边更多的图形，如斜七边形，这个问题将变得比较复杂。边数超过 6 的凸边形（凸多边形指不含超过 180°角的图形）不可以用于镶嵌（密铺）。但是有一些已知的、有趣的非凸多边形密铺例子，如由非凸非正九边形构成的沃德格镶嵌！

开普勒半正平面镶嵌

在 1619 年，天文学家和数学家约翰内斯·开普勒研究了包含不止一种图形的瓷砖平面镶嵌，这些图形已被艺术家们探索了几个世纪。但是开普勒将他的眼光投向了一些更彻底的东西——数学分类。当然，可能被分类的平面镶嵌的数量是让人眼花缭乱的，所以开普勒关注具有比较好的整体对称性的平面镶嵌图形。他坚持每一种瓷砖应该是正多边形，并且瓷砖连接处的每个顶点与其他的都相同。一个常见的例子是由正八边形和正方形构成的图案，开普勒可以列出全部 8 种不同的组合，今天称为"半正平面镶嵌"。注意到半正平面镶嵌与阿基米德几何体的关系（见第 27 篇），人们有时也称它们为"阿基米德平面镶嵌"。

双曲镶嵌

在 21 世纪，平面镶嵌继续吸引着当今的几何学家。目前，我们有几种新的数学平面空间，不是在我们熟悉的欧几里得平面上进行镶嵌，而是在这些新的平面上进行镶嵌。在 19 世纪发现的双曲平面上有这样的问题，哪些正多边形可以在这个平面上进行镶嵌？答案完全不同于欧几里得平面的正三角形、正方形和正六边形这仅有的 3 种正镶嵌图形。事实上，在双曲平面中，有无穷多种正镶嵌，因为每个正多边形都可以用来密铺双曲平面。如果等边三角形用来密铺常见的欧几里得平面，必须要求 6 个三角形交于一点。但是，在双曲平面上有多种可能：三角形可以是 7 个、8 个或更多个。

目前已经知道有 15 种不同的方法可以使五边形连接起来铺设地板，并且已经证明这 15 种就是全部的方法。

这似乎是令人吃惊的，但是在球面上，同样的结论也是成立的。我们可以把柏拉图体看作球的正镶嵌，在这种情况下，等边三角形可以每 3 个相交（得到 1 个正四面体）、每 4 个相交（得到 1 个正八面体）或每 5 个相交（得到 1 个正二十面体）。

空间镶嵌

在多维空间中也可以讨论镶嵌问题。一个立方体就是一个镶嵌图形，因为立方体可以用来填充三维空间，既没有重叠也没有缝隙。事实上，立方体也是唯一具有这一性质的柏拉图体（见第 8 篇），虽然亚里士多德误认为正四面体也可以用来镶嵌。但是还有什么其他的三维图形可以独自填充三维空间呢？在阿基米德几何体中，截角八面体是唯一可以填充三维空间的，它的 6 个正六边形和 6 个正方形可以完美地与彼此啮合。也有其他的可以填充三维空间的多面体——三棱锥和六棱锥也是不错的选择，菱形十二面体（由 12 个菱形构成的漂亮图形）同样可以。

当允许使用多种图形来镶嵌时，回答这一问题将变得比较困难，并且这一话题并未得到充分的理解。最近一个典型的例子是"威尔 - 费伦结构"，它是针对开尔文猜想（见第 89 篇）的一个著名反例。

29 开普勒定律

> 突破：开普勒用美丽的几何图形勾勒出行星的运动轨迹，有力地推动了牛顿万有引力理论的出现。
>
> 奠基者：约翰内斯·开普勒（1571 年—1630 年）、艾萨克·牛顿（1642 年—1727 年）。
>
> 影响：开普勒和牛顿的发现不仅标志着我们对宇宙有了新的认识，而且是需要更深、更复杂的数学理论的近代物理的开端。

在人们研究数学的同时，数学也为我们理解宇宙提供了智力工具。一个特别的挑战是如何理解我们所在的太阳系，太阳系由单一的力——万有引力维持运转。一个重大的突破是由约翰内斯·开普勒给出的漂亮的万有引力的几何解释。

数千年来，人们通过观察夜空，记录地球、月球、太阳和其他天体的运动，试图理解我们所处的宇宙。尼古拉·哥白尼日心说理论的提出就是一个很大的进步——地球围绕太阳转而不是太阳围绕地球转。同时，由 16 世纪伟大的天文学家第谷·布拉赫所收集的数据似乎仍旧与之有异（所收集的数据与哥白尼的日心说不完全吻合，因为他的学说认为地球在以太阳为中心的圆轨道上运行）。

开普勒定律

开普勒的解释是数学物理史中相当漂亮的一页。先前的天文学家都认为行星的运动轨迹是圆。开普勒通过研究分析发现这一观点并不正确。事实上，利用第谷·布拉赫的观测数据，开普勒得到了一个令人信服的结果——火星沿着一条被称为"椭圆"的曲线围绕太阳运行。椭圆是几何学家熟知的圆锥曲线之一。阿波罗尼奥斯很早就研究过圆锥曲线（见第 13

左图：土星和卫星土卫四。土卫四的椭圆轨迹非常接近圆，其离心率是 0.002（离心率为 0 就是圆）。对应地，冥王星围绕太阳运动的椭圆轨迹离心率是 0.248，地球的是 0.017。

篇）。此外，太阳不在椭圆的中心，而是在椭圆的一个焦点上。

开普勒把他的观察总结为：行星必须沿着椭圆轨道围绕太阳运转，而太阳在这个椭圆轨道的焦点上。这是他关于行星运动的第一条定律，他的

开普勒行星运动定律是科学观察与几何原理结合的一个巨大成功。

这一定律引起了重大反响，发表在 1621 年的《哥白尼天文学概要》上，此著作也包含其他两条从椭圆轨道中提炼出来的定律。

开普勒关于行星运动的第二条定律考虑的是行星运动速度问题。他注意到，当火星靠近太阳时，其运行速度比较快——为什么呢？开普勒用一个几何学观点完美地解释了这个问题：想象行星与太阳之间有一个"直杆"连接，在一个固定的时间段（如一个小时或一天），这个直杆将会扫过一定区域。开普勒第二定律说明在相等时间内扫过的区域的面积是相等的，无论行星处于轨道的哪个位置。根据这个定律就容易理解行星靠近太阳时运行的速度比远离太阳时的要快。

开普勒第三定律也是非常奇妙的。他研究的是行星沿着椭圆轨道运行的周期和该椭圆轨道半长轴之间的关系。开普勒断定行星运行周期的平方与椭圆半长轴轴长的立方成正比。

万有引力定律

开普勒行星运动定律是科学观察与几何原理结合的一个巨大成功。即使在今天，它们仍是天文学的标准规则。虽然我们现在根据相对论知道它们不是十分准确。但是，开普勒在当时没能回答出为什么会有这些结论。

于是，这个问题就落在了艾萨克·牛顿的身上。我们知道月球被地球通过引力所吸引，地球同时被太阳以引力吸引，使它们能在各自的固定的轨道上运行。但是，这里存在着一个巨大的问题：任何情形下，力只有一个方向，为什么太阳吸引地球？为什么月球不围绕太阳运转？

牛顿运用他发现的万有引力定律解决了这一问题，他认为只要是一对有质量的物体就会相互吸引。因此，地球吸引着月球，太阳吸引着地球。其区别在于它们的相对质量，太阳的质量约是地球的 300 000 倍，万有引

力可维持地球在它的轨道上运行而对太阳几乎没有影响。值得注意的是，这里最重要的一点——力的作用是相互的。在只有两个行星的星系中，很容易得证这一观点——它们相互吸引。

牛顿的平方反比定律

什么决定着两个物体相互作用的大小呢？一个明显的答案是两者的质量。引力在大质量物体间才会明显起作用，这就是为什么我们感觉不到人与人或者其他物体诸如书本的万有引力的存在。第二个问题较为复杂：如果太阳的质量远远大于地球的质量，为什么我们没有离开地球而跌向太阳？答案是太阳相对于地球来说离我们太远。牛顿给出了详细原因，即万有引力的作用随着距离增大而减弱。如果一个人离地心的距离是他原来离地心的距离的 4 倍，引力会是原来的 $\frac{1}{4}$ 吗？开普勒相信是这样的，但是这个结论与他的行星运动定律并不吻合。

牛顿对这一结论做了修正，事实上，物体受到的引力以物体间距离的平方在减少。也即，若一个人与地球的距离是原距离的 4 倍，则其受到的引力会是原有的 $\frac{1}{16}$。平方反比定律是一个重大发现，而且牛顿运用平方反比定律从数学角度上可以严格推导出开普勒定律。

上图：在图中所示太阳系中，绿色的为 4 个外行星（木星、土星、天王星和海王星）的椭圆轨道，黄色的为 3 个矮行星（谷神星、冥王星和阋神星）的椭圆轨道，棕色的为 10 个候选矮行星的椭圆轨道。

射影几何

> 突破：笛沙格通过将艺术家常用的消失点（透视中心）引入几何，攻克了透视数学。
>
> 奠基者：菲利波·布鲁内列斯基（1377年—1446年）、吉拉德·笛沙格（1591年—1661年）。
>
> 影响：笛沙格的分析为视觉艺术提供了很有价值的理论，也为新的数学学科——射影几何奠定了基础。

当你观看遥远的物体时，物体看起来比在你附近的相同的物体要小。这一简单的现象困扰了艺术家们达数千年之久。但是，当数学家吉拉德·笛沙格研究此问题时，他所得的结论不管是对几何学还是对视觉艺术都是一场革新。

对一个包含不同大小、不同远近的物体的场景，绘制一幅画。让这幅画看起来比较自然且贴近现实是需要绘画技术和经验的。物体的形状像是在随距离的改变而变化，正是因为这种透视缩短的现象，使画好这幅画变得更难。比如，一位艺术家要给躺在床上的人画一幅人体画。若他的脚离艺术家比较近，则看起来脚会显得比头还大。同时，他的腿的长度比从正面看起来要短。

透视问题

每个时代的艺术家通常都面临这一挑战——在画板上展示三维世界。很多早期的艺术作品，例如古埃及的画作，看起来很"失真"，正是这项工作困难的一个证明。有一个数学要素与这个艺术问题密切相关。透视的最初技巧是用"消失点"。文艺复兴时期的艺术家菲利波·布鲁内列斯基首次系统地应用了此方法。这一方法来源于对平行线的观察，如火车轨道会"消失"在无穷远处。对于肉眼来说，这两条平行线越来越接近，直到它们最终"相交"于无穷远处的一个点。当然，这只是一个视觉假象，火

左图： 光线汇聚在消失点处。这种明显的汇聚是人类测量距离的方法之一，且对表示二维透视是必不可少的。

车轨道之间总是保持一个固定的距离且永不相交。但是，在艺术家的画作中，它们的确会呈现出"相交"，且交点称为"消失点"。

笛沙格的新几何

在 17 世纪早期，为了解决这个难题，吉拉德·笛沙格很有创意地把消失点引入几何学中。数学家们很早就注意到在几何中点和直线间的优美对称。如果在一个平面上，任意标出两点，根据欧几里得的著名定律，则过这两点有且仅有一条直线。这一表述的对偶性来自点和直线角色的交替性。也就是说，在平面上的任意两条直线，它们只有一个交点。这一说法也是正确的。但遗憾的是，这并不总是普遍成立的，总有特殊的直线对——平行线，它们永不相交。

可是，在艺术的世界里，平行线也相交——在一个消失点处。因此，迪沙格有了这样一个大胆的想法，并把这一想法并入数学，这里消失点被称为"无穷远点"。射影几何这一新学科在他的这种推广下产生了。就像欧几里得首先标准化平面上线和圆的研究，迪沙格在射影面上对图形进行研究。射影平面指欧几里得平面扩展到在无穷远处的补充点。这增大的抽象性的直接收获是，点和线之间的对称性被完美地展现了出来。在一个射影平面，每对直线交于一个点最终成立，所以没有像平行线那样的线。

> 在艺术的世界里，平行线也相交——在一个消失点处。因此，笛沙格有了这样一个大胆的想法，并把这一想法并入数学，这里消失点被称为"无穷远点"。

现代的很多几何在射影几何中出现，虽然它们比在传统的欧几里得背景下更难描述，但是很多几何方法使用在射影几何里进行得更顺利，如在射影情况下，圆锥曲线（见第 13 篇）不再是 3 种不同的曲线，而是可呈现为同一曲线的不同透视的结果。

笛沙格定理

消失点仍是当今艺术家们使用的不可或缺的技术，但是他们并没有彻底解决表示深度的所有困难。假设一个艺术家正在画一个房间，在这个房间里，地毯装饰着三角形图案，他怎样才能准确地表示这一样式呢？当然，画布上也有三角形图案，但是，因为透视缩短，这种三角形与从正上方看到的地板上的三角形是不一样的。

画家需要考虑两种三角形——在地毯上的和在画布上的，目的是让这两种三角形符合透视关系。意思是，如果一个三角形的每个顶点与另一个三角形的相应顶点由激光连接，则得到 3 条激光应汇聚于一点。但是，这怎么能做到呢（特别是不用激光）？又一次，吉拉德·笛沙格给出了答案。笛沙格的定理主张，当满足另一个标准，这两个三角形在透视图中就是正确的。如果你延长一个三角形的一边和另一个三角形的相应边，这两边的延长线将交于一点。延长 3 条对应的边这一过程中产生了 3 个点。笛沙格的要求是这 3 个点应在同一条直线上，如果满足，则这两个三角形具有透视关系，如果不满足，则这两个三角形不具有透视关系。这不是显而易见的。笛沙格的准则等价于两个三角形具有透视关系。因此，他的理论对画家来说一直是非常有实用价值的，并且，这是一个判断两个三角形是否具有透视关系的便捷方法。

上图：一个螺旋楼梯和透视学习，1604 年由汉斯·瑞德曼德·弗里斯所画。使用了多个消失点，为艺术家在纸面上表示三维空间提供了新的准确的方法。

31 坐标

突破：坐标是用来刻画点的位置的数。由笛卡儿发明的坐标是几何研究的一座里程碑。

奠基者：勒内·笛卡儿（1596 年—1650 年）。

影响：笛卡儿坐标每天都在被使用，不仅数学家在使用，而且平面绘图者和地图制作者也在使用。在数学中，笛卡儿坐标帮助我们用数学和代数方法来理解和研究几何。

勒内·笛卡儿主要是作为一名哲学家而闻名的。可是在他那个时代，哲学、数学和科学这三者的界线比今天的要模糊得多。笛卡儿对数学的影响也同等重要。他最重要的创造是"笛卡儿坐标"，该坐标为现代几何学方面的研究开拓了道路。

自从人类第一次思考数学以来，这一学科就包含了两个主要分支：数字和图形。这两个分支关系密切。欧几里得对这一关系有清楚的理解，并成功地用数字来分析图形。几何问题激发了数论的重大发展，从阿基米德对圆的分析（见第 12 篇），或无理数的出现（见第 6 篇）等可窥见一二。可是，这两个学科本质仍是不同的。几何不是由数字构成的，而是由基本的元素如点、线、面构成的。当几何学发展到更高水平时，找到一种方法把几何对象完全并入数字系统是很有必要的。

勒内·笛卡儿

笛卡儿的怀疑论是笛卡儿的观点——他不相信他思想之外的世界。他觉得他的潜意识和感觉可能是在一个陌生的世界中进行科学实验的产物。不过，笛卡儿表示，有一件事他可以确定，那就是他以某种形式存在着，否则是什么在"经历""体会"着他的思想呢？他表达这一见解时用了一个精辟的短语"cogito ergo sum"即"我思故我在"（事实上，他第一

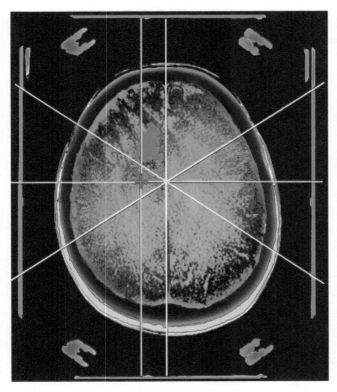

次写这个短语是用法语写的："Je pense donc je suis"）。

这些思想充满了他的 1637 年出版的著作《方法论》（首次以法语出版）。一个标题为"La Géométrie"（几何）的附录，正是笛卡儿创造他数学传奇的地方。他注意到用 2 个数可以确定一张纸上的任意位置。可以先说这个点距离纸的左手边有多远，也许 3 英寸（7.62 厘米）远。这可以确定该点位于某条确定的竖直线上，那么他只需说该点距离纸的底端有多远。如果是距离底端 4 英寸（10.16 厘米），则数对 (3,4) 准确地确定了该点的位置（为了区别 (3,4) 和 (4,3)，我们需要遵循习惯，

上图：医学成像仅是当今众多坐标应用中的一种。在这个彩色的、人的大脑的计算机断层扫描图中，白线和紫线交点处确定了肿瘤活组织的坐标（用绿色显示）。

从左到右总在从上到下之前）。

在一张纸上的操作同样可以在更抽象的平面中进行，就像从欧几里得开始的几何学家们研究的那样。毕竟，一个平面只是一张向四面八方无限延伸的理想化的纸。在这种情形下，笛卡儿人为地加上了一些"边"，这些边被称为轴。第一条轴是水平直线，作为底边；另一条轴是竖直直线，代表左边界。一个点可由到这两条轴的距离所确定。当然，也有点在竖直直线的左侧。笛卡儿用负数（见第 19 篇）来唯一确定这些点。这个点就可写作 (-2,5)，而 (5,-7) 表示在水平轴下方的点。平面的中心是原点，两轴相交于此，交点的坐标是 (0,0)。

坐标没有局限于二维空间，三维空间的位置可由 3 个空间坐标来确定。当并入一个表示时间的第四维坐标时，可以将事件在时空中的位置确定下来。这些方法是从航空控制到医疗成像等的技术的核心，同时几何学家们在更高维的空间中用坐标来"导航"。

制图法

笛卡儿坐标改革了数学，且在几何学中仍保持着至关重要的作用。在过去人们用地图来理解和描述他们的环境。确实，地图居于我们拥有的最古老的图片之列。在现在的捷克共和国的一块石头上的一座雕刻品，大约可追溯到 25 000 年前，它似乎对周边地区进行了描述。而所有史前艺术品中最著名的、在法国拉斯科的洞穴绘画，可能含有星图。该图在大约 17 000 年前绘成，这些洞穴中包括将近 2000 幅肖像画，以及更抽象的设计，其中一些被认为是星座图。

随着人们出行更加频繁，制作地图变得越来越重要。但是如何准确地知道你在地图上的位置呢？为了解决这个问题，所有的现代地图都带有叠加的网络，网络的线上都标有数字。应用这一创新来描述任一地区的位置很容易，即只需两个数字——一个表示这一位置向东或向西有多远，另一个表示向南或向北有多远。

我们通常认为地图是平面的，当我们到处旅行时，平面地图是最便捷的。可是，平面地图面临一个艰巨的挑战。

地图投影

我们通常认为地图是平面的，当我们到处旅行时，平面地图是最便捷的。可是，平面地图面临一个艰巨的挑战。因为地球毕竟不是平面的，而是球形的，用平面地图来表示地球，必然会有一些失真。这时笛卡儿坐标能帮上忙吗？我们能只通过确定某个地方的经度和纬度——就像笛卡儿坐标的方法那样，来制作一个平面的、准确的地图吗？

这种地图应具有这样的性质：可通过地图上两点间的距离扩大一定倍数后得到地球表面上这两点间的距离。遗憾的是，这样的地图在几何上是不存在的，最根本的原因是卡尔·弗里德里希·高斯关于曲面分析的结果（见第 45 篇）。高斯证明了曲度是图形的本质属性，意思是说，想得到一个准确的地球表面的地图，只能在一个球上绘制。

32　微积分

> 突破：牛顿和莱布尼茨能够运用简单的代数定律来描述看似复杂的变化系统。
>
> 奠基者：艾萨克·牛顿（1642 年—1726 年）、戈特弗里德·莱布尼茨（1646 年—1716 年）、卡尔·魏尔施特拉斯（1815 年—1897 年）。
>
> 影响：微积分可以说是数学史上最重要的发现，它是现代所有科学家和工程师的重要工具。

微积分的发明是数学史上的一个决定性事件，它显著地增大了非数学家运用数学的概率。无数的科学的分支都试图描述随时间和空间变化的系统。在 17 世纪，科学技术的组合使人们首次可以运用数学分析去解决这些问题。

微积分的发明作为数学界最重要的事件之一，也是这些事件中最丑陋的。两位同时代的思想家都宣称自己发明了微积分，甚至导致了国际层面的争执。

牛顿和莱布尼茨之争

在英国，艾萨克·牛顿是一位才华横溢的青年才俊，他在光学、万有引力和天文学领域的发现革新了那个时代的科学，也帮他赢得了名利。在他的后半生，他继续占有着对大英公众生活中有重要影响的位置，如国会议员、皇家铸币厂监管、全国最负盛名的科研机构英国皇家学会的会长和爵士。

生活在德国的莱布尼茨获得了同时代人的尊重，但他不像牛顿那样，他从来都不是一个公众人物。莱布尼茨是计算机的先驱，设计了能够进行加、减、乘、除运算的第一台计算机器。在数理逻辑这门学科获得认可之

左图：在整个现代工程中，计算一座大楼不同部分承受的压力或详细理解如何将弯曲的片段连接在一起，微积分都是必备的工具。

前，莱布尼茨为此花了很大的精力。同时他致力于历史、法律和哲学的研究。他那令人吃惊的乐观主义被人们铭记："我们的宇宙是所有可能存在的宇宙中最好的一个。"他也是最了解二进制潜力的人。如今全世界的计算机语言几乎都是采用二进制的。

变化速率

牛顿和莱布尼茨意识到突破问题的关键在于变化率。从地球围绕太阳运动的轨迹到河中的水流，我们的世界一直在"动"，充满了随着时间而演变、旋转、增长的物体。无论是动物追踪猎物还是彗星在太空中飞驰，随着时间的流逝，物体许多方面都在变化——物体的位置、速度、加速度等。那么它们的关系是什么呢？

最简单的情形是容易理解的，如果一辆自行车的速度是每小时 10 千米，那么 1 小时之后，其走过的路程是 10 千米，2 小时后是 20 千米，以此类推。但是大多数情况没有这么简单，对处于加速或者减速状态的自行车，确定其任意给定时刻的速度与路程之间的关系是非常困难的。

从地球围绕太阳运动的轨迹到河中水流，我们的世界一直在"动"，充满了随着时间而演变、旋转、增长的物体。

这个问题的本质是一个几何问题，它相当于：在纸上给定一条曲线，我们能计算出它在某一特定点的斜率吗？如果曲线代表自行车的位置，曲线的斜率代表位置的变化率，其实就是速度——从阿基米德时期人们就已经知道这种基本的关系了，但缺少的是从曲线的代数描述中给出测量斜率的数学方法，这就是牛顿和莱布尼茨所发现的问题的关键所在。

梯度与极限

我们可以近似地逼近图形的斜率，简单地用大致与曲线吻合的直线的斜率代替曲线在某一点的斜率。虽然这是一个比较笨拙的方法，但牛顿和莱布尼茨都觉察到其中蕴含了一个精确的方法。连接曲线上两点的直线是曲线的一种近似逼近。如果两个点距离很远，曲线与直线就会有显著的偏差，但是当两点越来越近时，逼近的结果就越来越精确。聪明的牛顿和莱布尼茨关心的是，两点无限接近时的结果会怎样？

为此，他们有了一个奇怪的想法——无穷小量。这允许他们推导出直线完美逼近给定曲线上某一点的斜率公式。此外，这个分析中的运算规则是很容易掌握、应用的。

只是通过掌握这些运算规则而不需要绘出曲线和无穷小量就可以计算出曲线在某一点的斜率。这些规则包括：如果车辆的位置是 x^2，则其速度是 $2x$；如果位置是 x^3，则其速度为 $3x^2$；一般地，位置为 x^n，则其速度为 nx^{n-1}。

后来他们放弃无穷小量是因为它们不够严谨，直到 19 世纪，卡尔·魏尔斯特拉斯才为微积分打下了坚实的基础。然而，由莱布尼茨和牛顿所发现的运算规则保留了下来，并且许多领域都证明了它们的价值。

皇家判决书

牛顿和莱布尼茨的争论是非常激烈的，当这两位学者的朋友互相指责的时候，英国皇家学会对此事进行了调查。调查结果完全偏向了牛顿，并肯定了莱布尼茨的抄袭。或者说，这个调查结果是必然的，因为总结报告是皇家学会会长牛顿自己起草的。

上图： 自行车运动员的位置、速度和加速度关系构成实际生活中微积分的一个简单例子。理解运动员周围气体的流动以及设计一个空气动力学设备则需要更精良的技术。

33

微分几何

> 突破：微积分为几何学提供了一个解决困难问题的工具。

> 奠基者：约翰·伯努利（1667 年—1748 年）、雅各布·伯努利（1654 年—1705 年）、克里斯蒂安·惠更斯（1629 年—1695 年）。

> 影响：微分几何的早期研究都涉及曲线。后来，高维空间上的工作使得微分几何成为对现代物理不可或缺的有力工具。

牛顿和莱布尼茨发现的微积分为几何学家提供了令人兴奋的新工具。在几年内，几个曾经很难处理的问题都得到了解决，展示了这一新工具很强的实用性。这一新兴数学学科就称为"微分几何"。

如果握着铁链的两端，不拉紧铁链而是让它在自身重力的作用下下垂，这样，一条曲线就形成了。这条曲线应该是可以用数学表示的，但是，它是什么呢？伽利略在 1638 年的最后一本著作《关于两门新科学的谈话和数学研究》中研究了这个问题。伽利略评论说："抛物线是一个合理的接近的匹配"。几何学家已经研究抛物线达数年之久（见第 13 篇），所以这可能是自然的猜测。但是，1669 年齐姆·荣格厄斯证明这条链曲线不是抛物线。那么，这条链曲线到底是什么？

悬链线

雅各布·伯努利是研究悬链线性质的一个数学家，由于他没有任何进展，便在 1690 年将此问题公开在数学杂志《教师学报》上。

接受这一挑战的人是雅各布的弟弟约翰·伯努利，他很高兴能成功解

左图： 在美国密苏里州，圣路易斯大拱门呈现的一个倒置的悬链线，正是将两端挂起来的一条铁链在自身的重力作用下形成的形状。

决他哥哥不能解决的问题，不久他写信给他的朋友："我哥哥的努力没有成功，对于我来说，我更幸运，因为我找到了解决这一问题的技巧（我绝没有夸张，我为什么要隐藏这一事实？）……第二天早上，我喜滋滋地跑向我的哥哥，他还在苦苦地思索……像伽利略那样，认为悬链线是一条抛物线。'停下，停下！'我对他说，'不要再折磨你自己了，不要试图证明悬链线与抛物线是相同的，因为这完全是错误的'。"

惠更斯的曲线与众不同的是，如果在该曲线上任意一点放一个物体，使其沿该曲线滑下，总是需要相同的时间到达底端，不管这条曲线的起点有多高。

约翰·伯努利应用了新发展的微积分来得到他的答案（见第 44 篇）。抛物线由非常简单的方程（如 $y=x^2$）来描述，而悬链线与复杂得多的指数函数相关，可以表示成 $y = \dfrac{1}{2}(e^x + e^{-x})$。

伯努利王朝

约翰的儿子丹尼尔·伯努利是早期对流体力学有影响力的人物（见第 44 篇）。当约翰可耻地将他儿子在流体力学领域的发现宣称为自己的功劳时，这对父子就彻底闹翻了。虽然伯努利家族中的 8 位数学家的兴趣迥异，但是在概率论和数论方面都取得了重大进展。然而他们最大的影响还是在于对微积分的早期应用，特别是发现了微积分在几何学和物理学上不可思议的应用潜力。

等时降线问题

约翰·伯努利不是唯一一个解决雅格布的悬链线问题的人。戈特弗里德·莱布尼茨得到了相同的结论；欧洲的研究曲线的专家、荷兰数学家克里斯蒂安·惠更斯也解决了这个问题。

在 1659 年，惠更斯发现了另一条特殊的曲线，像抛物线和悬链线一样，它刚开始很陡，然后逐渐平坦到曲线底部的一点。更重要的是，如果在该曲线上放一个物体，使其沿该曲线滑下，则物体到达底端总是需要相同的时间，不管在这条曲线的起点有多高。这条曲线称为"等时降线"（"等时"指"相同时间"）。这条曲线是什么样的呢？

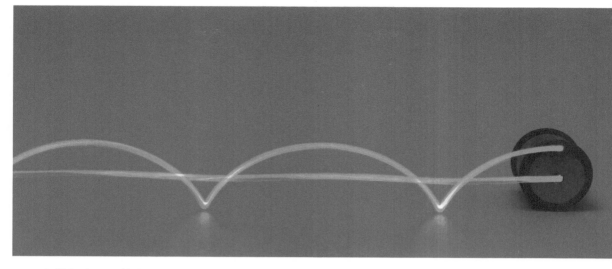

在微积分最早的应用中，惠更斯找到了答案：这是一条被称为"摆线"的曲线。对其非常优雅的描述是：取一个圆，在圆周上标记一点，像车轮一样沿一条水平线滚动，则由这个固定点所勾画出的路径就是摆线。在数学之外，惠更斯以发明摆钟而著名，摆钟革新了时间测量。事实上，他后来继续发展他的兴趣，设计了一个摆钟，它的钟摆沿一条摆线摆动，而不是沿一段圆弧，可是这个创新不怎么成功。

上图：一条摆线可通过慢慢曝光一个沿直线滚动的圆柱的照片来生成。在圆柱边缘的红色LED（发光二极管）生成了一条摆线。上下翻转这条曲线，就可得到等时曲线问题和最速降线问题的答案。

最速降线问题

在 1696 年，轮到约翰·伯努利向《教师学报》的读者提出问题。这个问题是：假设一个物体沿斜坡滑下，从墙上的某一点出发到地板上的另一个确定的点结束，什么形状的斜坡可以使物体下降最快？这个问题称为"最速降线问题"，即时间最短。答案似乎应该是直线，但是伽利略已经确定了，用圆的一部分实际上会更快，这是正确的答案吗？许多人应用微分几何的方法推导出了这个最速降线。包括约翰本人、他的哥哥雅各布，还有莱布尼茨、牛顿，他们得出的答案与惠更斯的等时降线问题的答案相同，都是摆线。

34

极坐标

> 突破：极坐标是描述平面上点的位置的一种方法，可用距离和角度描述。
>
> 奠基者：阿基米德（约公元前 287 年—公元前 212 年）、雅各布·伯努利（1654 年—1705 年）。
>
> 影响：对于很多图形，如著名的阿基米德螺线和伯努利螺线，用极坐标表示比用笛卡儿坐标表示方便得多。

几何学的历史已经屡次展示了用比较抽象的代数方法来分析几何图形的好处。但是将几何对象转化为代数对象的方法却是各种各样。最常见的是笛卡儿坐标（见第 31 篇）。但是由雅各布·伯努利设计的极坐标也同样重要。

阿基米德在《论螺旋线》一书中描述了他的一个最有名的几何发现。事实上，阿基米德把我们称为"阿基米德螺线"的发现归功于他的朋友——天文学家科农，科农被认为是第一个考虑这个螺线的人。

阿基米德螺线

阿基米德螺线是极优美的曲线，以一张纸的中心为起点，然后逐渐螺旋向外扩展，阿基米德螺线的本质特征是：曲线转过的角度相同时，向外走的长度也相同，即每转一圈后向外走的距离是一个定值。

阿基米德螺线是一个非常自然的对象。如果取一条绳，将这条绳盘成盘，得到的就是一条阿基米德螺线（每绕一圈后，曲线都向外走出一个固定的距离，这个距离也就是绳子的直径）。事实上，我们的太阳系含有一个巨大的螺线，称为"太阳的磁场"，从太阳中心螺旋向外扩展。

阿基米德对螺线的兴趣主要在于螺线是构造其他图形的工具。与他同

左图： 涡状星系，距离地球约 2300 万光年，它是一个螺旋星系。它的群星沿对数螺线向外展开，对数螺线正是使雅各布·伯努利着迷的螺线。

时代的几何学家一样，阿基米德对尺规作图问题，如"化圆为方"、三等分角（见第 47 篇）有着浓厚的兴趣。现在我们知道只用直尺和圆规不能解决这些问题，可是阿基米德证明了只要利用阿基米德螺线，这些问题就可以迎刃而解。

对数螺线

很多世纪以后，文艺复兴时期的思想家雅各布·伯努利也被那优美的螺线所吸引。但是伯努利称为"spira mirabilis"（完美螺线）的螺线不是一条阿基米德螺线，而是我们现在称为"对数螺线"的曲线。阿基米德的螺线总是等距螺旋向外展开的，而对数螺线变得越来越稀疏。从任意点开始，沿对数螺线走向中心，螺线将穿过水平轴无限多次。

从发现对数螺线开始，对数螺线就很有名，因为它出现在自然界的各种各样的场景中，从暴风雨的形成、螺旋银河系、鹦鹉螺的壳，到一些动物的飞行路径等。

对数螺线有非常美丽的特性，特别让伯努利着迷的性质是它的自相似性，这是分形图像所具有的一个性质（见第 62 篇）。如果你扩大整个螺线到一定倍数，得到的螺线与之前的螺线没有区别，因为当每圈螺线展开时，它将变为原先的下一圈螺线。

从发现对数螺线开始，对数螺线就很有名，因为它出现在自然界的各种各样的场景中，从暴风雨的形成、螺旋银河系、鹦鹉螺的壳，到一些动物的飞行路径等。对数螺线普遍存在的原因在于它们满足另一个美丽的规则——圆是具有独特性质的曲线，若用直线连接圆周上任一点和圆心，所得到的直线与圆曲线之间所成的角正好是 90°。对数螺线具有相同的性质，但是定义的角度是不同的，最简单的情形是 45°，也可以构成任意角度的对数螺线。因此，对数螺线也称为"等角螺线"。

极坐标

自从笛卡儿引入了笛卡儿坐标，笛卡儿坐标就成为用代数语言描述几何对象的标准方法。可是，像阿基米德螺线和对数螺线这样的对象不易通过笛卡儿坐标用代数语言表示出来，伯努利注意到一个更自然、更直观的表示是使用极坐标。确实，在阿基米德定义他的螺线时，所用的就是这种方式。但是直到 17 世纪，极坐标才成为一个标准化的几何工具。

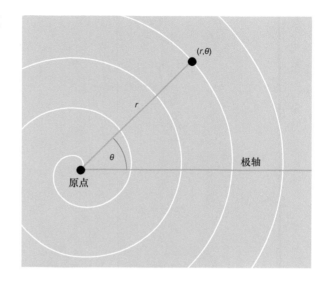

像笛卡儿坐标一样，极坐标也是用两个数把平面上的每一点唯一地确定下来。笛卡儿坐标通过地图上的方格来定义一个点，而极坐标通过指示（如"向西走了 2 千米"）来定义点的位置。笛卡儿坐标测量一个点分别沿水平轴和竖直轴的位置，但是极坐标测量这一点到原点的直线距离，通常记作 r，如果 $r=2$，则将点确定在以原点为中心，半径为 2 的圆上。

为了准确地确定该点，第二个坐标是相对于水平线的倾斜角，通常记作 θ。所以，如果 $\theta = 45°$（也可写作 $\theta = \frac{\pi}{4}$，用弦度制表示，这是数学家们喜欢的度量角的制度），则这个点在圆上有唯一的位置——在 45° 角的射线上的位置。

上图：极坐标由到原点的距离和角度 θ 来确定，这种方法与地理学家的方位表示法类似。一些图形如阿基米德螺线，在极坐标下有简单的描述。

极坐标曲线

一些曲线在极坐标下的表达式比在笛卡儿坐标下的表达式简单得多。例如，一类阿基米德螺线可由美丽、简单的方程 $r = \theta$ 表示。随着螺线一圈一圈地旋转，累积的旋转角度变得越来越大，螺线离原点的距离也越来越远。角度的变化和螺线离原点的距离这两种度量以完全相同的速率增长，即螺线离原点距离的变化量，除以角度的变化量，所得的数值是一个恒定值。

对数螺线也可以用极坐标优美地表示成 $r = e^{\theta}$ 或等价 $\theta = \ln r$。这个表达式的简单程度是使用笛卡儿坐标表达式所不能比拟的，这个方程定义的曲线的角度是 $\frac{\pi}{4}$，其他角度的曲线可由方程 $r = e^{\alpha\theta}$ 来表示，只要选择适当的 α 值即可。

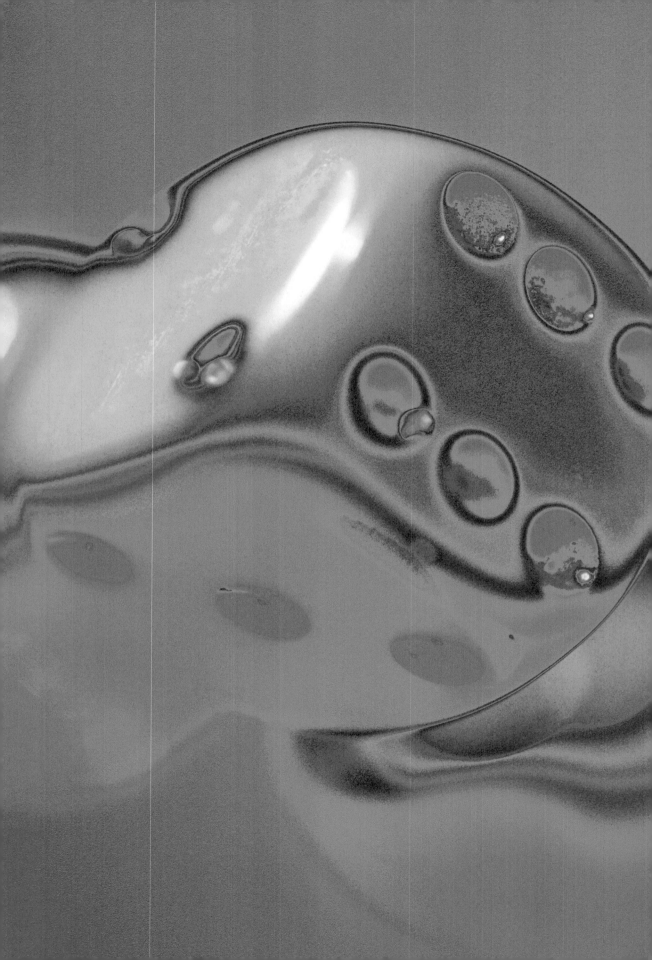

35

正态分布

> 突破：正态分布是概率论中最重要的"工具"，最早是由亚伯拉罕·棣莫弗在研究抛掷硬币的问题时发现的。

> 奠基者：亚伯拉罕·棣莫弗（1667 年—1754 年）、卡尔·弗里德里希·高斯（1777 年—1855 年）、皮埃尔·西蒙·拉普拉斯（1749 年—1827 年）。

> 影响：几乎所有的现代统计和数据分析都通过运用中心极限定理来解释正态分布。

概率论是用来模拟随机事件的数学理论，例如抛掷硬币的结果。但是即使是这种简单的事件，其结果也是令人吃惊的。抛掷一枚硬币 100 次，人们期望得到 50 次正面和 50 次反面，这是不太可能正好发生的。然而随着抛掷次数的增多，得到正面的次数所占的比值越来越接近 $\frac{1}{2}$。这就是众所周知的大数定律，它的中心理论就是正态分布。

现代的概率论起源于皮埃尔·德·费马和布莱兹·帕斯卡对赌博中点数的研究。两人进行简单的游戏，比如抛硬币。若硬币是正面，那么皮埃尔得一个点数，反之布莱兹得一个点数。最先得到十点的人会赢得所有的赌注。这个游戏的困难之处在于：假如这个游戏突然停止——可能是硬币丢了，此时比分 6:4。两个人决定不再继续赌下去，而是按每个人目前的点数尽可能公平地分掉全部赌注。他们应该怎么做呢？

点数问题

一个天真的想法是皮埃尔拿 60% 的赌注，布莱兹拿 40%。但这个问题是微妙的，首先他们要决定什么样的分配才是最公平的分配？在这个分配过程中，皮埃尔和布莱兹拉开了现代概率论的序幕。

左图：掷骰子和抛硬币等游戏，已经被玩家和赌徒玩了至少 5000 年。它们是研究概率论的最早实验，虽然很简单，但通过它们发现了更多复杂的概率分布，比如正态分布。

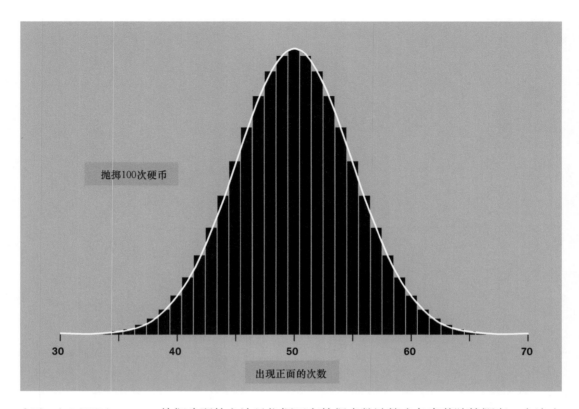

抛掷100次硬币

出现正面的次数

他们分配的方法是依据已有的得点数计算出各自获胜的概率。在这个例子中，皮埃尔获胜的概率是 $\frac{191}{256}$，这就是他通过分配得到的赌注比例。这个方法是即将到来的概率论学科的核心问题。

正态分布

18世纪早期，亚伯拉罕·棣莫弗是第一个试图理解概率论背后的数学理论的人。他最重要的发现是"正态分布"，现在这已是概率论中的常识。但是，棣莫弗没有继续他的研究工作，也没有意识到正态分布的深刻意义。后来，卡尔·弗里德里希·高斯和皮埃尔·西蒙·拉普拉斯的研究突出了正态分布的重要性。因此，正态分布也被称为"高斯分布"或"钟形曲线"。今天，正态分布是描述数据分布的主要工具，出现在统计学和其他各个学科中。例如，海洋生物学家测量大西洋石首鱼的长度。他会看到一些鱼比其他鱼长。石首鱼的期望值为10英寸（25.4厘米），但这不意味着我们看到的每条鱼都是10英寸长的。事实是，如果我们取大量鱼的长度的平均值，结果会很接近这个值。当然，单条鱼的长度有时会比期望值长，有时会比它短。鱼的长度分布差不多就是正态分布。

两个因素决定着正态分布，其一是期望值，其二是标准差。小的标准差意味着测量所得所有鱼的长度与期望值差不多，大的标准差则意味着每条鱼的长度差异比较大。石首鱼的标准差是 2 英寸（5.08 厘米）。

为什么正态分布如此重要？原因之一就是它出现在各个领域，当然它的作用在一些领域看起来不是那么明显。

中心极限定理

为什么正态分布如此重要？原因之一就是它出现在各个领域，当然它的作用在一些领域看起来不是那么明显。抛掷硬币和鱼的长度看起来是不同的数学。鱼的长度是介于最大值和最小值之间的长度，从直觉上看，这个长度形成一个钟形曲线是合理的。

而抛掷硬币截然不同，它只会产生两个结果——正面和反面。然而，棣莫弗发现一个隐藏的事实，这个事实后来被称为"中心极限定理"，它表明，如果抛掷次数足够多，就会有一个"正态分布"出现。如果抛掷 100 次，用出现正面的次数除总抛掷数，得到正面的出现的概率，大数定律告诉我们其期望值为 $\frac{1}{2}$。但是，大多数情况下实际概率不可能恰好就是 $\frac{1}{2}$。那么，出现正面的概率围绕着期望值是怎样分布的呢？中心极限定理表明，它近似于正态分布。此外，抛掷次数越多，近似程度越高。抛掷 1000 次的结果就会非常接近正态分布。

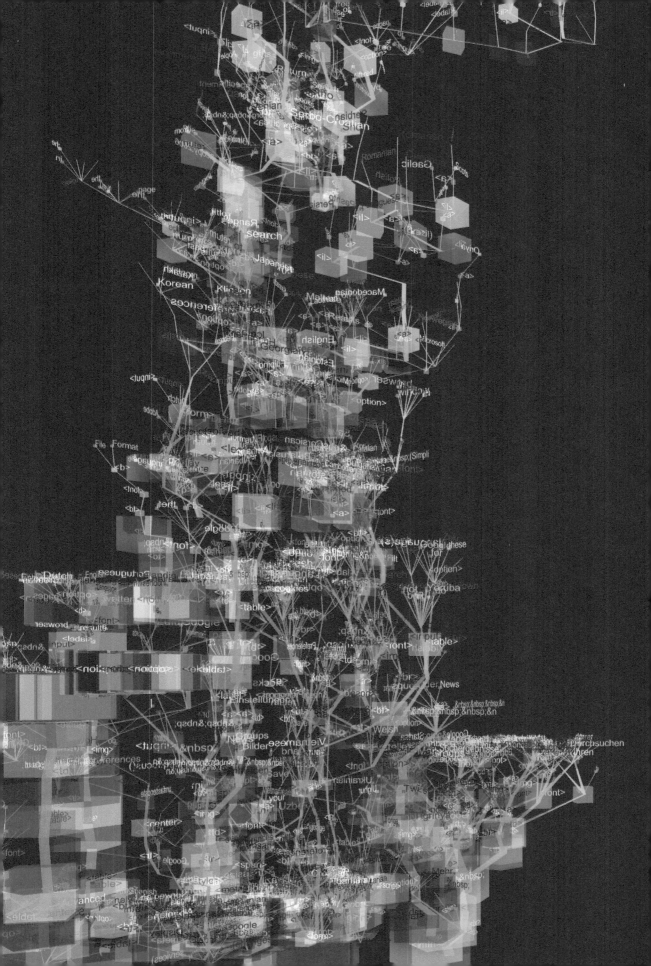

36 图论

> 突破：图是用边连接点形成的网络。这种简单的对象可以有效地捕获一个给定的几何形状所代表的信息。
>
> 奠基者：莱昂哈德·欧拉（1707 年—1783 年）。
>
> 影响：图把一个问题的本质提炼出来。它贯穿于整个数学领域，从拓扑理论到最实际的计算问题。

一些数学突破造就了一个复杂化的新时代，先进的方法、技巧足够去解决那些技巧性高的难题。但是其他的发现是沿着相反的方向发展的。通过剖析问题，抽取出其骨干，使得一个看起来复杂的问题变成一个简单的问题。

一个著名的案例就是图论的诞生，而现在图论常用来分析各式各样的网络。图论始于莱昂哈德·欧拉求解一个有关欧洲小镇柯尼斯堡的奇怪谜题。柯尼斯堡现在被称为"加里宁格勒"，是俄罗斯的一部分。在先前的几个世纪，它是欧洲一个著名的知识分子生活中心。

柯尼斯堡七桥问题

柯尼斯堡坐落在普列戈利亚河沿岸，这条河把该城市分成四个地区。这些地区由 7 座桥接着。这些桥送给当地居民带来这样的一个难题：在所有桥都恰好走一遍的前提下，是否可以参观整个城市？

所有试图寻找满足这样条件的观光路线都失败了，结果导致他们得到一个结论——这是不可能完成的。但也许是正确的路线根本还没有被发现。为了一次性排除所有的可能性，所需要的不止实验，还有证明。附近的丹泽市市长卡尔·埃勒向大数学家莱昂哈德·欧拉提及这个谜题。最初，欧拉对这个问题不屑一顾，并称这个问题"和数学几乎没有半点关系……该问题的解决只依赖于推理，而且它的发现不依赖于任何数学原理"。欧拉

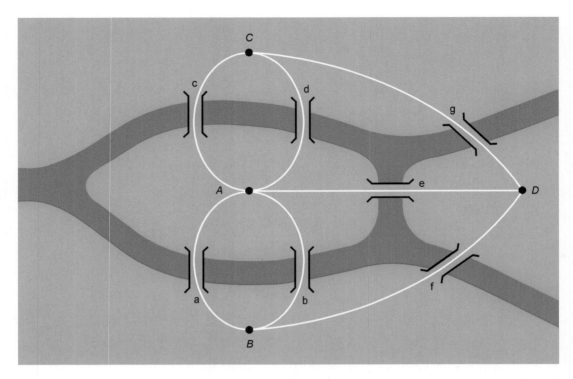

很快解决了这个问题。正如当地居民得出的结论，他证明了在所有桥都只能走一次的前提下不存在浏览整个城市的路线。虽然，他起初认为这个问题很简单，但他后来写道："在我看来，值得关注的是，无论几何还是代数，甚至是艺术都不足以解决这个问题。"事实上，欧拉所运用的是数学的一个全新的分支的雏形，这个分支就是图论。

图论

图是节点形成的网络。欧拉没有用这些术语描述图。他对桥梁问题的解法，相当于认识到：这个城市的所有的地理细节都与问题无关。真正重要的是这张基础图：4 个点代表城市的 4 个地区，7 条边代表 7 座桥梁。欧拉称这种方法为"位置几何"，并把这种方法归功于戈特弗里德·莱布尼茨。这种新几何预示着拓扑学（见第 52 篇），图在拓扑学中发挥着重要作用。

一旦把"柯尼斯堡七桥"问题转化成图，问题就变得容易解决了。从一个节点出发的边数就是这个节点的度，欧拉证明了不重复每条边的路线需要每个节点的度必须为偶数，但"柯尼斯堡七桥图"有 3 个度为 3 的节点，一个度为 5 的节点。

图形与几何

虽然图很简单，但是它代表了非常困难的问题，例如，绘制图时其边是可以交叉的。事实上，很多时候都不可能绘制出边不交叉的图。一个长期存在的难题就是将 3 间房屋都各自连到 3 个公共设施管道：煤气、水和电，无论怎么组织管道，都不可能避免至少一条"边"相交。

平面图是指可以画在平面上并且使得不同的边可以互不交叠的图。上段所讨论的 3 个顶点与另外 3 个顶点分别对应相连的图不是平面图。另外一个非平面图是 5 个顶点的完全图，这张图有 5 个顶点，每个顶点与其余顶点相连（4 个顶点则是可以连接成平面图的）。

欧拉对"柯尼斯堡七桥"问题的解法，相当于认识到，这个城市的所有的地理细节都与问题无关。真正重要的是基础图。

1930 年，卡齐米日·库拉托夫斯基证明了一个令人吃惊的结果：这两种特殊的图在判定一张图是否是平面图时起着决定性的作用。库拉托夫斯基的证明表明，每一张非平面图必须包含有 5 个顶点的完全图，或 3 个顶点与另外 3 个顶点分别相连的非平面图。

图论与算法

近年来，图论与计算机科学中困难、深入的问题密切联系在一起。例如，想象两个巨大并且看起来不一样的图形。在图论中，节点的精确位置以及边的长度都是无关紧要的。人们所关心的是两个节点是否相连，因此，这两张图可能是等价的——尽管看起来不一样。但是怎么去检验它们呢？这是图的同构问题。

理论上，这是容易解决的。比较一张图的节点和边与另一张图的节点和边的对应关系，直到找完所有可能的对应关系。困难之处在于，这可能是一个非常漫长的过程。运用计算复杂性理论的专业术语，图的同构问题的复杂性为 NP（见第 83 篇），而不是 P，意味着这在现实世界中是非常难于处理的。另一个著名的计算密集型有关图论的例子是旅行推销员问题（见第 84 篇）。

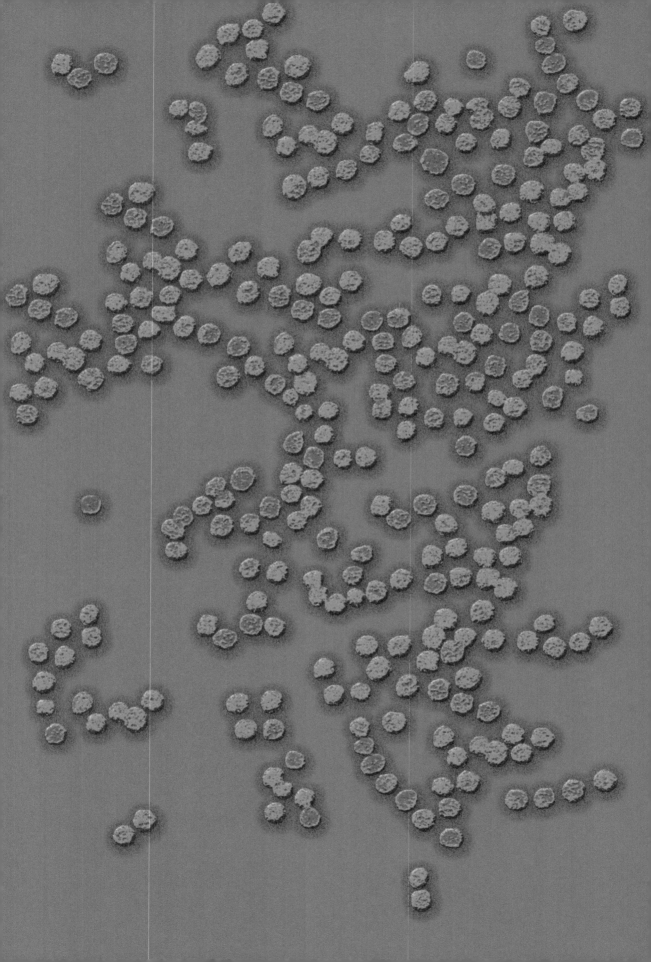

指数运算

> 突破：18 世纪，幂级数这一新的数学工具使数学家首次广泛应用了指数增长的分析。
>
> 奠基者：詹姆斯·格雷果里（1638 年—1675 年）、布鲁克·泰勒（1685 年—1731 年）、莱昂哈德·欧拉（1707 年—1783 年）。
>
> 影响：欧拉的工作是复分析这门学科最早的重要工作，复分析仍是当今科学研究的一门重要学科。在复分析的研究中，出现了数学中最美丽的公式之一——欧拉公式。

只要数学家认真考虑数字，他们就明白加法与乘法之间的基本关系，即乘法是多次重复的加法，类似地，幂运算是多次重复的乘法。这个观点适用于整数。可是，如何去理解指数是复数的幂运算呢？回答这一问题需要涉及数学分析中最有价值的工具之一——幂级数。幂级数推出了这个学科中最美丽的公式之一——欧拉公式。

几乎每一个孩子都知道：4×3 就是把 3 个 4 相加——$4+4+4$ 得到的那个数。用这种方法，4×3 与 3×4 显然表示的是同一个结果。这两个式子的结果是相等的，这可以从按 3 行 4 列摆放的物体看出。哪个数在前，取决于你是按行数还是按列数计算，这正好可以等同于"4 个一堆，共 3 堆"或者"3 个一堆，共 4 堆"这种问题。

这种类型的推理很可能就是最早抽象数学进行的推理。近代，数学家也开始考虑幂运算，或称为"指数运算"。本质上，幂代表重复的乘法，如 $4^3=4 \times 4 \times 4$。这是一个比较麻烦的运算，因为 $4^3 \neq 3^4$。幂是很多伟大数学理论的"主人公"，包括"费马大定理"（见第 91 篇）和"华林问题"（见第 59 篇）。但是它们所涉及的指数都是整数。

左图：SARS 病毒的自我复制。许多生物，包括病毒，如果任其发展它们将以指数级的速度增殖，这就是即使是轻微的感染也会十分危险的主要原因之一。

复指数运算

随着新的数系——复数的出现，人们意识到把指数运算扩展到这一不熟悉的数域上是很有必要的。应用加法和乘法没有太大的问题，按之前的运算规则就可以得出结果。然而，指数运算是复杂、微妙的。比如 2 的复指数幂 2^i 是什么意思呢？当然，答案可能是"什么也不是"。正如随意收集一些字母组成的单词，未必就是一个有意义的单词，同样，也没有理由去相信数学符号的随意组合就是有意义的。

然而，我们可以赋予 2^i 一定的意义。这样做之后，人们将能够完成复分析这门学科的最早、最重要的工作。这一思想来源于两位英国数学家：詹姆斯·格雷果里和布鲁克·泰勒。他们最早研究了后来称为"幂级数"的理论。

事实上，印度天文学家马德哈瓦在几百年前通过考虑三角函数就有了类似的观点。这些对象在复分析中将表现出新的重要性。

上图： 1953 年，美国内华达试验场进行的 61 000 吨当量级的原子弹试验。原子弹的工作原理是核裂变。当钚或铀原子分裂成更小的原子时，它们释放出能量和中子，这些中子继续进行连锁反应，因此炸弹的威力呈指数级增长。

幂级数

幂级数是把同一个数的所有递增的幂加起来得到的。最简单的情形是把某个数 x 的所有幂加一起，比如 $1+x+x^2+x^3+x^4+\cdots$。尽管看不太出来，但这个表达式会收敛到 $\dfrac{1}{1-x}$（只要 $0<x<1$）。

正如詹姆斯·格雷果里之前的马德哈瓦，格雷果里研究了正弦函数和余弦函数。人类在几百年前就开始用正、余弦函数去推导三角形的几何性质。之前这些函数并没有公式表达式，但是格雷果里发现它们可以被精确地表示成幂级数的形式：

$$\cos x = 1 - \frac{x^2}{2} + \frac{x^4}{4 \times 3 \times 2} - \cdots$$

$$\sin x = x - \frac{x^3}{3 \times 2} + \frac{x^5}{5 \times 4 \times 3 \times 2} - \cdots$$

布鲁克·泰勒研究得更为深入。数学中充满了函数，意指输入一个数就会输出一个数的规则。泰勒证明了极重要的定理，那就是几乎所有重要的数学函数都可以表示成适当的幂级数的形式。

正如随意收集一些字母组成的单词，未必就是一个有意义的单词，同样，也没有理由去相信数学符号的随意组合就是有意义的。

指数函数

如果每个合理的数学函数都可以表示成幂级数的形式，莱昂哈德·欧拉认为可能找到一条途径使复指数有意义。他推导了最重要的幂级数表达式——指数函数：

$$e^x = 1 + x + \frac{x^2}{2} + \frac{x^3}{3 \times 2} + \frac{x^4}{4 \times 3 \times 2} + \frac{x^5}{5 \times 4 \times 3 \times 2} + \cdots$$

这个级数最为人所知的是当 $x=1$ 时，e 约等于 2.7183。这个函数具有一些特殊的性质，使得后来几世纪，它都在数学领域里起着特有的重要作用。特别是，欧拉认识到这正是使像 2^i 这样的表达式有意义的途径（它的近似值是 0.77+0.64i）。

欧拉公式

欧拉的关于复指数的表达式与整数中的"重复乘法"是相容的。此外，他还有一个绝妙的观察，他注意到 e^x 幂级数类似于正弦函数和余弦函数的幂级数。特别是，当欧拉把 i 乘 z 代入指数函数时，得到的一个幂级数恰好就是 cosz 的幂级数加上 i 乘 sinz 的幂级数。这样欧拉就证明了 $e^{iz}=\cos z+i\sin z$。

这个公式对所有的 z 都是正确的。当他在公式中令 $z = \pi$（这里 π 是弧度制，数学家喜欢用这种方式代表角度）时，令人高兴的事发生了。π 代表旋转半周或者是 180°。三角函数的基本事实是 $\sin\pi$ 等于 0，$\cos\pi$ 等于 -1。因此 $e^{i\pi}=-1+i\times 0$。移项可得到数学中被公认为最美丽的公式之一。

$$e^{i\pi}+1=0$$

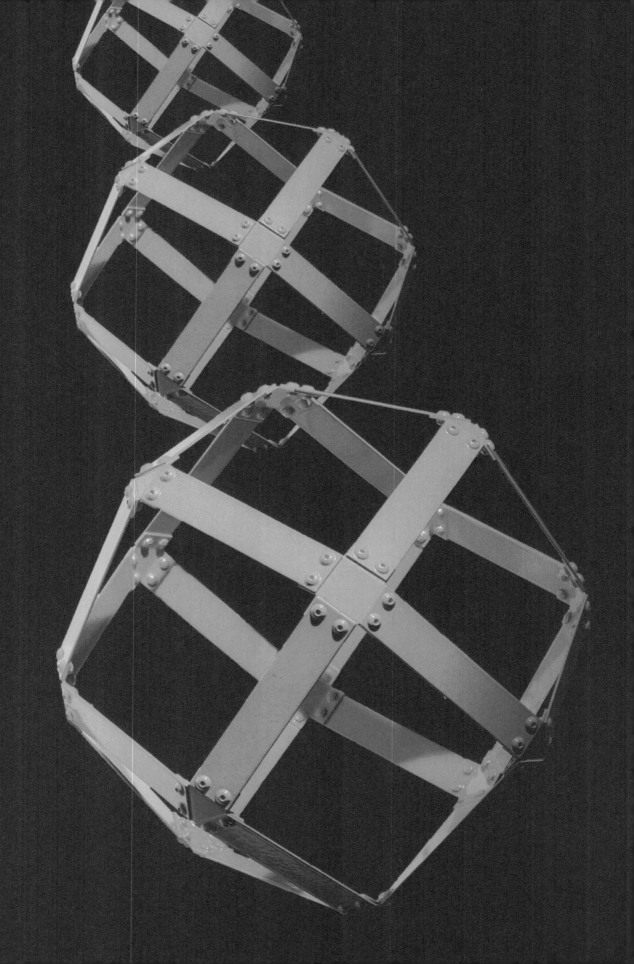

欧拉示性数

突破：欧拉发现了关于多面体的面数、棱数和顶点数的基本关系。

奠基者：莱昂哈德·欧拉（1707 年—1783 年）。

影响：欧拉的结论体现了三维图形的一个基本事实，三维图形从此成为科学家的一个重要工具。推广欧拉示性数的同时推动了图形科学的深层次的发展。

多面体是由平面和直边在顶点处相交而构成的三维几何图形。1750 年，莱昂哈德·欧拉在写给他的朋友克里斯蒂安·哥德巴赫的信中，描述了一个漂亮的等式。这个等式将任一多面体的面数、棱数和顶点数巧妙地联系起来。

多面体的种类繁多，从简单的立方体、截角十二面体(称为"足球体")，到巨大的网格状球顶，就像陈列在佛罗里达州的"未来世界"主题公园的那个。但是，正如欧拉发现的那样，这些形形色色的图形都有一些共同的性质。欧拉从一个多面体开始，如立方体或截角十二面体，数它的面数，正方体有 6 个正方形，共 6 个面，"足球"有 12 个正五边形和 20 个正六边形，共 32 个面。一般用 F 表示面数。

其次，数棱的条数，并用 E 表示这个数。立方体有 12 条棱，而对于"足球"，$E=90$。最后，数顶点的个数，用 V 表示。对于立方体，$V=8$，而对于"足球"，$V=60$。

乍一看，这些数字似乎没有什么关系。毫无疑问，不同的图形，如立方体和"足球"都有各自的 E、F、V 值，当然，另一种多面体也对应不同的 3 个值。但是欧拉注意到了它们在这个表面下的惊人相似点。当他对这种图形计算 $V-E+F$ 时，一些匪夷所思的事情发生了——对于正方体，得到 8 − 12 + 6 = 2。对于截角十二面体，得到 60 − 90 + 32 = 2。这两种图形虽然不同，但是无论在何种情形下 $V-E+F$ 的值都是 2，计算

左图：球表面被分割成 12 个四边形的面，这种多面体被称为菱形十二面体，具有 12 个面、24 条棱、14 个顶点。

$V - E + F$ 这个式子得到的数字就称为欧拉示性数。

没有巧合，"未来世界"主题公园中的网格状球顶有 F=11 520、E=17 280、V=5762，对于该图形有 $V - E + F = 2$。如果你对十二面体、正四面体或六棱柱进行同样的计算——$V-E+F$，结论同样成立。

欧拉关于多面体的结论对我们研究多面体以及相关图形的理论具有极大的实用价值，因为它对"什么是可能的"做了一个严格的规定。例如，就像欧拉写信给哥德巴赫那样，此结论排除了恰好有 7 条棱的多面体的可能性。

欧拉示性数

直觉告诉我们，欧拉多面体公式的使用范围可以推广到多面体以外，因为此公式不依赖于"面是平的"或"棱是直的"。以球为例，在其上任取一点，过该点有一条棱绕球的大圆一周，将这个点与自身相连，这样，将球分成两个半球。这时，$F = 2$，$E = 1$，$V = 1$，所以 $V - E + F = 2$ 这个结果在球上也成立。

这个公式是拓扑学最初的伟大定理之一，它出现的时期远远早于这个学科拥有它自己的名字或者以它本身作为数学一个分支的时期。今天，拓扑学家们常将不同的图形认为是本质相同的，一个图形可以通过拉伸变成

为什么欧拉的这个结论是正确的？这个结论到底告诉了我们什么？几个世纪以来这个问题一直推动着数学的发展，尤其是在拓扑学领域。

另一个图形。粗略地来说，立方体、正四面体、六棱柱和截角十二面体在拓扑学上都是球体。欧拉的结论阐述了"不管把球怎样切割，所得多面体都将有这样的结果：$V - E + F = 2$"。

然而，即使欧拉的这个结论的应用十分广泛，但仍不适用于一些多面体。如果立体图形有一个洞，结论将是不同的。例如 4 个立方体连成环形，每个立方体由 6 个矩形构成。对于这个图形，$F = 16$，$E = 32$，$V = 16$，得到 $V - E + F = 0$。特别地，这一结论适用于任何含一个洞的多面体。这些图形在拓扑意义中与球不等价，但等价于圆环（或面包圈）。类似地，对一个具有 2 个洞的图形进行任何一种切割，都将得到 $V - E + F = -2$。数 2、0、-2 很本质地描述了图形。这 3 个数分别对应于球、单环和双环的欧拉示性数代数拓扑。

代数拓扑

从一开始，欧拉示性数就暗示了空间的一个深刻理论。当时人们对于"为什么面数加上顶点数减去棱的条数会得到一个有意义的量"还远不清楚。为什么欧拉的这个结论是正确的？这个结论到底告诉了我们什么？几个世纪以来这个问题一直推动着数学的发展，尤其是在拓扑学领域。因为欧拉示性数能把球、单环和双环区分开来。它在闭曲面分类的证明中起着关键作用，也许它是第一个正确的拓扑定理。

在 19 世纪末，昂利·庞加莱有力推动了这一思想的进一步发展。他把这一思想引入更高维的空间，就像多面体是由顶点、棱和面构成的，一个更高维的多面体（见第 49 篇）是由低维的小单元构成的。庞加莱注意到，对于一个三维多胞体，"$C-F+E-V$"的结果是一个常数，它只取决于面的拓扑，而不是取决于小单元的具体分解。

最终，欧拉关于多面体的结论启发了一门现代学科——代数拓扑。在这门学科中，图形中的结构可以彼此相加或相减，产生复杂的代数对象在一个深层拓扑水平上描述内部形状。

上图： 位于佛罗里达州迪士尼公园的"未来世界"主题公园的地球飞船。巴克敏斯特·富勒设计了球型屋顶的结构，它包括 11 520 个面、17 280 个棱、5 762 个顶点。

39　条件概率

> 突破：条件概率意味着一个事件发生的概率取决于其他事件发生的概率。
>
> 奠基者：托马斯·贝叶斯（1701年—1761年）。
>
> 影响：现在，从各种类型的数据分析到人工智能的研究，贝叶斯定理有着广泛的应用。

　　人们通常用骰子、硬币、扑克牌来解释概率，这些简单的工具可以体现出概率的基本思想。"概率"在现实生活中有着广泛的应用，但是广阔的世界是混乱、复杂的，有些事件发生的概率不是固定不变的，而是会受到其他事件的影响，这时我们就不得不去寻找处理这种问题的方法。这个具有突破性的方法是条件概率——一种描述概率的新方法。

　　当我们抛掷硬币或骰子的时候，很容易想到这些是不变的概率：有 $\frac{1}{2}$ 的概率得到硬币正面，有 $\frac{1}{6}$ 的概率得到 6 点等。当然这种概率只是在抛掷之前成立。一旦硬币或骰子落地，这种不确定性就转变成了 100% 的确定性，对于硬币来说，要么是正面，要么是反面。但是在更广阔的世界里，事情并不是这么简单明了。即使是抛掷硬币，其出现正反面次数的比值也不再是 50:50，硬币设计的细节可能会导致概率向一面"倾斜"。

贝叶斯定理

　　概率理论，缺少对那些概率取决于其他事件结果的事件的分析方法。为了考虑这种情况，我们需要修改现有的描述概率的方法。在现实世界中，我们经常遇到的就是这种相互影响的事件。直到 18 世纪，从数学角度描述这些事件的正确方法才被发现。贝叶斯署名发表的名为《试图解决一个概率事件中的问题》的论文是这个方向的突破性的文献，这篇论文发表于 1763 年，这时贝叶斯已经去世两年了。贝叶斯考虑两个事件 A 和 B，在传统概率论中，

左图：DNA 碱基序列结构的放射自显影图。我们的基因是由父母的基因随机组合决定的。要理解这个过程需要从概率论的知识讲起。患某种遗传性疾病的概率就是一个条件概率问题。

条件概率　　**153**

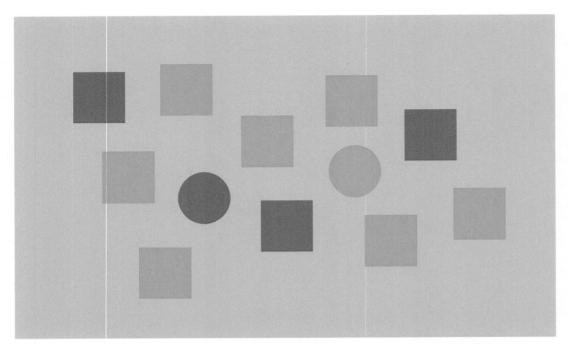

每一个事件都有确定的发生概率，通常记为 $P(A)$ 和 $P(B)$。$P(A)$ 和 $P(B)$ 是 0 到 1 之间的某一个数。不可能事件的概率为 0，确定事件的概率为 1。

贝叶斯的创新之处在于允许两个事件相互影响，即如果事件 A 发生，它可能会影响事件 B 发生的概率。在极端情形下，可能会完全排除事件 B 的发生或确保事件 B 的发生。类似地，如果 A 不发生，B 也可能受影响。这个将两个概率联系在一起的概率，如今被称为"条件概率"。条件概率 $P(B|A)$ 表示事件 B 在事件 A 已经发生的条件下发生的概率，类似地，$P(A|B)$ 表示事件 A 在事件 B 已经发生的条件下发生的概率。那么这 4 个概率之间的关系是什么呢？贝叶斯定理告诉我们：

$$P(A|B) \times P(B) = P(B|A) \times P(A)$$

条件概率

条件概率和贝叶斯定理成了现代不确定性理论的基石。它们在"马尔可夫过程"（见第 60 篇）中有着特别重要的作用。事实上，"马尔可夫过程"的定义就是基于条件概率的。

然而，条件概率与人类的直觉形成了强烈的反差。人类似乎有一种

自然的倾向搞混 $P(A|B)$ 和 $P(B|A)$，即使两者代表的意义完全不一样。在医学界有一个问题，是说准确测定某种疾病的意义是什么？我们自然希望真正患病时呈现出阳性的概率大，无病时呈现出阳性的概率小。因此，在任何测试下都存在两个刻画测试准确性的数字——检查结果显示阳性的病人真的患病的概率（我们希望它比较大）和显示阳性的病人但未患病的概率（我们希望它比较小）。

假设一个真正患病的人能被检测出呈阳性的概率是 99%，未患病但被检测出呈阳性的概率是 5%。一个病人想知道的是检测结果为阳性时，他真的患病的概率，遗憾的是，我们根据已有的数据无法回答这个问题。

问题的答案取决于已经患病的人占总人数的概率，这个概率称为"先验概率"。如果测试是完全独立的，先验概率就被简单描述成患病人数占总人数的比例。让我们假定某种疾病的发病率是 0.1%。如果 100 000 人参加测试，就会有 100 人患病并且 99 人被检测出呈阳性。剩下的 99 900 个未患病的人中仍有 5% 被检测出呈阳性，因此有 4995 人呈阳性。现在很清楚的是，测试显示呈阳性的人数远远超过实际患病的人数。具体地说，如果我被检测出来呈阳性，而我是 99 人当中的真正的患病者，而不是 4995 个未患病但检测呈阳性的人的概率是 $\dfrac{99}{4995 + 99}$，即大约是 2%。

条件概率和贝叶斯定理成了现代不确定性理论的基石。

如今这种误解仍然存在，从而导致在医院或法庭出现了很多的问题。在贝叶斯理论的指导下，我们至少应有更正确的方法去理解这些现象。

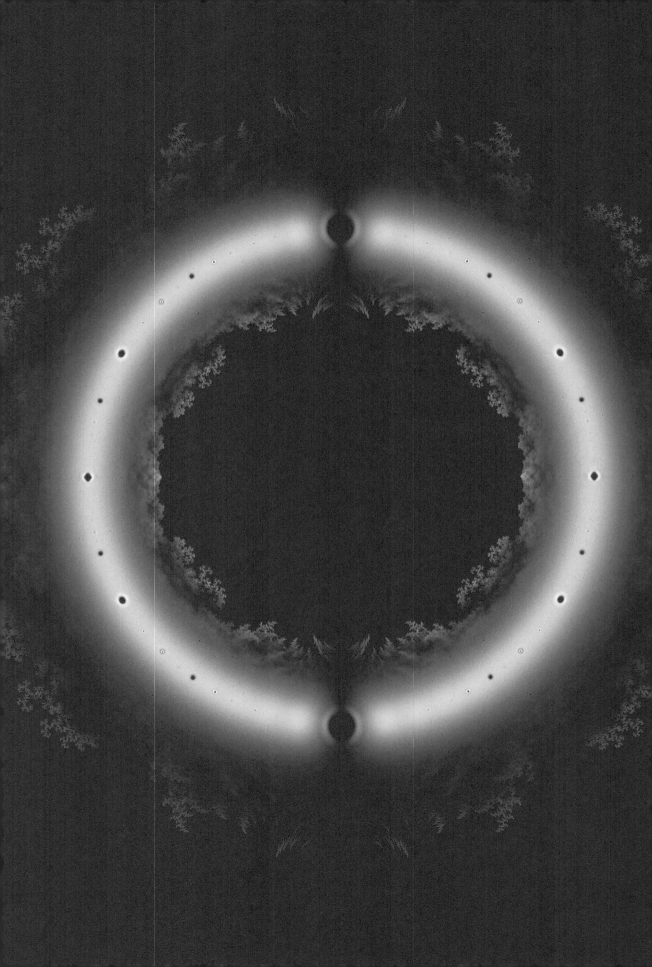

40　代数学基本定理

突破：代数学基本定理告诉我们，对于求解方程而言，有复数系统就足够了。

奠基者：卡尔·弗里德里希·高斯（1777年—1855年）、罗贝尔·阿尔冈（1768年—1822年）。

影响：复数是数学领域最伟大的发现之一，现在复数已在数学中被广泛地应用，主要的原因就是复数可用于解方程。

从古巴比伦泥板开始，数学史中最漫长的故事之一就是致力于求解方程。然而在许多时候，数学家发现他们已掌握的数字不足以使他们达到目的。为此，他们不得不转向扩充数域。在 19 世纪初，出现了一个历史性的证明——使用复数就足够了，不再需要继续扩充数域。

一个等式表示一个量等于另一个量，如 3 + 4 = 7。通常，如果等式涉及一个未知数（一般记为 x），称为方程。求解方程就是找到 x 的值，使等式成立。比如，方程 5 + x = 9，其解为 x = 4。

这种想法虽然一点儿也不复杂，但是在历史上的不同时期，人们仍相信某些方程是不可求解的。例如方程 5 + x = 2。丢番图认为这种方程是"荒谬"的。但是随着负数（见第 19 篇）的出现，其解显然是 x = -3。这是数学家第一次通过扩充数域的方法求解方程。利用正数、负数，任意形如 $ax + b$ = 0 的方程都是可解的（只要 $a \neq 0$）。然而，使用有理数并不能求解所有的方程。当梅塔蓬图姆的希帕索斯计算三角形一边的边长时，他需要求解方程 $x \times x$ = 2（或者简写为 x^2 = 2）。然而，他发现无论如何都不存在未知数 x 是分数且满足此方程的情况。也即，他证明这样的分数并不存在，就是说，在有理数的限制下，如此简单的方程 x^2 = 2 无解，丢番图再一次认为这样的方程是"荒谬"的。一段时间之后，有了无理数，数学家对无理数了解得越来越多，方程 x^2 = 2 有一个解为 $x = \sqrt{2}$，大约是 1.41421356。

左图：利特尔伍德多项式（方程的系数为 1 或 -1）的解。代数学基本定理保证这样的方程在复数域中有解，这些根的位置被标记在此图中。

方程与实数

高斯的定理表明实系数方程有复数解。但是对于复系数方程，是否需要再次扩充数域？这显然不是好消息。复数看起来已经很抽象难懂了。

所有的有理数、无理数统称为实数。这是一个庞大的数系，但是仍然不能用来求解所有的方程。吉罗拉莫·卡尔达诺（见第 24 篇）和其他数学家注意到仍存在一些不能求解的方程，比如方程 $x^2 = -1$。

负数的运算法则是非常明了的——两个负数相乘其结果为正数。类似地，两个正数相乘也是正数。但是，没有一个正数或者负数的平方是 -1。

卡尔达诺和其他意大利数学家一直被这样的方程困扰着，所以他们要寻找满足像这样的方程的数。于是，拉斐尔·邦贝利又一次扩充数系，他引进一个虚数——i，它是作为方程 $x^2 = -1$ 的一个解而定义的，也就是说 $i = \sqrt{-1}$，于是得到了一个更大的数系，今天我们称它为"复数"（见第 25 篇）。

方程与复数

复数的产生是数学界的一次不折不扣的革命。但对于求解方程而言，它们究竟代表多大的进步？实际上，它们确实能够求解先前不可解的方程 $x^2=-1$、$x^2=-2$ 和 $x^2=-3$ 等，同样可以求解方程 $x^2=a$，这里 a 是任意实数。但是对于更复杂的方程呢？比如方程中未知数的幂指数比 2 大。答案并不一目了然，指出哪些方程是"荒唐"的，也变得更困难。如果"荒唐"的方程存在，用复数是否足够求解？

1797 年，卡尔·弗里德里希·高斯宣布了一个定理：复数足够求解任意实系数（未知数的系数是实数）方程。无论是求解 $x^4+x^3+x^2+x+6 = 0$，还是 $\sqrt[5]{2x^2} + \sqrt[3]{3x} = -\sqrt{5}$。高斯的定理都能保证存在复数 x 满足这些方程。这就意味着，那些对求实系数方程感兴趣的人，在复数域中他们的这个兴趣也会得到延续。令人惊讶的是，复数的产生不过是为了求解方程 $x^2 = -1$。

高斯可谓是历史上最伟大的数学家之一，代数学基本定理也是数学界的最大成就之一。但是，高斯的定理有两个缺陷且没有被当时的人们注意，其一是高斯的证明在涉及有关复平面上的几何曲线时并不严谨。另一个更深刻的"缺陷"是，高斯的定理并没有涉及复系数方程。高斯的定理表明实系数方程有复数解，但是对于复系数方程呢？比如，$x^2=i$。求解这种类型的方程，是否需要再次扩充数域？从这两个方面来看，高斯的定理还不够完善。但是，由于复数看起来很抽象难懂，因此，没有人愿意把数域再进行扩充。

1806 年，罗贝尔·阿尔冈利用完全不同于高斯的方法，攻克了这两个方面的难题。阿尔冈第一次给出关于这个基本定理的完整而严谨的证明。他的证明包含：任意复系数方程都有一个复数解，例如 $\frac{1}{\sqrt{2}} + \frac{i}{\sqrt{2}}$ 是方程 $x^2=i$ 的解。经过上千年的数域扩充，阿尔冈的证明的出现，为此画上了圆满的句号。

上图： 坐落于中国上海的东方明珠电视塔。现代通信中，信息以复数的形式传递（实部和虚部代表不同的编码）。解码这些信息需要利用与复数相关的代数知识。

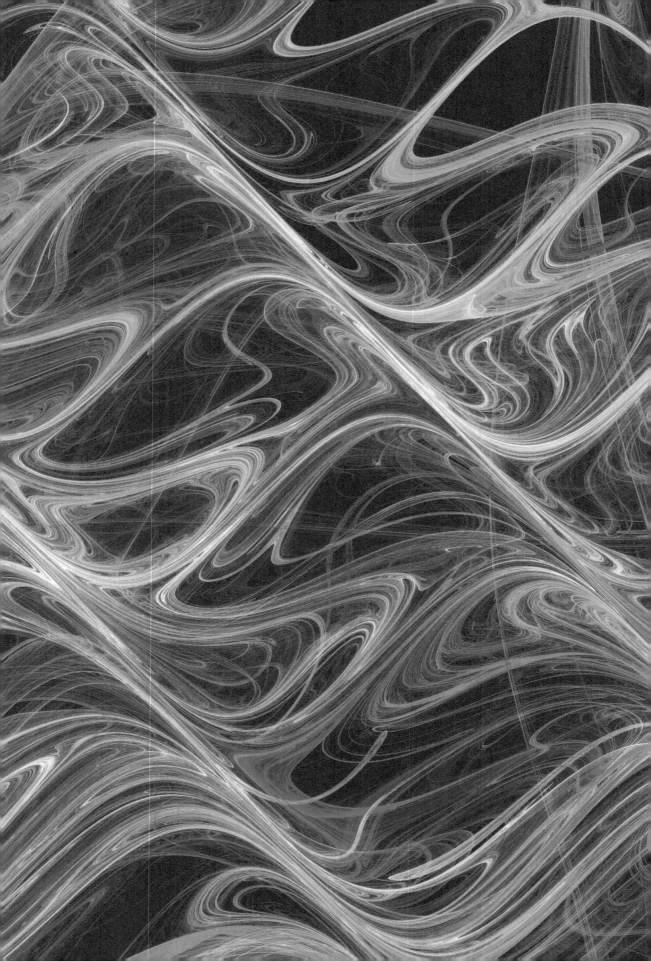

41 傅里叶分析

> 突破：傅里叶分析是关于波的科学，傅里叶的突出贡献是证明了所有的波都可以通过最简单的波构成。
>
> 奠基者：约瑟夫·傅里叶（1768年—1830年）。
>
> 影响：从电子音乐到卫星通信，傅里叶分析在现代科学技术中起着重要的作用。

现实世界中包含着许多类型的波，从尤克里里振动的琴弦到可怕的地震，更不用提我们赖以生存的、来自太阳的电磁波等。现在，波动学是一门非常重要的自然学科。从声学到电话网，都有波的广泛应用。虽然自毕达哥拉斯起，思想家就着迷于波，但是波的现代理论是由法国科学家约瑟夫·傅里叶的革命性工作得出的。

傅里叶的最早动机是研究热传导。想象你拿一根长长的铁棍，一端置于火中，另一端置于冰水中，然后把它放在一个温度恒定的房间中。显然一端会冷却，另一端会变热，直到最后两端的温度与周围环境的温度一样。但是在这期间如果你测量铁棍中间某点的温度，你会发现什么呢？为解决这一复杂问题，科学家们发展了一门学科——傅里叶分析。

准确地说，热是一种"流"而不是一种"波"，因为热的传导图不像光和声波的那样重复。傅里叶发展的技术已经被证明对波的研究同样很有价值。对傅里叶来说，热不仅是一门他所关心的学科，从某种程度上来说还是个人崇拜。作为拿破仑的科学助理，傅里叶在埃及的沙漠气候里生活一段时间之后，他有了一种终身信念——极热的环境对人体有益。回到欧洲后，他一年四季都在他的房间里点燃壁火，他的朋友一进入闷热的房间就会看到傅里叶裹着毯子思考数学。

左图：一个抽象的表面，一条正弦波荡漾通过这个面。这种波的数学基础是傅里叶分析。从量子物理学到移动电话等一系列科学和技术都离不开傅里叶分析。

波与调和函数

波的理论要比傅里叶分析早数千年。据说毕达哥拉斯投入了大量的时间和精力去理解一个音符的声音性质与相应波的物理属性之间的联系。毕达哥拉斯研究的波是由一种乐器的琴弦振动产生，比如七弦琴。同样的道理也适用于我们今天在示波器上看到的重复图像，如医院的心脏监视器上的心电图。每一种波都有一种重复的模式，并以同样的周期一遍又一遍地重复着。

有多少种不同的波形就有多少种不同的声音。从轰鸣的摩托车声到用萨克斯吹奏出的悠扬的曲子，在所有的波中，数学家最喜欢的是正弦波。

毕达哥拉斯明白波长与音符音的高、低之间的关系，这很容易从弦乐器得出。缩短乐器的弦长相当于缩短波长，导致弹拨琴弦时发出的音相比之前的音高。最明显的例子是把弦长缩短为只有原来的一半长。由于波长缩短，可以看见现在所产生的波的波峰和波谷被双倍地挤在一起。这产生一个有趣的音乐效应：得到的音正好比原来的音高八度。如果第一个是 C 调，则第二个是也是 C 调，但是高八度。这就是第一条谐波或所谓的原始波的二次谐波。

当压缩弦长到原来的 $\frac{1}{3}$ 时，类似的事情发生了：可得到三次谐波（是一个比基波高八度加上一个五度的音）。当压缩弦长到原来的 $\frac{1}{4}$ 时，可得四次谐波依此类推。自从毕达哥拉斯首次把它们归纳为乐器的一个和谐音调系统，这些谐波便成为了音乐理论的核心部分。

谐波在傅里叶的工作中同等重要。不仅音符的音调由声波的波形决定，而且声音的音色也是由声波的形状决定的。所以，有多少种不同的波形就有多少种不同的声音。从轰鸣的摩托车声到用萨克斯吹奏出的悠扬的曲子，在所有的波中，数学家最喜欢的是正弦波（在几何学中，正弦波可以由在竖直平面的圆周上以恒定的速度转动的物体得到。绘制物体的高度–时间曲线就可以得到一条正弦波）。

干涉和傅里叶定理

当然，心跳和乐器与优美的正弦波相比具有更复杂的表现形式。莱昂哈德·欧拉和丹尼尔·伯努利等思想家发现了如何以正弦波作为基本元

素去构造复杂波。如果你把两个波叠加在一起，则某些区域的振动加强，某些区域的相互抵消。数学家用正弦函数通过适当调整加入的谐波构造新的波。

上图：依赖于傅里叶分析的众多技术中的一种就是分离并分析声音的不同的组成。这幅图描绘了计算机语音识别。

随着越来越多的谐波叠加在一起，其中也包含余弦波（与正弦波一样，但滞后于正弦波 $\frac{1}{4}$ 周期），欧拉和伯努利能够构造各种波形。但是傅里叶的贡献是证明了所有的波都可以通过叠加的方式构造出来。一个惊人的事实是，通过合并基本音的谐波，任何声音都能仅由正弦波构造出来。傅里叶甚至能够提供一个公式，表示每个谐波所需要的"量"。这个著名的定理是非常有用的，用于移动电话技术、无线通信和语音识别软件的信号分析技术等都依赖这个定理。事实上，傅里叶分析已经远远超出了波的范畴，从数学理论的素数到物理学中的量子力学，都有广泛的应用。

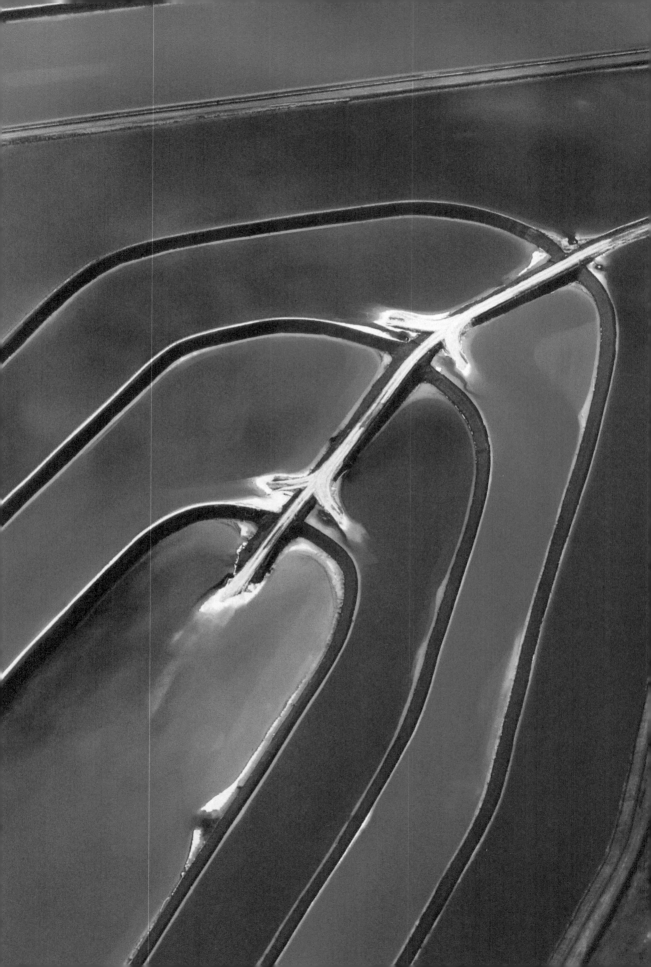

42 实数

突破：实数是连续的，满足介值定理，也就是说一条连接两点的曲线必与这两点连线的中垂线相交。

奠基者：伯纳德·波尔查诺（1781年—1848年）、奥古斯丁·路易·柯西（1789年—1857年）。

影响：用实数可以严谨地证明一些几何问题。实数和复数一起构成了现代数学的基础。

数学包含几种类型的定理：有些是出乎预料并富有想象力的，甚至是令人震惊的；有些是深奥的，即便叙述它都需要很强的技巧，更别说证明了。但也有一些定理，第一眼看上去就是显然成立的，令人吃惊的是"为什么还需要证明"。这样的一个例子就是1817年由伯纳德·波尔查诺证明的介值定理。这个定理显然是成立的，可是它的证明并不简单。这个定理意味着数学家们第一次发展了一个可以与几何直观完美匹配的数字系统。

取一张纸并用水平线将其分为两半。如果一个人在这条水平线的上方和下方各取一点，任意一条连接这两点的曲线必穿过水平线上的某一点（不能要花样，如将纸折起），这看起来显然是成立的。然而到了1817年，数学家才找到合适的工具来证明这一结论。这一著名的结论即介值定理，它标志着数学技术与数字定理最终赶上了几何直观。这一定理后来成为现代数学分析的基石。

欧几里得的直线

欧几里得的著名几何学专著《几何原本》开篇就是他的著名公理——欧几里得公理（见第10篇）。在他能够陈述这些公理之前，他需要给出一些更基本的量——涉及的概念的定义。欧几里得所面临的核心问题是"如何定义直线"。什么是直线呢？像大多数人一样，欧几里得一看到直线就

左图： 以前，美国犹他州的峡谷地国家公园的尾矿池用于存储开采的副产品。要存放材料，矿工都面临着一个不容置疑的几何学事实——从线的一侧到另一侧必须在某处穿越这条线，这是一个用了几千年才得到严格证明的事实。

知道那是直线，然而精确地写下其定义是另一回事。欧几里得定义为"直线是无限长的"。这传递了一个正确的想法——直线是一维的，沿着它只可以向左或向右移动。当然在现实世界，无论是在一张纸上还是电脑屏幕中，画出的任何一条直线都会有一定的宽度，这取决于钢笔尖的宽度或屏幕的分辨率。欧几里得对直线的定义是没有宽度的理想直线。

上图： 在美国犹他州的拱门国家公园，利用长曝光技术拍摄的星轨照片。拱门内最亮的轨道代表北极星。星星在空中划过的轨迹是典型的连续曲线，没有跳跃和间断。理解具有连续性的几何图形花费了数学家许多年的时间。

这一定义对初等几何是恰当的，并在后来一千多年里成为标准定义。但是后来，尤其是在发现了微积分（见第 32 篇）之后，数学家开始对这些纯直觉性质的基本定义不满意了，他们渴望更严格的基本定义。严格定义的关键在于找到一种方法，可以用纯数学观点来解释几何中的点、直线和曲线。

在这个方向迈出的第一步归功于笛卡儿的创新——笛卡儿坐标系（见第 31 篇）。在笛卡儿坐标系中，每一个点与一个数对一一对应，数对就是点的坐标，例如 (1,2)。类似地，直线从"没有宽度的无限长"变为方程，例如 $y=x$。几何概念转化成数间的代数关系。各种关于初等几何的常识性断言变得能够被证明或者被推翻，其中能够被证明的定理之一便是介值定理，它阐述的是连接两点的曲线必须穿过这两点的中线。

函数与连续性

介值定理是关于曲线的一个定理。事实上，它对任意曲线都成立。在笛卡儿坐标系下，点是由数对表示的，那曲线呢？

正是莱昂哈德·欧拉引进了当今使用的标准术语。曲线可由函数表示，函数在本质上就是一种输入一个数，输出另一个数的法则。一个曲线可以认为是函数图像。水平位置（就是第一个坐标值）代表输入，竖直位置（第二个坐标值）则代表输出。但不是每一个函数都能产生一个合理的曲线，一个不规则函数的图像可能出现各种方式的"跳跃"和不完整。为了保证函数图像是一条曲线而不是乱七八糟的图像，函数图像必须从一个点"流向"另一个点。这意味着输入（自变量）做小的变动，输出（函数值）也应相应地做变动。满足这个规则的函数称为连续的函数。

问题在于有理数自身是"千疮百孔"的，这个函数值为 0 的点出现于无理数的点上。对一个更大数系的需求迫在眉睫，这个数系应并入了所有的无理数，是完整的、没有漏洞的。

介值定理

利用数和函数的语言，介值定理最终可以表示成精准的数学语言，代价就是与原始版本相比，介值定理现在看起来不是那么显而易见。事实上，最初人们认为介值定理根本不正确。如果以有理数（分数）作为基础数系，容易构造出这样的一个函数：当输入（自变量）取 1 时，输出值（函数值）小于 0；当输入取值为 2 时，输出值大于 0。如 $f(x)=x^2-2$，但没有处于 1～2 的有理数使得函数值为 0。问题在于有理数自身是"千疮百孔"的，这个函数值为 0 的点出现于无理数的点上（见第 6 篇）。对一个更大数系的需求迫在眉睫，这个数系应并入了所有的无理数，是完整的、没有漏洞的。

构造一个数系使得介值定理在这个数系上成立所付出的努力导致了实数的出现。1817 年，伯纳德·波尔查诺意识到实数允许他最终证明介值定理。这是实数分析中第一个伟大的定理，这一定理合并了几何和数论的概念。

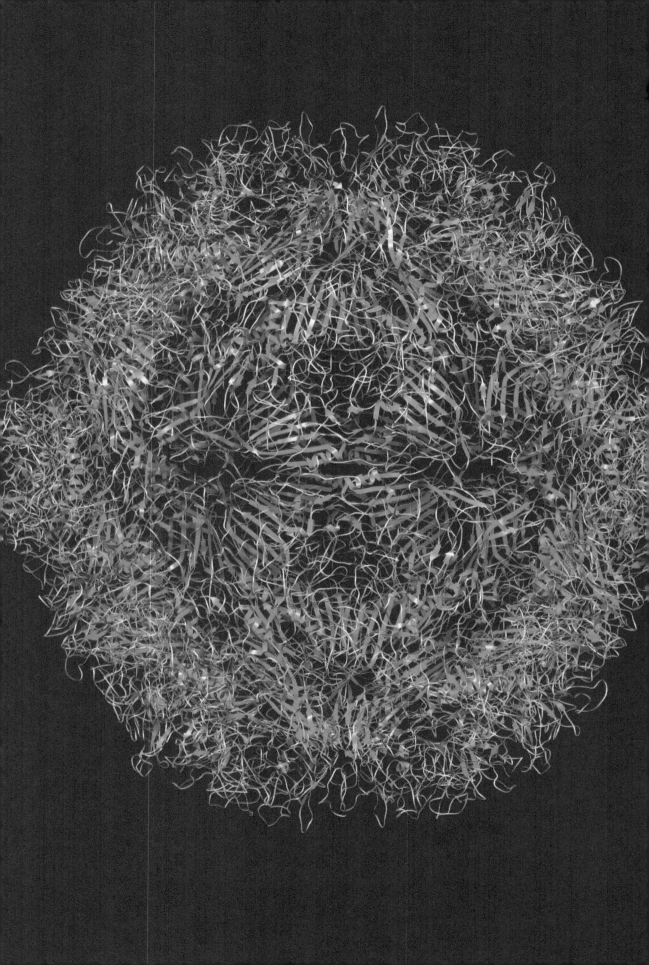

五次方程

突破：尼尔斯·阿贝尔利用由埃瓦里斯特·伽罗瓦发展的抽象对称的新理论，证明了不存在求解五次方程的简单运算步骤。

奠基者：尼尔斯·阿贝尔（1802 年—1829 年）、埃瓦里斯特·伽罗瓦（1811 年—1832 年）、保罗·鲁菲尼（1765 年—1822 年）。

影响：阿贝尔和伽罗瓦通过建立抽象的群论革新了代数理论。

人类首先掌握的数学知识是记数，之后进一步研究更为复杂的数学，开始解方程。解方程在当今数学中仍旧占据重要的地位。求解更复杂的方程已经变成数学发展的一个主要的推动力，在这个过程中没有什么工作比阿贝尔和伽罗瓦对五次方程的贡献更具有革命性。

求解一个方程，意味着从一些关于未知数（通常记为 x）所涉及的信息中找出它的取值。比如，一个矩形场地的总面积是 800 平方米，长是宽的 2 倍，那么宽是多少?

复杂方程

在 16 世纪的意大利，数学家们尽最大的努力去解决两类困难的方程——三次方程和四次方程。三次方程是指方程中未知数的最高次幂是 3，即包含 x^3 的项，四次方程是指包含未知数的最高次幂为 4 的方程，即包含 x^4 项。这一时期是数学高速发展的一个时期。在卡尔达诺的著作《大术》中，他列出来一套完整的流程，运用它就可以求解任意的三次或四次方程（见第 24 篇）。

左图：计算机模拟人类细小病毒，正如许多其他病毒，其"外壳"具有二十面体对称性，这与五次方程的对称性密切相关。

很显然，数学家面临的下一个挑战是求解包含 x^5 项的五次方程。但是当时几乎没有数学家认识到，五次方程背后隐含着更深刻的数学原理。不管怎样，大家都明白求解五次方程不是儿戏。三次方程的求根公式已经很复杂了，四次方程的求根公式更是难懂。毫无疑问，五次方程的情况更复杂，需要顶尖数学家坚持不懈地努力去破解它。莱昂哈德·欧拉曾经试图寻找一个求解任意的五次方程的普适方法，然而最终没有任何结果。18世纪中期，欧拉沮丧地说："所有试图去求解五次方程及更高阶方程的人一直没有成功，它带来的是痛楚，因此我们对于最高次幂超过 4 的方程不能给出一般的求解根的方法。"

不可解方程

这种不能令人满意的状况一直持续到 1820 年，至于欧拉没有找到五次方程的求根公式的原因是五次方程本身就没有求根公式。二次和三次方程的求根公式包含了加、减、乘、除和开方这些初等的运算法则，最后一个开方是降低幂指数。正如 3 的平方是 9 即 $3^2=9$，因此，3 是 9 的平方根，记作 $3=\sqrt{9}$。所有的幂指数都有与其对应的方根，正如 2 的 3 次方是 8，所以 8 的立方根是 2，记作 $2=\sqrt[3]{8}$，求解这些方程需要涉及开方，这并不惊奇。

比如把一个正方形旋转 90°，虽然每条边都互换了，但它的形状整体上是不变的。

尼尔斯·阿贝尔发现不存在只涉及初等运算法则的五次方程的求根公式。意大利的保罗·鲁菲尼早在 20 年前就得到了相同的结论，他曾经向数学家们展示了他的一篇共 500 页的论文，但是，经过仔细检查，数学家们发现鲁菲尼的论文中有一个致命的缺陷。此外，阿贝尔的一篇短短 6 页的论文引起了他们的注意，这篇论文严格、完整、铿锵有力、令人信服。阿贝尔－鲁菲尼定理说明，一般的五次方程不能只用四则运算和开方运算去求解。他的定理并没有说明五次方程为什么没有解。在此几年前，卡尔·弗里德里希·高斯所证明的代数学基本定理证明了任意次方程都有与其次幂相同个数的根（见第 40 篇）。困难在于怎么找到这些根。

群论的诞生

为什么二次、三次、四次方程都有求根公式，而五次及其以上的方程没有呢？遗憾的是，阿贝尔生活贫困，疾病缠身的他还没有完成对这些问题的研究就去世了，年仅26岁。

埃瓦里斯特·伽罗瓦是另一个研究这个问题的人。伽罗瓦是一位天才数学家，他奠定了群论的基础，群论改变了20世纪整个代数学的"面貌"。

伽罗瓦意识到了一个非凡的事实——方程具有某种对称性，类似于正方形，比如把一个正方形旋转90°，虽然每条边都互换了，但它的形状整体上是不变的。方程的解同样可以互换，但是它所有的解是整体不变的。伽罗瓦观察到了这些方程具有对称性，系统化地阐释了为何五次以上的方程式没有公式解，而四次及以下有公式解。伽罗瓦使用群论的想法讨论方程的可解性，这整套想法现在被称为"伽罗瓦理论"，理论说明一个方程仅当它的对称群"可解"时才有公式解。而五次方程的对称群"不可解"。群的可解与不可解问题将是接下来几十年中代数的中心问题，但是，像阿贝尔一样，英年早逝的伽罗瓦没有见证他所发起的数学革命。

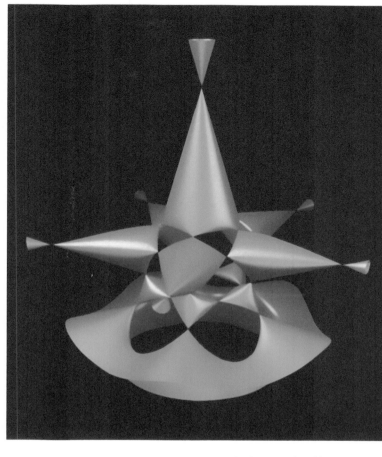

上图：这个像托钵僧的图形是一个五次多项式曲面，通过一个度为5的代数方程描述二维曲面。这个像托钵僧的图形在31个不同的位置穿过自身，这个穿过自身的次数在五次多项式曲面中是最多的。

44 纳维－斯托克斯方程

突破：纳维和斯托克斯推导出了描述流体力学运动的基本方程。

奠基者：克劳德·路易·纳维（1785 年—1836 年）、乔治·斯托克斯（1819 年—1903 年）。

影响：纳维－斯托克斯方程在近代流体力学研究中占有重要的地位。至今这个学科中最大的问题是这个方程是否具有整体解。

17 世纪的科技革命，伽利略·伽利莱、艾萨克·牛顿和约翰内斯·开普勒确立了力学的基本原理，即固体间相互作用所遵从的规律。然而，气体和流体的运动规律是什么呢？苹果从树上竖直落在地上，而人们拔掉喷头时会观察到水流的运动是相当复杂的。水流的运动可由重要的、难以理解的纳维－斯托克斯方程所描述。

流体不能被忽略，流体环绕着我们，从吹遍全球的风到流淌在我们静脉里的血液，然而它们却非常难以描述。

流体力学的诞生

第一个开展严谨的有关数学流体力学研究的人是莱昂哈德·欧拉，大约在 1757 年。牛顿固体力学中的一个众所周知的基本原理是动量守恒，当两个或多个物体以及粒子碰撞时，系统的总动量保持不变（所有物体的速度与其质量乘积的总和表示系统的总动量）。欧拉的方法是观察单个粒子变得越来越小，它们的总数越来越多时对动量守恒定律的影响。这个过程的极限被称为"理想流体"。

为了描述理想流体，欧拉不得不把牛顿和莱布尼茨所发明的微积分提

左图：夏威夷火山国家公园中流动的熔岩。熔岩的黏性非常大，是水的 100 000 倍，但是两者的运动规律都可以由纳维－斯托克斯方程精确地描述。

纳维－斯托克斯方程　173

上图：纹影照相技术显示了早期设计的航天飞机在跨声速风洞测试期间，其周围空气的流动。空气动力学依赖于流体运动的数学研究。

升到一个新的技术层面。他需要描述一个在三维空间的、在各个方向都会有变化，同时会随时间变化的系统。他由此得到的方程组是应用数学的一座里程碑——一次微积分学的成功展示。欧拉的这组方程的一个致命缺陷是它并不能精确地描述现实世界中任意流体的运动。

稠性与黏性

类似于油和糖浆的液体是有黏性的，这意味着流体运动时，其内部存在摩擦力，它会明显地减慢流体运动的速度。在术语中，黏性流体是稠的。虽然莱昂哈德·欧拉富有卓越的才华，但是他并没有考虑到流体的黏性。其实即使是水也有一定的黏性（这就是为什么我们能在其中游泳）。这个遗漏导致欧拉的方程对于现实流体运动的分析是无用的。

19世纪两个理论学家独立地攻克了欧拉方程应用到黏性流体的难题。法国的纳维以工程师的身份开始了他的职业生涯，他精于修建道路、铁路，特别是桥梁，修筑桥梁的出色表现为他赢得了荣誉。作为修筑桥梁的好手，他得到一份在塞纳河上建立悬索桥的合同，但是当局者不满意工程花费，在桥梁完工之前就拆除了它。纳维对工程基础的物理学感兴趣，在1822年，结合流体黏性的一种新的表示方式，他推导出了欧拉方程的改进版本。遗憾的是，他的数学推论并不怎么严谨。

20年后，斯托克斯提出新方程的准确推导过程，这个方程把牛顿定律的应用发挥到了极限。出生于爱尔兰的斯托克斯同样是铁路和桥梁专家，在几次铁路事故之后，他成为英国政府的一个技术顾问。他也在光学和光的偏振领域取得了令人瞩目的成就，是一位杰出的科学家。但是他最伟大的工作成果是流体动力学方程，他的有关黏性流体力学的结论恰好与纳维的是一致的。

纳维－斯托克斯方程

纳维－斯托克斯的工作成果是流体力学的一座里程碑。在 20 世纪，随着流体力学的发展，它与科学技术的无数个领域交叉结合，从飞机的机翼绕流到穿越海洋的鲸的歌声。这个学科的理论核心是纳维－斯托克斯方程，它提供了对于所有流体运动必须遵从的规律的完整描述。然而，令人惊讶的是，到目前为止，对于纳维－斯托克斯方程，没有人能够找到一个令人满意的数学解。虽然所有流体运动都应该满足这些规律，对于能够描述的所有流体，数学家们都遭受着同样的挫折——在某个点，流体破碎。数学的发展到达一个不能再描述一个物理现象的地步，无论是速度失控、无限紧漩涡形成，还是其他方程中不可能发生的现象。

在 20 世纪，随着流体力学的发展，它与科学技术的无数个领域交叉结合，从飞机的机翼绕流到穿越海洋的鲸的歌声。

至今已经一个多世纪，流体力学中最大的问题就是求解纳维－斯托克斯方程，因为它意味着找到完美光滑的流体似乎是可行的。当然它必须是黏性的，能满足纳维－斯托克斯方程。然而，也可能不存在这样的解，这是令人惊讶的启示，大量的计算机数学建模表明纳维－斯托克斯方程对于现实的模拟是非常完美的。然而，也有可能不存在方程的解。在 2000 年，克雷数学研究所提出了 7 个千禧年问题，任何人成功完成其问题之一都能赚得由他们提供的 100 万美元。纳维－斯托克斯方程就是千禧年问题之一。

45 曲率

突破：有几种方法可用来度量一个曲面的弯曲程度。高斯－博内定理表明，一个面的整体曲率是一个固定的数，即使这个面的形状发生了改变。

奠基者：卡尔·弗里德里希·高斯（1777年—1855年）、皮埃尔·博内（1819年—1892年）。

影响：曲率分析对现代物理，如爱因斯坦的广义相对论理论很重要。

　　自欧几里得以来，好几代几何学家已经对平面几何进行了研究，这是以平面上的直线和圆作为开始的几何。曲面几何是一个描述起来更为棘手的几何，可是为了方便物理学家应用，数学家需要理解并掌握曲线的弯曲程度。这个方向最重要的突破是由19世纪早期的卡尔·弗里德里希·高斯做出的。

　　站在一个球面上，不管从哪个方向看它，曲面都以相同的形式面向观察者。可是在某些方向，马鞍面逐渐滑离观察者，但在其余方向它又向观察者弯曲。更为不同的是圆柱，它是绕中心弯曲的，而沿它的长度方向观察，它又是完全平的。对于几何学家的挑战就是搞明白这些变化的意义。

高斯曲率

　　我们需要的是能确定曲面种类和弯曲程度的一种方法。微积分（见第32篇）的出现为几何学提供了必要的工具。但是，起初人们认为，微积分只适用于处理曲线问题而不适用于处理曲面问题。微积分可以赋予一条线一个数来准确描述这条线在某一点的倾斜程度，但是微积分能提供某种方法来度量二维曲面的曲率吗？这个答案是由数学史上最伟大的人物之一——卡尔·弗里德里希·高斯得出的。

左图： 日本土岐市一处大型螺旋装置的管道，其内是强大磁场约束的高温等离子体，它们被用来进行核聚变研究。

上图: 位于堪培拉澳大利亚国家美术馆处的亨利·摩尔的作品——山的拱形。各种不同曲率的表面一直都是雕塑家和建筑师以及数学家所感兴趣的。

高斯是一个神童,在他的 20 岁生日之前,他已经做出几个重要的发现,其中包括关于素数(见第 11 篇)的一个高深定理和在一个古老问题即尺规作图(见第 47 篇)上的一个重要突破。他对曲面的兴趣是在他人生的较晚阶段出现的。高斯把面想象成是由曲线构成的,通过在曲面上取一个点,并分析通过此点的所有曲线,高斯提出能够用一个数来度量曲面在这一点处的曲率。高斯曲率在像球面这样的图形上是一个正数。球面上所有的曲线都以相同的曲率弯向球心,但在马鞍面上的点,高斯曲率却是负的。在一个圆柱面上,高斯曲率是零,与平面的高斯曲率一样。事实上零曲率面正是能展平的面。

高斯－博内定理

一个球面是一致的,每个点的弯曲程度都是一样的。在许多情况下,球面都是一个特殊的对称图形。在大部分曲面上,各点的曲率都不相同。对弯曲程度的多样性似乎没有一个限制,可能在一些点上曲面是很陡的,而在其余点上曲面完全是平的。世界中充满了曲面,从茶壶、灯泡到亨利·摩尔的雕塑。亨利·摩尔的雕塑的曲率在各点处差异巨大。用专业术语来说,数学家认为曲率是一个局部现象,它描述了一个图形的一小片区域的性质,而对整体结构什么都不能体现。

与几何相对,拓扑(见第 52 篇)只考虑图形的整体性质。对于一个拓扑学家来说,重要的是图形的整体结构而不是每一小块区域的细节。拓扑学家认为,如果在不剪切、粘连的前提下,一个图形可以通过形变成为另一个,那么两种图形从根本上是相同的。当然,在这个形变的过程中可以改变在每点处的曲率。曲率和拓扑似乎是两个完全独立不相干的概念。可是在两种对立的分析图形的方法之间,高斯发现了两者之间的内蕴关系。

虽然曲率是局部定义的，但是高斯发现了一种对整个曲面上各点的曲率进行平均的方法。又一次，使用的工具来自微积分，这次这一学科被称为"定积分"（见第 12 篇）。沿整个面对曲率进行积分可以得到一个数，这个数可以在某一方面描述图形。但是这个数实际上代表什么呢？

对整个图形进行曲率积分意味着找到了整体曲率。准确地说，高斯发现这个数比在任意一个点处的曲率要稳定得多，特别是这个数不受拓扑形变的影响，即使曲面变化了，各点的曲率也在振荡变化，但代表整体曲率的高斯数仍旧不变。

高斯注意到这个数与来自拓扑的熟悉对象——欧拉示性数关系密切。欧拉示性数来自欧拉的多面体公式（见第 38 篇）。这个数只与面上的洞的个数和类型有关，高斯发现沿整个面的曲率积分正好等于 2π 乘这个图形的欧拉示性数。

世界中充满了曲面，从茶壶、灯泡到亨利·摩尔的雕塑。亨利·摩尔的雕塑的曲率在各点处差异巨大。

事实上高斯没有发表这一重要结果，直到后来被皮埃尔·博内重新发现和推广人们才得以知晓。高斯－博内定理在现代几何和物理学中起着奠基性的重要作用。理解曲率已经变得特别重要，因为在广义相对论中，重力被理解为时空的曲率。高斯－博内定理以其在高维空间中的推论对这一理论的理解起着重要作用。

46 双曲几何

突破：一个崭新的几何形式，把对欧几里得平行公理的数世纪的研究推向了顶峰。

奠基者：卡尔·弗里德里希·高斯（1777年—1855年）、尼古拉·伊万诺维奇·罗巴切夫斯基（1792年—1856年）。

影响：这一发现激起了对几何基本概念的彻底"检修"，现在双曲几何在数学和物理学中起着关键作用，尤其是在相对论中。

欧几里得的《几何原本》是几何学中的一座里程碑，并作为该学科的标准教科书长达2000年之久。但是即使是这样，它也没有包含对平面初等几何的完全定义性描述，仍有不完善的地方。位于《几何原本》正中心的那道难题，即平行公理的问题多年来一直困扰着大量的数学家的平行公理问题最终被3个19世纪的数学家同时解决。这一问题的解决是几何历史上的一场变革，与欧几里得的工作一样重要。

平行公里这一基本定理支撑着欧几里得几何体系。《几何原本》能成为史无前例的著作，正是因为欧几里得一开始就明确地列出了这5条公理，并将其作为起点，然后由这些公理出发，一步一步地建立起他的理论体系。

作为宏伟的知识殿堂的基石，这5条公理称为"欧几里得公理"。前4条公理没有一条是复杂的。它们分别规范了平面上（一张非常大的、平的纸上）直线、圆以及角等如今众所周知的特征。第一条公理是说任取两点有且仅有一条直线通过这两点。第二条的内容是任意一条直线都可以无限延伸。

第3条公理是给定任意线段，可以用一个端点为圆心，该线段为半径作一个圆。第4条公理是所有直角都相等。

左图： 在巴哈马的安德罗斯岛拍摄的珊瑚照片。很多珊瑚的表面都是双曲的而不是欧几里得平面。表面的负曲率造成了珊瑚特殊的皱纹和脊。

欧几里得的平行公理

在欧几里得的 5 条公理中，平行公理是第五条，也是争议最大的一条。当欧几里得第一次写下它时，这一争议就开始了。它显然比其他 4 条有更多的文字，但不够基础。不久后，欧几里得进行了一个逻辑等价的且更简洁的叙述：过直线外一点，有且仅有一条直线与该直线平行（如果两条直线无限延伸而不相交，则这两条直线是相互平行的）。这样表述，平行公理似乎已经足够合理，可是这一公理在接下来的 2000 多年仍是富有争议的。

欧几里得几何中的平面是平的，而双曲几何中的"平面"是弯曲的。事实上，双曲平面具有一个负的曲率。

这一公理不像其他 4 条公理那么基础，它似乎是一个命题。平行公理真的是必需的吗？或者它实际上是多余的，但可由前 4 条公理通过逻辑推出？在欧几里得过世 400 年后，天文学家托勒密写道："他找到了平行公理的一个证明，即可以由其他 4 条公理逻辑推出。"如果托勒密的证明是正确的，平行公理将从欧几里得的著作的公理中移除，而变成欧几里得几何中的一个定理。但是托勒密的证明是不正确的，后来试图证明这一结论的所有尝试也都是错误的。多年来，形形色色的人进行了这一尝试，包括 11 世纪的波斯诗人欧玛尔•海亚姆，13 世纪波兰的哲学家威特罗，19 世纪数论专家阿德里安•马里•勒让德。所有这些证明的尝试都是失败的，通常他们会在证明中不小心引入另一个隐含的假设，而这个假设经过认真审视，可看作是与平行公理逻辑等价的，这种隐含假设的一个例子是平行线之间总是等距离的。

分水岭

直到 19 世纪中期，平行公理的身份才最终得以确立，同时发现了一门全新形式的几何——后来称为双曲几何。在双曲几何中，欧几里得的前 4 条公理仍旧成立，但是平行公理不成立。这明确确立了平行公理与前 4 条公理是逻辑独立的。这一转折是由卡尔•弗里德里希•高斯和尼古拉•伊万诺维奇•罗巴切夫斯基分别独立进行的。在双曲平面上，平行公理是不成立的：给定一条直线，以及直线外一点，通过这一点可以画许多条直线与已知直线平行。

弯曲的空间

伯恩哈德·黎曼对这一新形式的几何有充分的理解。黎曼是高斯的学生，他认为重新评估几何基础的时机已经成熟。黎曼注意到可用曲率来很好地刻画欧几里得几何和双曲几何的区别。欧几里得几何中的平面是平的，而双曲几何中的"平面"是弯曲的。事实上，双曲平面具有一个负的曲率。在双曲几何中，三角形三内角之和小于180°。在欧几里得平面上任意三角形的三内角之和正好等于180°。这是一个著名的事实，在《几何原本》中已证明，而且每代学生都熟记于心。

也有曲率为正的面，最重要的一个例子是球面。在球面上，三角形三内角之和大于180°，可是球面是一个有限图形，所以不满足欧几里得的第二条公理，球对每条直线的长度有一个限制。欧几里得公理太严格，不能用来处理这种新的几何中的推理（在这种情况下，指地球的赤道）。所以，最终欧几里得的几何时代结束了，取而代之的是黎曼几何。在20世纪，黎曼和双曲几何继续在"理解物质世界"中担任着重要角色，尤其是在爱因斯坦的相对论中。

上图：双曲几何的发现在最近的150年为数不胜数的艺术家提供了灵感。

规矩数

突破：皮埃尔·旺策尔将关于尺规作图的古老几何问题转化为纯代数问题。

奠基者：皮埃尔·旺策尔（1814 年—1848 年）。

影响：皮埃尔·旺策尔的工作基本上为尺规作图问题画上了圆满的句号，包括"化圆为方"的大难题。

一条通往数学名誉的康庄大道是解决公开了数世纪的数学问题，这些问题难倒了前代最伟大的人物。在 1837 年，皮埃尔·旺策尔的有关规矩数的超有价值的分析，足够来解决这个学科中最有名的问题，即与尺规作图有关的问题。

正如数学史上很多其他问题一样，尺规作图问题也起源于古希腊帝国，那个时期的几何学家不仅对在理论上探究图形有兴趣，也对如何实际构造出它们感兴趣。最初，这是为了满足艺术和建筑的需要，但是不久后就变成单纯地是为了解决这一挑战性的问题。随着时间的流逝，数学家们逐渐认识到他们在尺规作图上遇到的这些挫折引发了大量的数学领悟，这在"化圆为方"的古老难题上体现得再正确不过了，在对 π 的探究中揭示了大量的数学理论。

经典问题

希腊几何学家决定根据一些简单准则来建立图形，只用最简单的工具——一把直尺和一副圆规。这把直尺没有刻度，所以只能用来画直线，不能用来测量长度（因此这种作图有时被称作直尺和圆规作图）；这副圆规被用来画圆，但是只能拉开成一个之前已经构造好的长度。今天的学生仍在学习如何用这些工具来平分线段或平分角，这是两个最初的尺规作图。用一个比较复杂的尺规作图方法可以将线段三等分，即分成相等的三段。

左图：日本的折纸艺术中隐藏着数学。正如经典的尺规作图问题产生规矩数。所有可由折纸生成的数称为"折纸数"。事实证明，每一个规矩数都是折纸数，而折纸数不一定是规矩数。

上图:《牛顿》由
威廉·布莱克在
1795年绘制。牛顿
正专注地用直尺和
圆规作图。尺规作
图被认为是当时最
有名的数学问题。

可是，怎么三等分一个角呢？数学家发现了各种各样的近似分法，这些分法满足几乎所有实际问题中三等分角的需求，但是，无人能找到一个真正精确地三等分角的方法。这个现象成了一个谜，首次暗示了这个问题很有深度。但是，如果一项任务可由尺规作图完成，而另一个不能，这意味着什么呢？

最有名的尺规作图问题是"化圆为方"，这也是最出名的数学问题之一。该问题的表述是，给定一个圆，能否用直尺和圆规作出一个正方形，其面积与圆相同？其中的关键就是数字 π（见第 12 篇），此问题最后简化为：给定单位线长，能否用直尺和圆规作出长度为 π 的线段？

另一个经典问题是"倍立方体问题"。这一问题起源于大约公元前 430 年的一个传说。为了战胜一场可怕的瘟疫，提洛岛的居民在阿波罗神殿寻求帮助。他们得到的一个指示是建一个新的祭坛，体积正好是原祭坛的 2 倍。起初，他们认为这应该很简单，通过增长每条边就可以做到，但实际上这样做将使祭坛的体积增加到原来的 8 倍（因为这是能嵌入新立方体的原有立方体的数目）。建造一个体积是原祭坛体积 2 倍的祭坛，边长需要增加到原祭坛边长的 $\sqrt[3]{2}$ 倍（这是 2 的立方根，就像 2 本身是 8 的立方根一样）。

因此"倍立方体问题"可以简化为：已知一条长度为一个单位长的线段，可以准确绘制长度恰好为$\sqrt[3]{2}$单位长的线段吗？

旺策尔的解构

在 19 世纪早期动荡的法国背景下，皮埃尔·旺策尔对这些古老问题进行了反复思考。他注意到很多尺规作图问题的形式是一样的，实质都是给定一个单位长的线段，其他哪些长度的线段可以通过尺规作图得到？哪些又不能？如果一条长度为 X 的线段可以通过尺规作图得出，则认为 X 是一个规矩数。不理会这些问题的几何来源，他致力于研究可作图的代数。一些结论是很明显的，比如若 a、b 可作图，则 $a+b$、$a-b$、$a \times b$ 和 $a \div b$ 都是可作图的。但是这些运算并不能涵盖所有规矩数。旺策尔注意到平方根也是可以作图的，如 $\sqrt{a}$。

在 1837 年，旺策尔的伟大胜利来临了，他证明了能用尺规作图的所有数都可归结为加、减、乘、除和平方根的某一种组合。因为 $\sqrt[3]{2}$ 是立方根，不能通过这些代数运算得到，倍立方问题也是不可能解决的。类似的思想揭示了三等分角的不可能性。

在 1837 年，旺策尔的伟大胜利来临了，他证明了能用尺规作图的所有数都可归结为加、减、乘、除和平方根的某一种组合。

所有尺规作图问题中最伟大的问题——"化圆为方"，直到 1882 年才落实下来，当费迪南德·冯·林德曼证明了 π 是一个超越数（见第 48 篇）后，旺策尔的工作就暗示了 π 的不可作图性，"化圆为方"也最终被证明为不可能。

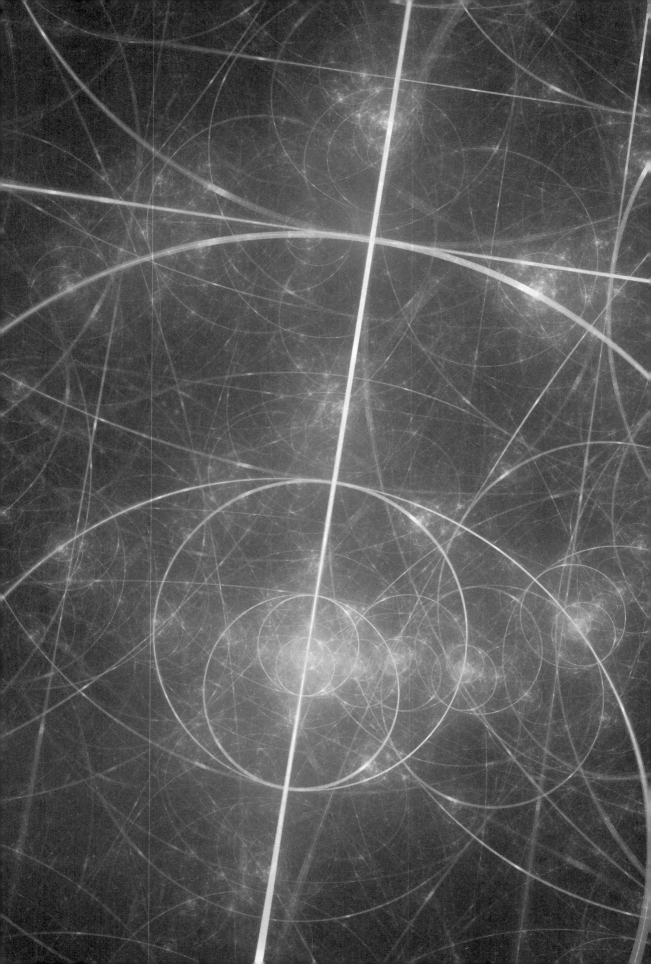

48　超越数

突破：超越数是不能通过对整数的加、减、乘、除等运算得到的数。第一个超越数是由刘维尔在 1844 年发现的。

奠基者: 约瑟夫·刘维尔（1809 年—1882 年）、夏尔·埃尔米特（1822 年—1901 年）、格奥尔格·康托尔（1845 年—1918 年）。

影响：超越数是一个重要的话题，可今天仍未得到数论学家们的充分理解。

在毕达哥拉斯时代甚至更早，数学家们就已经知道了无理数。无理数是不能写成整数之比的数。在 1844 年，约瑟夫·刘维尔发现了一种全新的数，这种数甚至很难具体表示出来，甚至它们完全不在整数所能表示的数的范围内。刘维尔发现的这种数不仅是无理的还是超越的。随着时间的流逝，对超越数的研究将会改变我们对数学的态度。

人们发现的第一个无理数是 $\sqrt{2}$。喜帕索斯发现，不可能把无理数写成 $\frac{a}{b}$ 这样的形式（其中 a 和 b 都是整数）。可是，无理数可以轻而易举地用整数来描述。根据平方根的定义可知，$\sqrt{2}$ 就是乘自身等于 2 的数。虽然 $\sqrt{2}$ 是无理数，但它实际上相当接近整数——只有一步（乘法）之遥。

从毕达哥拉斯学派建立以来，数系经历了几次扩充，现在一般以复数域作为讨论数学问题的数字取值范围，以 i 为虚数的单位。i 看似离我们熟悉的整数"很遥远"，事实上，i 只需一步运算就可以"到达"整数。因为 i 被定义为 -1 的平方根 $\sqrt{-1}$，所以类似于 $\sqrt{2}$，它只需乘自身，i 就可以"回到"整数世界：$i \times i = -1$。

刘维尔超越数

在 1844 年，法国数学家约瑟夫·刘维尔找到一种全新类型的数，这种数公然"对抗"数的任何简单描述。几年后，刘维尔明确构造出一个这样的数，即一个小数位一个小数位地给出：0.110001000000000000000000100…（其构造形式是这样的：在小数位 1、2×1=2、3×2×1=6、4×3×2×1=24 等的位置上是 1，其他小数位的位置上都是 0）。这似乎是一个精致的构造形式，但是刘维尔证明了关于这个数，以及其他类似形式的数的一些令人不安的性质。刘维尔构造的数不能用整数只通过普通的代数运算（加、减、乘和除）来表示。$\sqrt{2}$ 和 i 离整数只有一步之遥，而刘维尔的数却离整数有"十万八千里"。通过任意多的加、减、乘或除运算都不能把这些数带回到整数。刘维尔发现了第一个超越数。

超越数 e 和 π

刘维尔发现的超越数令人困惑。这些数是怎么回事，意味着什么？也许它仅仅是因为好奇心而被构造出来的。毕竟，刘维尔构造的数根本不是那种你可以期望它能遁入科学探究的常规道路的对象。问题是，有没有自然产生的超越数的例子呢？或刘维尔的发现仅仅是数字中的"怪胎"？

在刘维尔的发现之后，超越理论突然居于数学的核心地位。

这个问题在 1873 年得到了圆满的解决，因为这一年夏尔·埃尔米特证明了数 e 是超越的。在刘维尔的发现之后，超越理论突然居于数学的核心地位。1882 年，费尔南德·冯·林德曼追随夏尔·埃尔米特的脚步用他的方法证明了更有名的数 π 也是超越数。这一突破足以解决数学中最古老的难题之一——"化圆为方"（见第 47 篇），刘维尔的理论最终证实了这种尺规作图是不可能的。

康托和记数超越数

1874 年，伴随着格奥尔格·康托尔的工作，令人震惊的问题问世了。这个举世闻名的定理表明"无穷"也有不同的层级，一些无穷比另一些无穷大（见第 53 篇）。可是，令人震惊的是，康托尔证明了超越数记数的无穷实际上比计量我们熟悉的非超越数（代数数）的无穷要大。更确切地叙述这一结论就是，几乎所有的数都是超越的。

这一理论让很多数学家感到不安。代数数包括所有的整数和有理数，以及数学家们能考虑到的几乎所有数，除了埃尔米特和冯·林德曼的突破涉及的数 e 和 π。可是，康托尔证明了这些熟悉的代数数的总个数远远少于很难具体表示出来的超越数的总个数。康托尔的工作是一个彻底的"提醒"，数字领域有多大仍然是个谜。

上图：如果一条曲线和一条直线相交无穷多次，这条曲线就被称为是超越的。在这种朱利亚分形的背景下，对角线将与灯饰的外轮廓线在无穷多个点处相交。在超越曲线几何和超越数理论之间有相互作用。

超越数和指数

20 世纪早期，一个事实很快就清楚了：数 e 不仅是超越的，而且是整个超越现象的关键。超越数可由最简单的代数运算——加、减、乘和除所定义。超越数是"可进行代数运算但不能变为整数"的数。所以超越数进行常见运算的作用结果仍是超越数。但超越数在指数运算（幂运算）下将如何表现呢？

1900 年，大卫·希尔伯特在国际数学家大会上发表了有名的演讲，并提到了这个问题。希尔伯特提出的 23 个问题中的第 7 个是："一个非 0,1 的代数数的无理数的次方是否是超越数。"在 1934 年这个问题有了最初答案，盖尔方德和施奈德分别独立地给出了证明。在 20 世纪 60 年代末期，艾伦·贝克对这一结论做了重要的推广。根据他们的工作，我们现在知道像 $3^{\sqrt{2}}$、$3^{\sqrt{2}} \times 2^{\sqrt{3}}$ 这样的数是超越数。虽然有了这些研究成果，但是目前数学家仍然不能确定 e^e 和 $e + \pi$ 的身份。只知道在 $e \times \pi$ 和 $e + \pi$ 这两个数中，至少有一个是超越数，似乎所有这样的数都有可能是超越的。但是，即使是在科技发达的今天，超越数仍是一个棘手的难题。

多胞形

> 突破：施莱夫利将柏拉图体理论推广到更高维的空间，对多胞形进行了一个完全分类。
>
> 奠基者：路德维希·施莱夫利（1814 年—1895 年）、艾丽西亚·布尔·斯托特（1860 年—1940 年）。
>
> 影响：虽然起初仅仅是对纯理论的兴趣，但是多维几何现在应用于整个数学和物理学。

　　柏拉图体的分类是古代世界数学奇迹之一。19 世纪，路德维希·施莱夫利将这一分类应用到高维空间这一新背景上。

　　柏拉图体的分类描述的是"只有 5 种完全对称的三维图形"，这些图形都由平面和直线构成（见第 8 篇）。这一伟大定理本身就是基于二维空间向高维空间类推出来的。在二维空间中，有无穷多种正多边形：等边三角形、正方形、正五边形、正十六边形等。19 世纪后期，瑞士的几何学家路德维希·施莱夫利考虑了一个新的问题：如果将这一思路推广到四维空间，将会怎样呢？

探究四维

　　当然，施莱夫利遇到了"视野"的限制，虽然他有一个聪慧的头脑，可是，就像居住在三维空间的"居民"那样，他不能看见高一维的空间。然而，数学家们去探究这类问题是完全合理的，并且，施莱夫利配置了做此事的"装备"，在这些装备中，第一个是坐标的概念。自从笛卡儿为几何学引入了他著名的坐标系（见第 31 篇），图形与数就变得难舍难分。欧几里得平面上的二维几何可由数对来表示，如 (1,2)，表示平面上一个点的位置。类似地，三元数组 (1,2,3)，表示三维空间中一个点的位置。所以，用同样的方法，四维空间几何能被当作四元数组 (1,2,3,4) 研究。所有通常

左图：约翰·奥托·冯·施普雷克尔森设计了法国巴黎的拉德芳斯新凯旋门。新凯旋门外表像是一个四维的超立方体被投影到三维的空间中。

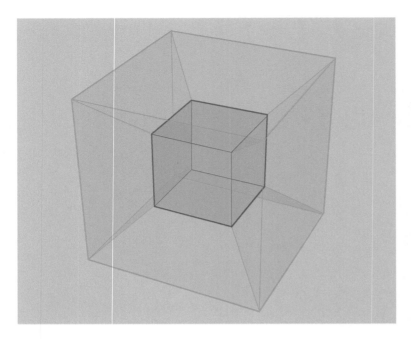

的几何概念，如角度、长度和体积等，都能轻松地推广到这个新空间。只有一件事不能直接带来，就是亲眼观看所发生的事件的能力。

柏拉图体是由二维多边形构成的。我们最熟悉的是立方体，由6个正方形折在一起构成。类似地，柏拉图体的四维构造——正多胞体，必是由柏拉图体构成的，例如超立方体，它是由8

上图：一个四维超立方体投影到二维平面上，正如普通的立方体它是由6个正方形构成的。超立方体由8个立方体折叠在一起构成，它们分别是在中心的1个，其周围的6个和外面的1个。

个立方体折叠成的，但是，有没有其他的例子呢？

3种柏拉图体相当容易推广到高维空间，就像超立方体是立方体的兄长，正四面体有一个四维相似物，称为"超正四体"（或4-单体），它是由5个正四面体在四维空间中粘在一起构成的。另一种得到这个4-单体的方法是，考虑3个彼此等距离长的点，其两两间的距离是相等的，可构成一个等边三角形。类似地，等距离的4个点可构成一个正四面体。同样地，等距离的5个点可构成一个4-单体。

正八面体也能相当容易地推广到四维空间，只需看它顶点的坐标。通过做这些，施莱夫利揭示了超八面体（也称为4-正体）。

剩下的这两个柏拉图体就是比较棘手的——正十二面体和正二十面体。可是，别出心裁的施莱夫利发现了它们的四维相似物。超十二面体是一个"巨大的野兽"，它通过把120个正十二面体折叠在一起而得到，而超二十面体则用600个正四面体构成。发现泰阿泰德的古几何体的四维版本是一个巨大的成就。但是，施莱夫利面临的巨大问题是，除了这些，是否还存在其他的四维正则图形——在三维空间中没有对应的图形。施莱夫利确实找到了一个——"正二十四胞体"，它由24个正八面体折叠构成。

柏拉图多胞体

施莱夫利最伟大的成就在于证明了除了这 6 个柏拉图体是正多胞形外，四维空间中没有其他的正多胞形。直到 1852 年，施莱夫利已经完成了四维空间相应理论。就像 2000 年前，泰阿泰德对三维空间所得到的理论那样。然后，施莱夫利把他的注意力转移到更高维的空间：五、六、七、八维空间等。在每一个空间中，很容易构造出正四面体、立方体和正八面体的相似物，它们的坐标结果跃然眼前。所以，每一个空间都有自己的单体、超立方体和正体。但是，其他形状则不能这么容易地满足这一形式——正十二面体、正二十面体（和它们的超级版本）和正二十四胞体。

施莱夫利知道，当他探索、研究越来越高维的空间时，他会发现这些类似几何体越来越多，柏拉图分类的陈述将变得越来越长、越来越困难。但是，这是施莱夫利最具洞察力的地方，他注意到在五维或更高维的空间中，"故事"变得比三维或四维的空间的情况更简单。没有反常的图形，没有正二十面体或正二十四胞体的类似物。从五维空间开始只有 3 种柏拉图体：单体、超立方体、正体。

所有通常的几何概念，如角度、长度和体积等，都能轻松地推广到高维新空间。只有一件事不能直接带来，就是亲眼观看所发生的事件的能力。

施莱夫利对高维空间几何的分析是人类推理的卓越成就之一，但是他的工作并没有得到应有的称赞。在 20 世纪早期，自学成才的数学奇才艾丽西亚·布尔·斯托特独自发现了施莱夫利的很多工作成果，包括四维空间中 6 种柏拉图多胞体的分类。她的研究引起了欧洲几个数学家的兴趣。直到今日，施莱夫利在多维几何中的开创性工作才得到公正的认可。

50 | 黎曼 zeta 函数

> **突破：** 黎曼发现了一种新的方法用来分析素数，即从复分析的角度进行分析。他最主要的贡献是发现了"黎曼 zeta 函数"。
>
> **奠基者：** 波恩哈德·黎曼（1826 年—1866 年）。
>
> **影响：** 黎曼假设为我们描绘了一个最佳素数分布情况。但是，证明黎曼假设至今仍是数学界最大的挑战之一。

　　数论的目标是理解整数 1、2、3、4、5、6，等等。古希腊人很早就知道所有的整数都可以分解成素数的乘积。许多年以来，数学家们也一直试图理解素数。1859 年，素数的研究取得了巨大的飞跃。

　　每一个整数显然都可以通过素数之积表示出来，例如非素数 6 等于 2×3。因为素数是数的最小组成部分，因此，理解素数就成了一个持久而进展缓慢的问题。许多最基本的问题至今都未能得到解决。其中一个最重要的问题是由波恩哈德·黎曼于 1859 年提出的。

素数个数

　　关于素数以及它们之间的间隙的大小有许多研究方向。其中，一个非常重要的问题是由卡尔·弗里德里希·高斯提出的：任意取一个数，例如 15 302 或 100 000，是否有一种快速的方法得出比它小的素数的个数。

　　从这一问题的答案中能够洞察素数在整数中是怎样分布的，但其困难在于素数的分布是很难揣摩和预测的。解决高斯提出的问题对于研究素数的随机分布是非常有意义的。

　　年仅 15 岁的高斯就表现出了惊人的数学洞察力，然而他对研究素数

左图： 通过克里斯·金的 RZViewer 项目看到的黎曼 zeta 函数。设定在复数平面上，并且每个点的颜色表示该点处的 zeta 值。

分布问题并没有太大的雄心壮志。他没有给出素数个数问题的精确答案，仅给了一个近似的答案。即如果你随便选取一个 1 到 1 000 000 的数，它恰好是一个素数的可能性是多大，这是有可能的还是几乎不可能的？高斯觉得一个人在集合 $\{1,2,3,\cdots,n\}$ 中随机选一个数恰好是素数的可能性大约是 $\frac{1}{\ln n}$（这里"$\ln n$"的意思是数 n 的自然对数，见第 26 篇）。事实上，比 1 000 000 小的素数有 78 498 个，而高斯给出的估计只有 72 382 个。

随着高斯对数学知识的积累，他对有关素数分布的估计也随之变得精确。他断言比 n 小的素数大约应该是 Li n。这里 Li n 表示整数 n 的自然对数的积分。这个新公式仍不能够精确地计算出素数的分布，但相关资料证实这一估计已经相当精确。例如，Li 1 000 000=78 628，只有一点点误差。然而高斯并没有给出一个能够使人信服的关于该估计的严格证明。

黎曼猜想

19 世纪，几何学家波恩哈德·黎曼作为高斯的学生，同样思考了这个问题。令同行惊讶的是，黎曼发表的一篇题为《论小于给定数值的素数个数》的文章，这篇论文不再是估计，而是精确地回答了他老师的问题。这篇论文的核心就是 zeta（这是黎曼自己选择的希腊字母 ζ）函数。这个函数的出现令人很惊讶，它囊括了有关素数分布的大量信息。通过 zeta 函数的幂，黎曼找到了一个明确计算小于任意给定数的素数个数的公式。

黎曼的突破在于，他把 zeta 函数应用在复数域中，他发明了一种新的、较复杂的技术使得它可以表示所有素数。

其实，zeta 函数并不是全新的。莱昂哈德·欧拉早已认识到它的部分作用。黎曼的突破在于，他把 zeta 函数应用在复数域中（见第 23 篇），他发明了一种新的、较复杂的技术使得它可以表示所有素数。

一个函数实际上是先输入一个数，然后输出一个数的"程序"。一旦明白 zeta 函数输入、输出的都是复数这一奥妙，那么在黎曼关于素数的公式中不难理解某些输入的数字导致输出为 0 的数的重要性。这些特别的数是黎曼公式的核心内容。但是为什么是这些特殊数字呢？这个问题非常容易提出，但答案并不明朗。比如，将 −2、−4、−6 等任意数字代入 zeta 函数，其对应的结果均是 0。但除此以外的其他数字代入 zeta 函数都不能保证输出结果为 0。黎曼的结论是：所有使得 zeta 函数输出为 0 的数都位于复平面的一条直线上（形式为 $\frac{1}{2} + iy$ 的复数，这里的 y 是任何实数）。后来，这条直线被称为"临界线"。

黎曼并没有给出这个猜想的证明，他仅指出这一结果是"很有可能的"。于是，其他关注黎曼 zeta 函数问题的数学家也都试图证明黎曼的这一猜想——zeta 函数的零点分布问题。然而，即便今日，仍有许多数学研究者在认真努力地想办法解决这一问题。

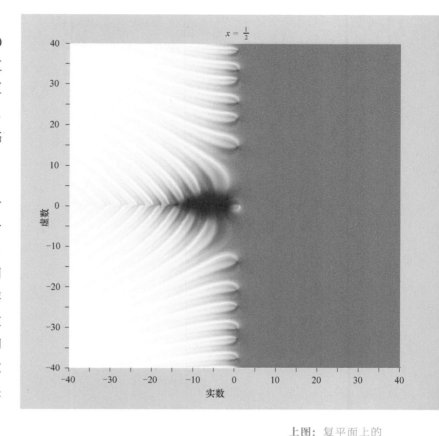

上图：复平面上的黎曼 zeta 函数。红色表示输入为实数，黑色的斑点表示函数的输出为 0。非平凡（非负数）的零点沿着临界线 $x = \frac{1}{2}$。

素数定理

当然，人们在这方面的研究还是取得了不少进展。1896 年，雅克·阿达马和夏尔·让证明了 zeta 函数的零点分布包含在临界线周围的一定区域内。这个突破使得他们证明了高斯关于素数个数猜测的正确性。但是，黎曼猜想虽然已经提出了超过 150 年，却仍然没有得到证明。由于黎曼猜想与素数的分布密切相关，因此它被广泛认为是数学中最重要的公开问题。

51

若尔当曲线定理

> 突破：每一个平面上的非自交环路（又称若尔当曲线），都会把平面分成一个"内部"区域和一个"外部"区域，且从一个区域到另一个区域的任何道路都必然在某处与环路相交。尽管这种说法看似简单，却很难证明。
>
> 奠基者：卡米尔·若尔当（1838 年—1922 年）、昂利·勒贝格（1875 年—1941 年）、L.E.J. 布劳威尔（1881 年—1966 年）、詹姆斯·韦德尔·亚历山大（1888 年—1971 年）。
>
> 影响：将若尔当曲线定理应用到更高的维度并不是那么简单的，这将导致很多奇怪的形状产生，其中就包括亚历山大带角球。

　　卡米尔·若尔当在 1887 年提出的这个定理似乎很不起眼。这个定理是：在一张纸上画出一个环路，这个环路会把页面分成两个区域—— 一个"内部"区域和一个"外部"区域，每个区域都自成一块。但在数学方面，当时对此并没有严谨和精确的认识。这是个难以证明的命题。更重要的是，当数学家将这一结果应用到更高的维度时，结果使他们更加震惊。

　　虽然卡米尔·若尔当的身份是工程师，但他在纯数学领域进行了几项重要的研究。他在早期研究群论（见第 96 篇）的数学家中是一个重要的角色，最出名的成就是提出了关于二维平面上环的定理。若尔当意识到这样一个看似显而易见的定理也需要证明，这展现了他的数学天赋。

连续性和拓扑

　　为了得到一个环的概念，若尔当需要知道怎样从点或线的序列中区分一条弯曲的线。在数学方面，连续性意味着没有跳跃或断点。此外，一个回路不能触及或越过其本身，而应最终回到它开始的地方，这听起来似乎

左图：法国沙特尔大教堂的地板上的迷宫。不像其他类型的迷宫，它包括一个单一的从一开始到中心的路径，使人们不可能迷路。若尔当曲线定理保证，这条路是拓扑系统的一个简单的直线或圆盘。

是一种合理的定义。但如今我们意识到环的概念要比看起来的复杂得多。

由于分形曲线的发现（见第 62 篇），数学家已经鉴定出了许多奇异和不自然的，却能满足连续性的形状。比如环可以是无限长的，或无穷摇摆的，这就意味着，无论我们怎样放大图形，都永远不会找到一条完美的平滑曲线（光滑性是比单纯的连续性更严格的条件）。

近年来，这个想法已经可以用拓扑学的方法进行表示：有两个形状，如果可以在没有切割或黏合的情况下，将其中一个变成另外一个的形状，那么我们可以说这两个形状是相同的。从这个角度来看，每个环都是一个圆，这个说法甚至包括尖角的形状，如三角形，或复杂的分形图案，如科赫雪花曲线等。

正如环是拓扑变形的圆，二维曲面只不过是变形后的球面。

但是，这些环或者拓扑圆的形状能有多怪异呢？是否还有一个意想不到的环，可以将一个平面分成多个区域，而不是只有两个？是否可能有一个不知何故竟不能分开平面的环？若尔当在 1887 年解决了这个问题——在进行了大量的研究工作之后，他给出了一个可靠的答案。

若尔当 – 布劳威尔分离定理

若尔当曲线定理表明，任何环都可以将二维空间分为两个区域。我们可以很容易地将其推广到三维空间，在空间自由浮动的环不能将空间分为两个区域，但将一维的环改为二维的曲面，就可以将周围的空间划分为"内部"和"外部"。正如环是拓扑变形的圆，二维曲面只不过是变形后的球面。

这正是把若尔当曲线定理推广到更高的维度的方法。1911 年，昂利·勒贝格和 L.E.J. 布劳威尔提出了分离定理：每一个二维的曲面都可以将周围的空间划分为"内部"和"外部"两个区域。事实上，分离定理可以推广到所有更高维度：任何 n-1 维曲面都会将 n 维空间分割成"内部"与"外部"两个区域。

亚历山大带角球

若尔当 – 布劳威尔分离定理表明，所有维度下的几何都与二维情况一

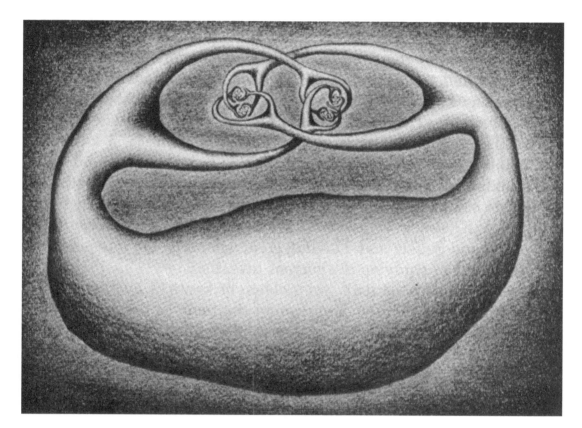

样符合常理。但经过仔细分析后却揭示了一个戏剧性的转折。1924 年，詹姆斯·韦德尔·亚历山大发现了一种从来没有人见过的非凡形状。在拓扑学的定义上这就是一个球面，可以不断地分割和细分成更小的角，更重要的是这些无限多的角交织在一起。

上图：亚历山大带角球，它可以将环境空间分为"内部"和"外部"两个区域，而无限分裂和缠绕角可以确保在拓扑学上，内部就像其他曲面分离的内部一样；但是它分离的外部，却不同于其他球面分割出的外部。

上述结果令人震惊，亚历山大带角球是一个拓扑球面，所以它可以将环境空间分为"内部"和"外部"两个区域。在拓扑学上，它的内部就像其他球面分离的内部一样，但是它分离的外部，比其他球面分割出的外部更复杂。

在拓扑学上，这个空间的复杂度可以用环来测量。在这些方面，一个普通球体的外部是最简单的一种空间，在这里任何环可以自由变身成任何其他形式的环。但是在角形球面，环可以表示为无限多的不同方式，这表明亚历山大带角球分离出的"外部"区域是一个极为复杂的空间。

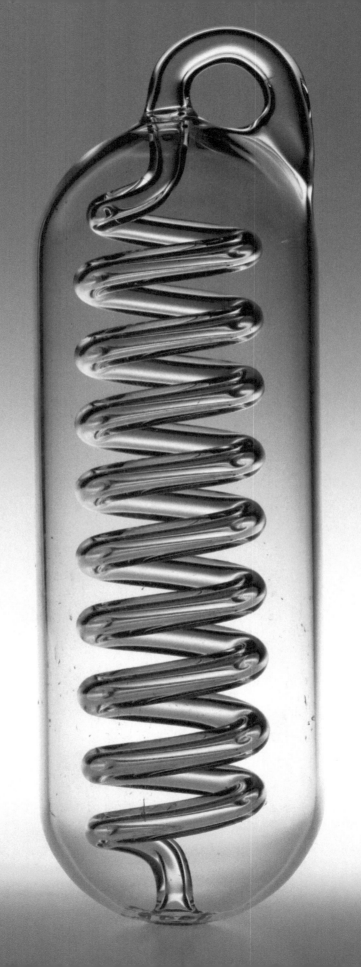

52

曲面的分类

> 突破：在拓扑学领域，瓦尔特·冯·戴克得出了一个完整的二维曲面的定义。
>
> 奠基者：约翰·利斯廷（1808 年—1882 年）、奥古斯特·费迪南德·莫比乌斯（1790 年—1868 年）、菲利克斯·克莱因（1849 年—1925 年）、瓦尔特·冯·戴克（1856 年—1934 年）。
>
> 影响：这种定义是拓扑学的一座里程碑，改变了 20 世纪数学的面貌。

正如一个一维的形状被称为曲线，一个二维的形状被称为曲面，三维空间中最常见的一个例子是球面。但也有许多其他形状的曲面，如百吉饼状的圆环。1882 年，菲利克斯·克莱因发现了一个新的曲面——克莱因瓶，这将帮助人们得到拓扑学的第一定理：存在一个能描述全部二维曲面的定义。

找到所有可能的表面的想法似乎有些可笑，站在传统的几何角度来看，从茶杯到饼干，世界上有无数的形状（几何学教科书里甚至包含更多）。19 世纪中叶，当拓扑学作为一个新学科出现之后，许多形状被认为本质上是相同的：如果一个形状可以变形成另外一个形状，那么在拓扑学上，它们是一样的。这种变形可能包含极限的拉伸和扭曲，但是不能包含切割或黏合，所以意大利面被认为和球面是一样的，但是茶杯就不行，因为手柄的孔不能消除。

带手柄的球面

一个茶杯和一个圆环面在拓扑上是相同的。杯子的主要部分可以变形为一个球面，同时，手柄将保留原样。给球面添加手柄是一种产生新形状的办法：一个有两个手柄的球面（或双圆环）。这是一种不同寻常的圆环。

左图：一个玻璃瓶做的克莱因瓶，没有内部或外部的区别，因此不能装水。三维空间中的任何克莱因瓶必然有一个缺陷，表面穿过瓶子本身；在图中的克莱因瓶中，这个缺陷出现在其顶端。

从这个角度来看，一个茶壶和双圆环在拓扑上是相同的；与此类似，椒盐卷饼在拓扑上和一个添加了三个手柄的球面或三重环面是相同的。

所有的这些曲面都是闭合的，这意味着它们不像纸张一样有边缘。它们圈定了一个有限的区域，而不是一个无限大的空间。1863 年，奥古斯特·费迪南德·莫比乌斯已经 71 岁了，他证明了任何一个在三维空间中可以存在的曲面，在拓扑学的意义上，一定等价于有 n 个柄的球面。

莫比乌斯带

尽管这是一个伟大的成就，但是也有人认为这个认识曲面的方式可能有些缺陷。1847 年，约翰·利斯廷发现这样一个东西：一条扭转 180° 后再把两头黏接起来的纸带，这条纸带竟有魔术般的性质。与普通纸带具有两个面（双侧曲面）不同，这种纸带只有一个面（单侧曲面），你用手指可以摸遍整个曲面而不必跨过它的边缘！

与普通纸带具有两个面（双侧曲面）不同，这种纸带只有一个面（单侧曲面），你用手指可以摸遍整个曲面而不必跨过它的边缘！

1858 年，莫比乌斯也发现了同样的东西，这就是著名的"莫比乌斯带"。这个东西有许多有趣的性质，例如，如果你沿着中心把它剪开，那么得到的并不是两个莫比乌斯带，而是形成了一个把纸带的端头扭转了两次再结合的环。

克莱因瓶

在这些奇妙的性质之外，人们对莫比乌斯带也提出了疑问：怎样将这个东西推广到普通的曲面之中？当然，莫比乌斯环本身并不是一个封闭的曲面，它有边缘，所以它没有违反莫比乌斯定理。同样地，它引出了另一个问题，所有先前已知的曲面都有两个面。是否存在一个封闭的曲面，它没有边缘且只有一个面呢？

答案是肯定的，1882 年，菲利克斯·克莱因给出了答案。如果我们把两条莫比乌斯带沿着它们的边黏合起来，就可以得到漂亮的克莱因瓶。但是，如果你想在家自己动手得到克莱因瓶，等待你的将是一个接着一个的失败。尽管现代玻璃制造工业已经非常先进，但是，所谓的"克莱因瓶"

始终是大数学家克莱因先生脑子里的"虚构物"，它根本制造不出来，在表面通过自身的地方会有缺陷。事实是：克莱因瓶是一个在四维空间中才可能真正展现出来的曲面，如果我们一定要把它表现在我们生活的三维空间中，我们只好将就点儿，把它表现得似乎是自己和自己相交一样。

冯·戴克定理

克莱因瓶不是唯一被发现的新曲面。就像莫比乌斯对球面的处理一样，我们也可以对莫比乌斯带进行切割孔形状的处理。这导致了一系列全新的、在三维空间不能完美存在的非定向曲面的产生。

1888 年，克莱因的学生瓦尔特·戴克提出了一个美妙的定理，将莫比乌斯的原始定理提升到了新的高度，为拓扑学注入了新的活力。他证明了，每一个封闭的二维曲面，在拓扑上都可以等价于一个球面，或有若干个柄的球面，或有若干莫比乌斯带的球面。

下图： 两个相互关联的莫比乌斯带的雕塑，由 3D 打印机制作。莫比乌斯带是理解像克莱因瓶一样特殊形状的拓扑结构的关键，长期吸引着艺术家们。

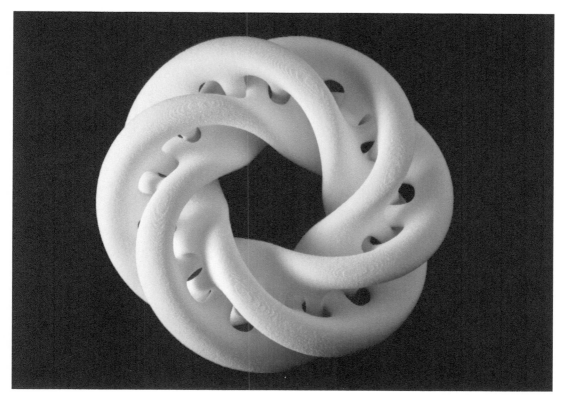

53 基数

突破：从一个无限集出发，康托尔能够创造出一个更大的无限集。康托尔在集合论中刻画任意集合大小的概念是基数。

奠基者：格奥尔格·康托尔（1845年—1918年）。

影响：集合论开始于康托尔的研究，现在它已经成为数学的主要逻辑基础。今天的逻辑学家仍在继续对无限集进行研究。

几个世纪以来，在能够让数学家、科学家和哲学家深思的问题之中，很少有问题能像"无限"一样有着如此持久的魅力。科学家们早就提出了这样的问题：时间是否有开始或者结束，空间是否可无限延伸或者只是人们想象不到的大。直到德国逻辑学家格奥尔格·康托尔第一次认真地研究了无限集合（简称无限集），人们才对"无限"有了正确的理解。

在很长的时期中，无限问题是怀疑甚至是恐惧的源泉，人们担心对无限的思考可能会危害人的心灵。在数学领域，很长一段时间里，无限问题处在一个令人不舒服的中间地带。一方面，不言而喻，世界上没有最大的整数，因此整数集必须是无限的。但是另一方面，数学家们放慢了对这一事实的研究速度，也许他们害怕精确的数学会因此沦落到无意义的地步。

当格奥尔格·康托尔在 19 世纪末开始关注这些问题的时候，他用自己的方式给出了惊人的定理及其证明。他最大的成功就是认识到：无限问题远不是魔法或是人类难以理解的东西，它与其他任何问题一样，是完全可以在知识的领域分析的。悲哀的是，将理性发挥到极致完成这一壮举的康托尔，晚年受困于严重的精神疾病。

左图：蜘蛛星云，距离地球约 160 000 光年，包含了已知太空中质量最大的恒星。无论是空间和物质，还是有限或无限的问题，都永远是科学界最古老、最困难的问题。

集合论的开端

　　康托尔创立了集合论学科，对于他而言，集合不过是一些特定的对象汇集在一起。他对比较集合的大小甚感兴趣：如果一个集合有 8 个元素，去除其中的一半，剩下的部分（4 个元素）就是原来集合大小的一半，这看起来是理所应当的。但是，在面对无限集时，上述说法就不成立了。比如说，全体元素为正整数的集合 {1,2,3,4,5,…}，我们去掉奇数，剩下的偶数集合为 {2,4,6,8,10,…}。也许有人会认为，它的大小应该是之前集合的一半。但是令人惊讶的是，偶数集与整数集的大小是完全相同的。怎么会这样呢？我们可以从这一方面考虑这个问题，两个集合可以准确地成对匹配：1 和 2、2 和 4、3 和 6、4 和 8、5 和 10 等。

　　使两个集合在大小方面可以两两比较，是康托尔的中心思想，也是一个很自然的想法，这就是我们学会数数的过程——数出一盘饼干的数量。孩子会为每一块饼干给出一个数字：饼干 1、饼干 2、饼干 3。也可以说，孩子给出了一组饼干数的集合，如 {1,2,3}。集合论的研究者会这样描述，饼干的集合和数的集合这两个集合都是由同一个基数"测量"的。

在康托尔之前，因为人们没有完全意识到这个问题，所以有一个心照不宣的假设，即所有无限集的大小必须相同。康托尔打破了这一假设。

　　在康托尔之前，因为人们没有完全意识到这个问题，所以有一个心照不宣的假设，即所有无限集的大小必须相同。康托尔打破了这一假设。另一个无限集的例子——所有小数的集合，或者按数学家的叫法——实数。一个实数要求有无限多的数字，如 π，其小数部分是无限不循环的，但 π 只是一个数。实际上有无限多个像 π 这样的数。康托尔给出了一个清晰和简明的论点，即实数集的大小远大于同为无限集的整数集的大小。任何试图匹配这两个数集的做法注定是要失败的，因为在匹配过程中有些实数被剩下了。

　　这是一个惊人的发现，但是康托尔并没有停止研究。他进一步指出，整数集和实数集是无限集中层次最小的两个代表：在它们上面会有更大层次的无限集。

幂集

　　基于著名的康托尔定理，幂集的定义随之产生。任意一个集合都有一

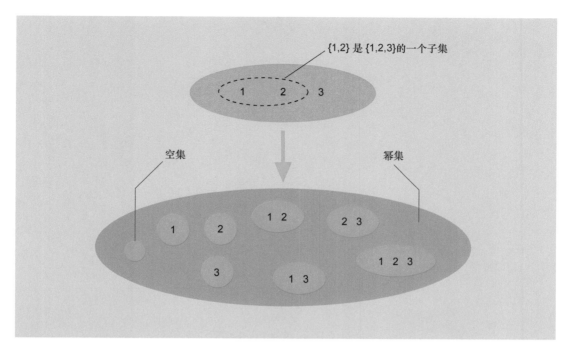

{1,2} 是 {1,2,3}的一个子集

空集

幂集

系列的子集，如 {1}、{1,2} 是 {1,2,3} 的子集（这里 {1,2}、{2,1} 和 {1,1,2} 是一样的，也就是说在一个集合中，每个元素只能出现一次并且是无序的）。对于一个集合，它的子集有多少呢？在这个例子中共有如下 8 个子集：

$$\emptyset, \{1\}, \{2\}, \{3\}, \{1,2\}, \{1,3\}, \{2,3\}, \{1,2,3\}。$$

$\emptyset$ 代表空集：不含任何元素。

由一个集合的所有子集组成的新的集合称为这个集合的幂集。将这个简单的定义应用到无限集，问题又来了。康托尔定理告诉我们，一个集合和其幂集之间没有一一对应关系，幂集会更大一些。

这个结论具有震撼性的影响。对于整数集来说，它的幂集更大。事实上，整数集的幂集与实数集的大小是相同的。由此可知，我们可以通过求幂集的方法，将无限集变得更大。我们也可以无限次地重复上述过程，这样就可以将单一概念的无限，构成在基数方面多层次的无限。

上图：含有 3 个元素的集合 {1,2,3}，其幂集是含有 8 个元素的集合。令人惊讶的是，这个简单的思想应用到无限集，就产生了不同大小的无限集。

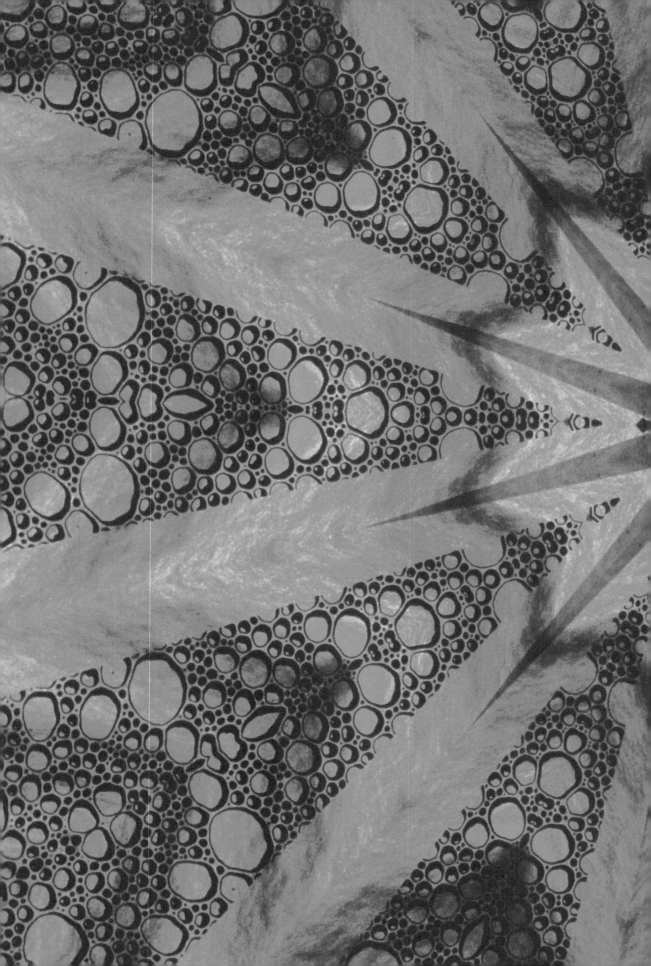

54

壁纸群

突破：费多罗夫和舍恩弗利斯得出了二维空间和三维空间中的所有图形排列的模式。

奠基者：费多罗夫（1853 年—1919 年）、阿图尔·舍恩弗利斯（1853 年—1928 年）。

影响：费多罗夫和舍恩弗利斯的定理是结晶学领域的基石，同时是今天平面设计师的灵感来源。

从错综复杂的古代寺庙的壁画，到笔记本电脑的壁纸，抽象的图案一直让人类着迷。但在这些迷人的图案设计背后有一个数学分支甚至比最复杂的图案更优雅：壁纸群分类。19 世纪，两位数学家——俄罗斯的费多罗夫（于 1890 年）和德国的阿图尔·舍恩弗利斯（于 1891 年），各自独立地证明了它。

与单个的画面相比，出现在现代的壁纸或古建筑的马赛克地板上的图案是重复的。如果你专注于一个图案中的一小块，你应该能找到相同的区域。这种重复图案展现了一个数学难题：这些图案有多少种重复自身的方式？

重复图案不仅美观漂亮，而且它们在晶体研究中有着核心的作用。例如，构成固体（如钻石）的分子就表现出重复排列的特性。当然，晶体是三维的，所以这些重复是在 3 个不同的方向进行：上下、左右、前后。而壁纸的图案是二维的——在左右和上下重复。然而，费多罗夫和舍恩弗利斯意识到，在这两种情况下我们可以使用相同的数学进行分析。

对称性的可能性

一幅壁纸的图案，可以将它向右（或向左）平移，直到它在另一个地方重复。数学家称之为平移对称性，这意味着仅在右边（或左边）移动了

左图：万花筒的图像。长期以来对称性一直被公认为是美的源泉。在这个例子中，不同的部分是彼此精确的旋转副本，同样具有镜像对称性。

一个单位，整个图案看起来没有变化。这同样适用于向上或向下移动的模式。双平移对称性是分析的起点。更复杂的是图案可能还包括自己的一些内部对称性。正是这些额外的对称性，导致更复杂的图形的产生，例如，描绘一只蝴蝶，它可能具有镜像对称性，这意味着它的左翼完全是右翼的"镜像复制"，或者，六瓣花图案具有旋转对称性等。

但哪些对称性是可能的呢？我们可以看到，旋转对称可能只有2、3、4或6，也就是说，一朵花可能有这些数字的花瓣。令人惊讶的是，5、7、8或更高重的旋转都不符合双平移对称性，因此不可能有任何重复的模式（当然，你可以有一幅五瓣花的图案，但有对称性的就只能是一朵花，而不是整个模式）。在三维的晶体内，也会遇到同样的情况。这个基本事实被称为晶体制约定理（见第78篇）。

17 个壁纸群

晶体制约定理是一个非常重要的约束，但实际上它非常简单。费多罗夫和舍恩弗利斯取得的成就更大：一个完整的所有的模式的分类——他们列举了所有的对称模式，包括旋转、镜像对称以及基本双平移对称等。结果表明共有17种可能的模式，被称为17个壁纸群（二维空间群）。

千百年来，艺术家试验过无数的对称模式。现在我们知道，每一个这样的例子都是 17 个壁纸群的一个实例。也许这些艺术家已经找到了这 17 种不同的模式？事实上，所有 17 种模式在西班牙的阿兰布拉宫都存在。同样地，费多罗夫和舍恩弗利斯的工作是一个成功的科学关联艺术的例子。

空间群

平面群的分类是一个辉煌的成就，但是费多罗夫和舍恩弗利斯并没有停止研究。他们将研究结果扩展到了三维空间，从而得到了 230 个空间群，这就意味着有 230 个不同的三维模型，每一个三维模型代表一种晶体类型。

1900 年，德国数学家戴维·希尔伯特将模式研究推广到更高的维度。他提出疑问，在四维或者五维空间中，是否可以不受晶体制约定理的局限，有无限多种不同的模式？ 1911 年，比伯巴赫给出了答案。虽然在高维空间的模式与在二维空间和三维空间的模式不同，但是每个维度中空间群的数量仍然有限。今天我们知道的是，在四维空间存在 4895 种可能的模式，而在五维空间存在 222 097 种，在六维空间存在 28 934 974 种。

55

数字几何

> **突破：** 乔治·皮克提出了一个非凡的定理，这个定理对计算所有二维形状的面积都是有效的，只要它们是由直边构成，且位于一个正方形网格之中。
>
> **奠基者：** 乔治·皮克（1859 年—1942 年）。
>
> **影响：** 皮克定理及其在更高维度的推广，是数字几何的基础，在如今的数字时代发挥着重要的作用。

早在古埃及时期，甚至可能更早，人类就已经开始花费时间和精力量化图形的大小，计算它们的面积和体积。许多图形都有自己的计算公式，其中最著名的是阿基米德提出的计算圆面积的公式（见第 12 篇）。1899 年，乔治·皮克提出了一个非凡的定理，这个定理对计算所有的二维形状的面积都是有效的，只要它们是由直边构成，且位于一个正方形网格之中。将皮克定理推广到更高的维度，产生了奇妙的数学结果，并在计算机科学中有着重要的应用。

欧氏平面中包含许多形状，从光滑的椭圆和圆（见第 10 篇）到尖锐的三角形和梯形。一般看来，直线图形比曲线图形更容易理解。毕竟，任何直边的图形都可以被切成三角形。如果我们想知道某个直边图形的面积，一种方法是将其分成多个三角形，并计算每个三角形的面积，然后相加得到结果。即使存在许多尖锐或不规则的形状，我们也终将得到结果——尽管这可能是一个耗时很长的过程。

皮克定理

1899 年，乔治·皮克提出了一个非凡的定理，这个定理对计算所有的二维形状的面积都是有效的，只要它们是由直边构成，且位于一个正方形网格之中。除此之外，它的形状甚至可以是不规则的或非对称的。

左图： 大头针矩阵的细节。大头针矩阵产生了与压在上面的物体近似的图像；只有那些与大头针重合的点才会被表现出来，而一些小的细节会错过。皮克定理保证这样的近似计算比精确计算更容易进行。

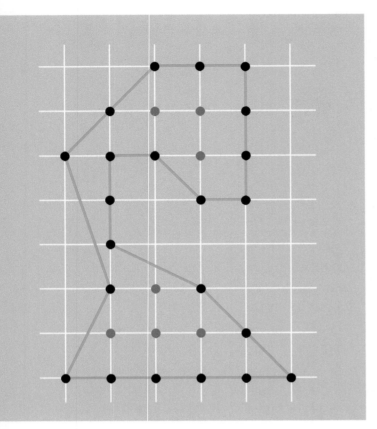

根据皮克定理需要计算图形覆盖的格点的数目 C。这个 C 就是对图形覆盖面积的粗略估计。如果再考虑到图形边线上的格点，这种猜测的精度可能会更高。假设图形边线上有 B 个格点。那么这个图形的面积就是 $C+\dfrac{B}{2}$。

这个思路不是很科学，所以我们不期望它的结果能有多完美。但是乔治·皮克给了我们一个惊喜，1899 年，他提出，$C+\dfrac{B}{2}$ 总是高估了图形一个单位的面积，其面积精确值是 $C+\dfrac{B}{2}-1$。

皮克定理是一个神奇的定理，它在如今的数字时代发挥着重要作用。我们可以看到，在计算机屏幕上，所有的图形都有直线边缘且处于一个正方形网格中。在这种情况下，皮克定理将发挥作用，它能够计算出图形中的像素数。

上图： 这个不规则形状含有 $C=7$ 个网格格点，边界含有 $B=22$ 个格点。皮克定理告诉我们，它的面积为 $7+\dfrac{22}{2}-1=17$。

里夫四面体

有了神奇的皮克定理，可以将其推广到更高的维度的空间。我们可以很容易地在三维空间找到与二维空间中的格点对应的格点——立方格点。那么我们是否能像皮克定理那样，通过计算图形内部和边界上的点，对图形的体积进行快速计算呢？

令人失望的是，在 1957 年，约翰·里夫给出了否定的答案。他构建了一系列不规则四面体：四个面都是三角形的形状。所有的四面体都覆盖三个相同的格点，但第四个格点不同，这样就产生了不同形状和体积的四面体。这些形状是不包含任何格点的形状，也就是说 $C=0$。更重要的是，它们的边界上只有 4 个格点，即它们的 4 个角。因此，所有四面体的 B、

C 值是相同的，但它们的体积是不同的。这就否定了可将皮克定理用于体积推导的结论。

埃尔哈特的分析

里夫已经得出结论，不能简单地将皮克定理推广到三维空间。所以，在 20 世纪 60 年代，尤金·埃尔哈特尝试使用了更复杂的方法，他的结论在数学和计算机科学中占据重要的地位。一个由直边构成的三维形状，它的角都在格点上，埃尔哈特观察到，当这个图形扩大一定倍数的时候，里面的格点数量会相应增加，但是会增加多少呢？为回答这一问题，他写出了一个精确的埃尔哈特多项式。

在计算机屏幕上，所有的图形都有直线边缘且处于一个正方形网格中。在这种情况下，皮克定理将发挥作用，它能够计算出图形中的像素数。

埃尔哈特多项式的结果包含了大量的图形信息，它不仅能够求出图形的体积，还可以从分析中得出其他重要数据，如图形的欧拉示性数（见第 38 篇）。近年来，埃尔哈特多项式在计算机科学中发挥了惊人的用途，尤其是在分析和提高数据缓存的使用方面。

当面对复杂的实际问题时，例如，如何把一项生产任务在产量、耗时、价格均不同的工厂之间进行分配，皮克定理和埃尔哈特多项式的分析在优化理论中找到了新的用途。令人惊讶的是，寻找最优解往往可以归结为与多维多胞形有关的几何问题。那些通过其他方法很难提取的信息，使用埃尔哈特多项式可以快速、简便地产生结果。

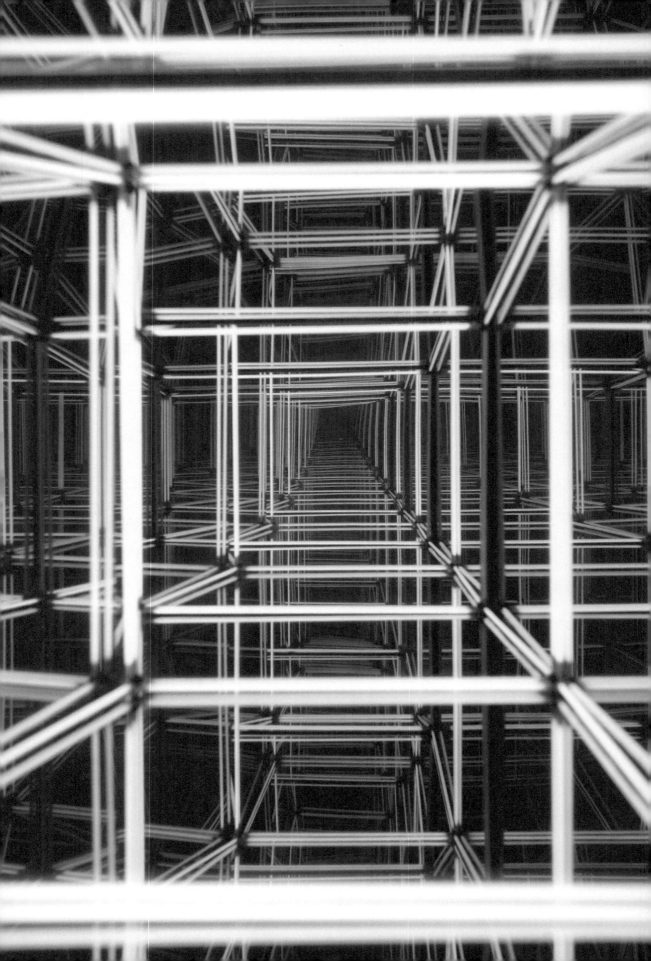

56

罗素悖论

突破：伯特兰·罗素著名的罗素悖论说明了数学中存在自我指涉的危险。

奠基者：伯特兰·罗素（1872 年—1970 年）。

影响：罗素悖论动摇了数学的基础，引发了所谓的"第三次数学危机"。解决罗素悖论需要对数学逻辑有更深刻的理解。

只要人们研究逻辑，就一定会遇到悖论。最著名的悖论是"说谎者悖论"，它是这样一个简单的命题："我在说谎。"1901 年，伯特兰·罗素模仿这一悖论的逻辑，研究了集合论。他的研究动摇了数学的基础，引发了所谓的"第三次数学危机"，并且这一悖论仍困扰着今天的哲学家和逻辑学家。

欧布利德是公元前 5 世纪的哲学家。如同之前的埃利亚学派的代表人物芝诺（见第 7 篇），欧布利德提出了一系列的悖论。

欧布利德的悖论

欧布利德的悖论中有一个叫"蒙面人悖论"。假设问一个女人，"你知道这个蒙面人是谁吗？"她诚实地回答"不认识"，然而，这个蒙面的人正是她的父亲。没有认出面前的蒙面人是否意味着她不认识自己的父亲呢？

其实，蒙面人悖论源于含糊不清的语言——对"认识"的解释。如果女人意识到，她不确定是否真的认识这个戴着面具的人——那么她可以说："我只是现在没有认出他。"那么上述矛盾就可以避免了。

欧布利德最著名的悖论——说谎者悖论，比蒙面人悖论更难理解。这个悖论很简单——我说的这句话是谎话。我们可以分析：如果这句话是真

左图：无限的多维镜像。一个镜面立方体会给人一种无限后退的错觉。镜面墙的反射包含了整个立方体，也包括对墙自身的反射。正如伯特兰·罗素指出的：包含自己本身的事物会产生惊人的后果。

的，那么这句话本身已经是一个谎话，但是据此又可以肯定这个人没有说谎，然而"我说的这句话是谎话"岂不又变成了假的；反之，如果肯定这句话是假的，即他没有说谎，据此又可推断他说的这句话成了真的谎话。欧布利德悖论的核心是"自我指涉"，即错误地将命题自身同命题应反映的对象混为一谈，并以命题代替命题所反映的对象而引起的矛盾。这种现象直到现在也困扰着哲学家。

罗素悖论

19世纪末，集合论发展为一种全新的数学分支。它来源于康托尔和戈特洛布·弗雷格的研究成果（见第53篇）。数学中有许多复杂的、难以理解的定义，然而，集合却并不复杂，它是一些元素的集合。就是这样一个至少在表面看来很简单的定义，却产生了惊人的后果。

1901年，一个震惊数学界的消息传出：集合论是有漏洞的！这就是英国数学家罗素提出的著名的罗素悖论。罗素通过构建一类以其自身为元素的集合来说明他的悖论。罗素认为，有一个集合可以包含任何集合，我们称之为集合的集合，即存在一个集合可以被认为是所有集合的集合。这时，就有了与最开始的设定矛盾的地方。不同于数字的集合，或者人的集合，集合的集合必须包含其本身。那么包含自身的集合就有了潜在的自我指涉。

下图：错觉与逻辑悖论有共同的特点。我们无法看出这幅画是否稳定，如同说谎者悖论始终不能得出说话者说的话是真是假一样。

从观察中，罗素"塑造"了自己的悖论。欧布利德悖论源于句子是真是假的区分。同样地，罗素认为集合可以分为两类：第一类集合的特征是，集合本身又是集合中的元素，如前面说的"所有集合所构成的集合"；第二类集合的特征是，集合本身不是集合的元素，如直线上点的集合。正如欧布利德说"我在说谎"创造了一个悖论，罗素构造了一个矛盾的集合：它是不包含自身的所有集合的集合，称为X。问题是：X包含它本身吗？

像欧布利德的悖论，这个问题没有解决的办法。如果X包含其本身，但因为设定X是不包含自身的集合，故X不能包含其本身。另一方面，如果X不包含其本身，它又满足X的所有要求，故它又应该包括自身。总之，是左右为难，无法给出回答。

为了形象地说明自己的悖论，罗素举了一个例子，即理发师悖论。在某个村庄中有一位理发师，他的广告词是这样写的："我的理发技艺十分高超，誉满全城。我将为本城所有不给自己剃须的人剃须，我也只给这些人剃须。我对各位表示热诚欢迎！"于是来找他剃须的人络绎不绝，自然都是那些不给自己剃须的人。可是，有一天，这位理发师从镜子里看见自己的胡子长了，他本能地抓起了剃刀，大家想想他能不能给他自己剃须呢？如果他不给自己剃须，他就属于"不给自己剃须的人"，他就可以给自己剃须；而如果他给自己剃须，他就属于"给自己剃须的人"，他就不该给自己剃须。

公理集合论

关于理发师，结论是明确的：没有这样的人，也没有这样的村庄；整个场景在逻辑上是不可能的。正如罗素所说："所有的这些都是无意义的。"对集合论得出的结论是一样的：迄今对集合论的研究，在逻辑上是不成立的。

罗素认为，有一个集合可以包含任何集合，我们称之集合的集合，即存在一个集合可以被认为是所有集合的集合。

罗素的这条悖论使集合论产生了危机。它非常浅显易懂，而且所涉及的只是集合论中最基本的东西。所以，罗素悖论一提出就在当时的数学界与逻辑学界引起了极大震动。德国的著名逻辑学家弗雷格在他的关于集合的基础理论完稿付印时，收到了罗素关于这一悖论的信。他立刻发现，自己忙了很久得出的一系列成果被这条悖论搅得一团糟。他只能在自己著作的末尾写道："一个科学家所碰到的最倒霉的事，莫过于是在他的工作即将完成时发现所干的工作的基础崩溃了。"

在罗素悖论提出后的几十年里，数学家们纷纷提出自己的解决方案。人们希望能够对康托尔的集合论进行改造，通过对集合定义加以限制来排除悖论，这就需要建立新的原则。结果是产生了一个更为抽象的数学逻辑的方法——哥德尔的不完备性定理（见第 68 篇）。

57

狭义相对论

> 突破：狭义相对论为我们描述了一幅宇宙的新图画，光的速度是恒定的，不论观察者的运动速度如何。在这种情况下我们需要新的数学方法。
>
> 奠基者：昂利·庞加莱（1854 年—1912 年）、亨德里克·洛伦兹（1853 年—1928 年）、赫尔曼·闵可夫斯基（1864 年—1909 年）、阿尔伯特·爱因斯坦（1879 年—1955 年）。
>
> 影响：狭义相对论是后来的广义相对论发展的基础，是我们理解宇宙的关键。

爱因斯坦的狭义相对论，将永远改变我们认知宇宙的方式。他想象的空间和时间的方式，源自昂利·庞加莱等人的工作。所以要理解狭义相对论，首先需要掌握这些微妙的数学理论。

自伽利略之后，相对论开始成为科学界的重要课题。1632 年，伽利略发表了《关于两大世界体系的对话》（以下简称《对话》），公开支持哥白尼的日心说，反对当时的以地球为中心的观点。

伽利略相对性原理

伽利略的观点很有说服力，并产生了巨大的影响。但是，他需要先解决一个显而易见的反驳观点，地球不断绕自身旋转轴自转并围绕太阳公转：如果是这样，为什么当水滴从水龙头流出来的时候，它落下的方向不会跟随地球的旋转向西偏呢？

为此，伽利略进行了一个重要的实验。伽利略在《对话》中写道：当你在密闭的运动着的船舱里（现在可以在飞机中、火车中或者在飞船中），这艘船行驶得很平稳，你看不到船舱之外的东西，但是可以看到你身边的

左图：几百年来，光速已经成为科学研究的一个重大课题。对于"光速是绝对的、不依赖于观察者的速度"这一观点的证明和研究，促进了狭义相对论的发展。

东西——鱼缸、蝴蝶和一瓶水等。有时候这艘船是行驶的，但大部分时候它是静止的。于是有一个问题：我们怎么知道船是行驶的还是静止的？如果他放了蝴蝶或者倒出瓶子中的水，这些实验中是否可以回答上面的问题？

伽利略的答案是否定的。在实验的基础上，伽利略提出了相对性原理：力学规律在所有惯性系中是等价的。力学过程对于静止的惯性系和运动的惯性系是完全相同的。换句话说，在系统内部所做的任何力学的实验都不能决定一个惯性系是在静止状态还是在运动状态。这一原理后来成为了牛顿力学的一条重要定理，它被爱因斯坦称为伽利略相对性原理，是狭义相对论的先导理论。

光速

在之后几百年里，伽利略的相对性原理是科学研究的一项重要原理，直到 1887 年受到迈克尔孙 - 莫雷实验的挑战。这个实验的目的是证明光的传播介质是"以太"。实验的结果否定了以太理论，并为"光以一个固定的速度传播"这一事实提供了一个证据，我们现在所知道的这一速度是大约每秒 299 792 458 米（简称 c）。伽利略假设除光速以外的所有的速度基本上是等效的。例如，一个女人正在与一束光相同的方向上高速行走，也许有人会认为，她会比静止的观察者更晚一点儿看到这束光，但实际上并不是这样。更令人惊讶的是，不论观察者的速度有多快，光的速度总是相同的。

伽利略的相对性原理受到了严重质疑。伽利略的理论被两个新的规则取代：首先，对于任何参照系来说，光速都是相同的；其次，光速 c 本身是不变的，是绝对的。这种狭义相对论部分由数学家昂利·庞加莱和亨德里克·洛伦兹提出，其完整的形式则由阿尔伯特·爱因斯坦提出。爱因斯坦把这两条规则作为他的公理和推导的基础。

> 更令人惊讶的是，不论观察者的速度有多快，光的速度似乎总是相同的。

洛伦兹变换

洛伦兹和爱因斯坦都意识到一些"假定光速恒定"的理论所造成的奇怪后果。两个人进行高速的相向运动，每一束光线相对于他们的速度都是相同的。这样，当这两个人互相看对方时，他们会注意到一些非常不寻常的事情。似乎在一个快速移动的参照系里和另一个静止的参照系里的时间、速度是不同的，手表走得似乎较慢。不仅存在时间膨胀，每个人也将越来越重或越来越瘦。洛伦兹介绍了一种称为洛伦兹变换的、在不同惯性参照系之间对物理量进行测量时所进行的转换关系，这在数学上表现为一套方程组。可以将一个静止的参照系转换为快速移动的参照系。洛伦兹变换是相对论的基础。事实上，也是通过考虑洛伦兹变换，爱因斯坦得到了相对论中最著名的结论，一切物质都潜藏着其质量乘光速平方的能量，即 $E = mc^2$。

闵可夫斯基空间

那么在狭义相对论中我们的宇宙是怎样的一个数学模型呢？ 1907 年，闵可夫斯基给出了答案。闵可夫斯基空间是基于当时复数（见第 25 篇）和双曲几何（见第 46 篇）的最新研究成果所建立的一个四维空间，它由一个时间维和三个空间维组成。至关重要的是，洛伦兹变换说明了结构的对称性，就像正方形的旋转是正方形对称性的一种一样。

58   三体问题

> **突破：**如果只受万有引力影响，那么 3 个天体会按照怎样的轨迹运行呢？这个问题引出了混沌理论。1909 年，卡尔·桑德曼提出了一个解决方案。
>
> **奠基者：**昂利·庞加莱（1854 年—1912 年）、卡尔·桑德曼（1873 年—1949 年）。
>
> **影响：**桑德曼的学说是混沌学的重大突破，但在实际使用中有诸多限制。该领域仍有许多问题有待解决。

在太阳系中，地球围绕着太阳在一个简单的、椭圆的轨道上重复运行。那么在含有超过两颗恒星的星系中，行星又是如何运行呢？这一问题揭示了混沌理论的主题，在今天仍然是数学家和物理学家面对的挑战。

夜空中最著名的星座之一是大熊星座（在中国被称为北斗七星），它由 7 颗星组成。其中 1 颗星实际由 2 部分组成，包含辅星（暗星）与较亮的开阳星。在西方，这两颗星被称为马和骑士。

马和骑士

中世纪的天文学家对两颗星星之间的关系展开过争论：它们是联系在一起的，还是仅仅是我们在地球上观察所产生的错觉？现代望远镜给出了一个惊人的答案：两者确实足够接近，以至于它们会相互影响。但更令人兴奋的是，每颗星星本身都有自己的星系，开阳包括 4 个恒星，而辅星是一个双星系统，由两颗恒星构成。

事实上，宇宙中存在着许多不同于太阳系的星系、恒星、黑洞和其他天体，彼此通过引力结合在一起。从数学上去解释这些情况是非常复杂的。事实上，对于如此多的系统，进行任何形式的预测工作都非常困难。许多数学家都致力于理解多元系统的引力，并在 1909 年取得了重大突破，卡

左图：图像显示为日食时，月球挡住了太阳。地球、太阳和月亮对人类来说是最重要的星体，它们之间的相互作用是三体问题的核心。

尔·桑德曼发表了一个对三体系统里天体运动的解释。然而，直到今天多体系统仍然是数学界和天文学界的研究主题，是代表宇宙混沌的典型例子。

两体系统和三体系统

双星系统（如辅星系统），是两颗星星围绕着彼此旋转的。1609年，约翰内斯·开普勒在数学上给出了这种情况的解释。开普勒参照太阳系，即一颗行星围绕一颗恒星，并假设其他行星以及遥远的星体对这个星系的引力影响是可以忽略不计的。由此产生的行星运动定律是：两个物体（如恒星、行星）如果只受到彼此间的万有引力作用，环绕一方运动，那么它们的运动轨道是可以精确预测的，而且其轨道的形状永远是椭圆。当然也存在其他的两体系统运行方式的可能性。如一个快速移动的彗星在靠近恒星时，它可能无法逃脱恒星的引力而直接进入它的内部。另外，非周期彗星会沿着一个抛物线的轨迹围绕恒星运行（见第13篇）。

由此产生的行星运动定律是：两个物体（如恒星、行星）如果只受到彼此间的万有引力作用，环绕一方运动，那么它们的运动轨道是可以精确预测的，而且其轨道的形状永远是椭圆。

但是，当我们在两体系统中添加一个对象，使之成为三体系统时，会出现怎样的情形呢？我们就生活在这样的一个三体系统中：太阳、地球和月球（忽略木星和其他行星的影响）。当然，我们知道发生了什么：地球沿着椭圆轨道围绕太阳旋转，而月亮也以类似的方式围绕地球旋转。假若忽略太阳对月球的直接影响，那么数学的解释很简单，我们认为这仍然是一个两体系统。

一个更复杂的三体系统应该包括三颗类似的星体，任意一颗都会受到其他两颗的引力影响。在这种情况下，原本椭圆和抛物线型的运行轨道在这里会变得无比复杂。如果你试图描绘其中一颗星体的路径，结果不是像一个椭圆那样简单。事实上，星体不会像地球一样年复一年地重复在同样的轨道运动，在三体系统中星体的轨迹可能永远不会重复。

混沌

牛顿成功地运用微积分证明了开普勒的天文学三大定律。之后他试图解决三体问题，但很快就放弃了，并宣称"这个问题超出人类思维的

极限"。1889 年，为了庆祝瑞典国王奥斯卡二世的 60 岁生日，国王悬赏 2500 克朗来解决三体问题。

这是一个不小的数字，昂利·庞加莱集中精力面对这个挑战。他取得了重大进展——将这个问题分解为 10 个待解决的方程。在进行这项工作的过程中，庞加莱成为第一位认真分析混沌现象的数学家。混沌现象的大体意思是，如果这个系统重复一次，即使只是一个很小的调整，如恒星的初始位置或速度，结果将会完全不同。庞加莱的这项工作给 N 体问题的解决以及动力系统的研究带来巨大而无比深刻的影响。虽然他并没有完全解决三体问题，但已经足够获得奥斯卡二世国王的奖励。

桑德曼级数

1912 年，天文学家卡尔·桑德曼发现了一个描述天体系统里天体运动轨道的无穷级数（见第 23 篇），表明在一个特定的时间内，必须有无限多的数字来描述这个系统。理论上，桑德曼级数是一个完美的解决方案，但问题是，它的收敛速度非常缓慢。这意味着，从中发现有用的信息需要相当长的时间。1991 年，这一百年悬而未决的问题终于被一位年轻的中国数学家汪秋栋解决了，他找到了解决四体系统和五体系统问题的方案。然而，由于桑德曼级数缓慢的收敛速度，多体问题仍然是今天混沌理论中的巨大挑战。

华林问题

突破：爱德华·华林认为每个正整数都可以表示为若干乘方的和，大卫·希尔伯特证明了华林的观点。

奠基者：爱德华·华林（1736 年—1798 年）、大卫·希尔伯特（1862 年—1943 年）。

影响：除了希尔伯特的定理，到现在我们还没有得出一个确切的解决华林问题的结论。

1621 年，文艺复兴时期的数学家和语言学家克劳德·巴歇正在翻译数论的巨著——丢番图所写的《算术》一书，他突然意识到一个对全体整数都普遍存在的规律，就是关于幂的奇怪算法。在这之后的时间里，这个问题会成为数论中最艰深的话题。

"幂"是指乘方运算的结果，即一个数乘它本身，所以 3^2（3×3）是一个二次幂（二次幂也被称为平方），6^5（$6 \times 6 \times 6 \times 6 \times 6$）是一个五次幂。幂的基本思想很简单，但幂的算法包含了许多秘密。一个古老的观点（其确切的时间已无法追溯）认为整数能分解成平方的形式。例如，5 不是一个平方数，但它可以分解为两个平方数的和：2^2+1^2。但在另一方面，7 不能分解为两个平方数的和，也不能分解为三个平方数的和，但是可以写成四个平方数的和：$2^2+1^2+1^2+1^2$。这个观察结果引申出了几个关于实数的问题。

拉格朗日四平方和定理

数学界有两个长期存在的数论问题：哪些数字可写成两个平方数的和的形式？是否所有数字都可以分解为若干平方数的和？第一个问题是在 1640 年的圣诞节，由法国业余数学家皮埃尔·德·费马解决的。他提供了一个方法，可以区分哪些数可以写成两个平方数之和，哪些数不可以。对素数来说，条件很简单：比 4 的整数倍大 1 的数（如 5 和 13）可以，

左图：从毕达哥拉斯开始，数学家们就一直对平方、立方以及更高次的乘方很感兴趣。爱德华·华林提出疑问：是否任何正整数都可以用这些乘方来表示？

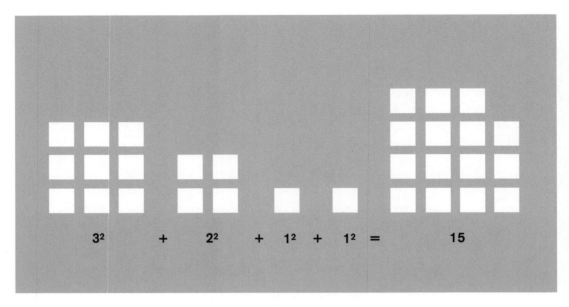

$$3^2 \quad + \quad 2^2 \quad + \quad 1^2 \quad + \quad 1^2 \quad = \quad 15$$

但比 4 的倍数少 1 的数（如 7 和 11）则不能，即形如 $4n+1$ 的素数能够表示为两个平方数之和，而形如 $4n-1$ 的素数，则不能表示为两个平方数之和。

费马定理完美地解决了第一个数论问题。然而，第二个问题要花费更长的时间来解决，虽然克劳德·巴歇已经在《算术》中看到了答案。丢番图似乎相信，任何正整数都可以表示为 4 个平方数的和的形式。很多世纪以后，巴歇认为这是正确的，但是他无法提供证明。当然对于任何你能想到的正整数这个结论都是正确的：例如，$100 = 9^2+3^2+3^2+1^2$。但它真的适用于所有的正整数吗？ 1770 年，约瑟夫·拉格朗日最后证明了丢番图和巴歇的结论：一个正整数可以表示为最多 4 个平方数的和。

华林问题

拉格朗日定理解决了将整数分解为若干平方数之和的问题，但它并没有包括更高次的幂。牛津大学的研究人员爱德华·华林考虑如何把问题从平方推广到更高次的幂。如果每个整数都可以写为 4 个平方数的总和，那么立方（三次幂）呢？ 11 可以表示为 4 个立方数的和：$11 = 2^3+1^3+1^3+1^3$。但 23 最少只能表示为 9 个立方数的和：$23 = 2^3+2^3+1^3+1^3+1^3+1^3+1^3+1^3+1^3$。这就有了一个疑问：是否每一个正整数都可以表示为若干立方数的和？

相同的问题可以推广到四次幂、五次幂、六次幂等。爱德华·华林推测，9 个立方数就应该足以表示任何正整数。对于四次幂，他认为相应的数量应该最多是 19 个。但他最大胆的说法是：对于所有形式的幂，都有这些问题的答案，即对于每个非 1 的正整数，皆存在正整数 $g(k)$，使得每个正整数都可以表示为 $g(k)$ 个 k 次方数之和。这绝不是显而易见的。至少对于五次幂来说，当我们去寻找一个比一个大的数字的时候，其要求的五次幂数的个数也可能会增加。华林问题成了一个经典的数论问题！

希尔伯特 - 华林定理

终于，在 1909 年这个问题取得了突破性的进展，大卫·希尔伯特证明华林的观点是正确的。他认为，对任意给定的正整数，必有一个 g 存在，使得每个正整数必是 g 个 n 次幂数之和。

爱德华·华林考虑如何把问题从平方推广到更高次的幂。如果每个正整数都可以写为 4 个平方数的总和，那么立方（三次幂）呢？

希尔伯特 - 华林定理是 20 世纪数论的重大突破，但它并没有完全解决这个问题。而且，实际上它没有提供任何用于回答这个问题（数字 g）的线索。

更大的突破同样在 1909 年出现了，亚瑟·韦伊费列治证明了 $g(3) = 9$，即一个正整数能表示为最多 9 个立方数的和。

之后，在 1936 年，3 个研究人员宣称他们为各次乘方给出了关于 g 的准确算法。迪克逊、皮莱和尼文的公式验证了直到 $n = 471\,600\,000$，他们的公式都是成立的。如果它对所有可能的 n 次幂都是成立的，那么自丢番图完成《算术》之后这么多年，爱德华·华林的问题最终得到了解决。

60 马尔可夫过程

突破：马尔可夫过程是安德烈·马尔可夫在 1910 年左右提出的。这个过程允许短期的不确定性和长期的可预测性。

奠基者：安德烈·马尔可夫（1856 年—1922 年）、安德列·柯尔莫哥洛夫（1903 年—1987 年）、乔治·波利亚（1887 年—1985 年）。

影响：马尔可夫过程现在广泛应用在自然科学和社会科学中，帮助我们理解各种各样的现象。

宇宙中的许多过程都是（或者看起来是）随机的，在社会科学中尤其如此。但如何分析随机过程，或者预测它们呢？为了回答这个问题，科学家和经济学家把目光转向了数学方法。其中最富有成效的方法是马尔可夫过程。安德烈·马尔可夫在 20 世纪早期提出了这个方法。

"随机"意味着任何事情都有可能发生。然而，即使在短期的结果是完全不可预测的情况下，我们在较长时期内仍然能够做出准确的预测。例如，你掷 100 次硬币，有可能 100 次都是正面，但这种可能性不大，如果你继续投掷硬币，迟早你会掷到反面。掷硬币是概率论的一个简单例子，在其他的学科中我们会遇到更为复杂的情况。20 世纪初，马尔可夫从一个随机的过程中提取关键元素，用以分析和预测随机过程。

醉汉走路

最纯粹的马尔可夫过程是随机游走，某人在一个网格或一个迷宫中的每一个岔路口的前进方向都是随机的。最简单的例子是醉汉走路，一个醉汉蹒跚地沿着路回家，这条路一边是墙，一边是水沟。每前进一步，他可能向左撞到墙，也可能向右掉进水沟，或保持他目前行走的方向。这些选

左图：烟雾粒子的短期运动是非常难以预测的，因为有太多的影响因素。将其建模为一个马尔可夫过程后，可以预测的是，在长期运动中，烟雾最终会消散。

项是以一定的概率存在的（也许这取决于他酒醉的程度）。而且路面只有四步宽，一旦他到了墙边，他可能直接往前走或掉进水沟。

假如这条路是足够长的，这个醉汉迟早会掉进沟里，但这要多久呢？如果路是 100 步长的，他走出去的概率是多少呢？这些都是马尔可夫理论要回答的问题。

蛇梯棋

不用说，这个理论不仅可应用于酒鬼回家问题，事实上，在赌场玩轮盘赌也可以使用，在那里"掉进水沟"即破产。因为赌场赔率对赌场本身是有利的，因此，如果你玩的时间足够长，你最终是会破产的。

另一个著名的马尔可夫过程是棋盘游戏——蛇梯棋。这是一个纯碰运气的游戏，没有任何技巧，以达到终点视为胜利。在这个过程中，梯子会帮助你前进，蛇会拖住你前进。游戏的关键是，未来的进展取决于现在的状态，而不是过去的。如果你是在第二十五个方格而你的对手是第三个方格，不管你们已经玩了 30 秒或 3 小时，你的胜利前景是相同的。就像醉汉徘徊在水沟边，重要的是你现在在哪里，而不是你如何到达那里。即在已知目前状态（现在）的条件下，它未来的演变（将来）不依赖于它以往的演变（过去）。这一关键准则表明了一个马尔可夫过程的特征——无后效性。

随机游走

就像醉汉徘徊在水沟边，重要的是你现在在哪里，而不是你如何到达那里。即在已知目前状态（现在）的条件下，它未来的演变（将来）不依赖于它以往的演变（过去）。这一关键准则表明了一个马尔可夫过程的特征——无后效性。

醉汉走路本质上是一个一维的问题，因为他的选择是墙和水沟。在高维的"随机游走"中，一个流浪者可以浏览整个城市或更复杂的网络。1921 年，乔治·波利亚研究了更复杂的场景，他假设一个人在一个二维网格中行走（如曼哈顿的街道）。在每一个十字路口，这个人的前进方向都是随机的，以 $\frac{1}{4}$ 的概率分别向左、向右、向前或向后。一个自然的问题是，他很可能发现过了一段时间后自己就在他的房子旁，根本没有前进。

波利亚推断这个可能是必然的，给予足够的时间，这个人最终会回到他的家。但在一个三维的网络中，这个情况又有所不同。假设一个人在一个三维的城市，他在每一个路口被允许选择向左、向右、向前、向后或者向上、向下，一共 6 个方向，那么这个人可能就没办法保证最终能回家了。事实上，这个情况的概率在 34% 左右。在高维空间相应的可能性仍然存在，但其概率会下降。

随机过程和其他马尔可夫过程的模型的随机现象出现在科学领域，如放射性衰变，或粒子团的运动等化学反应中。在 20 世纪后期，它变得更加重要，如处理那些不是真正的随机的、但需要在很多选择中做出正确的判断的情况，如生物种群，或者计算机软件。在信息论的研究中（见第 71 篇），克劳德·香农甚至构建了一个关于人类语言的马尔可夫过程，其中在某个符号后面，每一个符号的出现都有一个给定的概率。

上图：研究马尔可夫过程往往考虑曼哈顿的地图，因为它的道路构成了标准的网格系统，随机游走的选择点是每一个十字路口。即使在一个无限的网格中，这个人也有 100% 的概率最终达到任何指定的点。

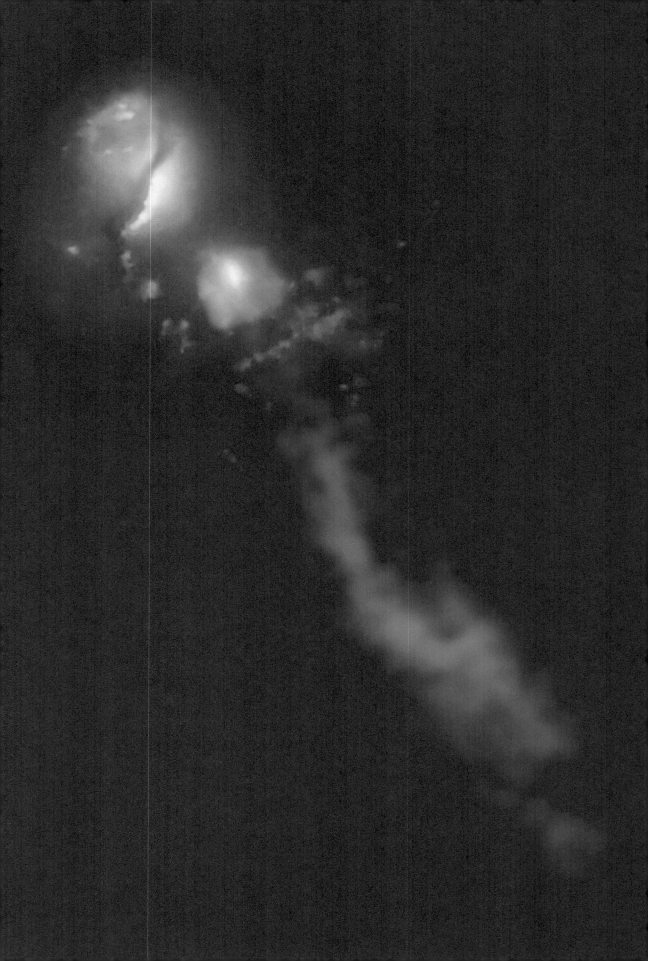

广义相对论

> 突破：爱因斯坦最大的成就是描述万有引力造成宇宙结构变形的方式。要实现这一点，需要了解张量微积分的复杂几何。
>
> 奠基者：阿尔伯特·爱因斯坦（1879年—1955年）。
>
> 影响：广义相对论已经获得了相当多的证据支持，成为我们认识宇宙的基础。

狭义相对论（见第57篇）是对物质和光的移动方式非常精确的描述，但它并没有把形成恒星和天体运动的原因——万有引力，纳入相对论的框架。在研究宇宙时，需要将牛顿的万有引力定律替换为一个新的相对论模型。

阿尔伯特·爱因斯坦的广义相对论是对时空本身的几何属性——曲率最好的理解。他的伟大的洞察力在于意识到空间和时间被物质（或能量）扭曲。这个想法很简单，但在技术上量化和描述一个四维物体的曲率是非常困难的。事实上，爱因斯坦自己也深受其扰，为建立广义相对论的数学理论，他需要探索一些艰深的几何问题。

张量演算

卡尔·弗里德里希·高斯提出了曲率理论（见第45篇）。在之后的研究中证明，一个二维的平面可以是弯曲的；然后伯恩哈德·黎曼通过分析弯曲的空间，发现了双曲空间（见第46篇）。从此，曲率占据了几何舞台的中心，开创了几何的新时代。然而，高维空间（如宇宙存在的四维时空）更难分析。首先，人类无法看到四维或更高维的事物；其次，这些空间是以多种方式弯曲的。分析这些可能的方式需要一些更高深的概念工具。

左图：黑洞是广义相对论的有力证据。在双星系统3C321中，一股能量从存在于一个星系的中心的一个超大质量黑洞（左上角）射向另一个（中心）。

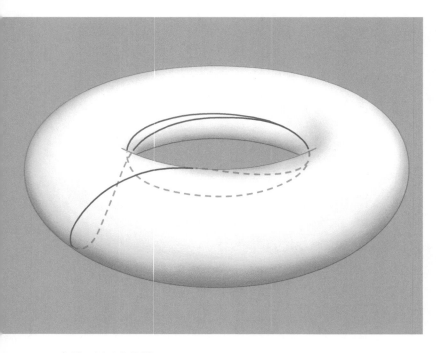

在 19 世纪末，这个概念工具终于被格雷戈里奥·里奇 - 库尔巴斯托罗和他的学生列维 - 奇维塔找到了。如同高斯用曲率来描述二维表面，里奇和列维 - 奇维塔用张量这一概念来描述高维空间。

爱因斯坦场方程

在里奇和列维 - 奇维塔的张量理论中，爱因斯坦找到了他所需要的概念工具，用来描述万有引力对宇宙的作用。他的工作归结为一个基本方程，被称为爱因斯坦场方程。它涉及里奇曲率张量，是测定空间曲率的根本措施，在对四维时空的描述中，它被改良为爱因斯坦张量，表示为 G。爱因斯坦认为：时空曲率完全由物质或能量的量决定。这又可以用一个被称为应力张量的对象表示为 T。于是，场方程表示为 $G = T$。

为了寻找对时空形状的几何描述，我们有必要解决这个方程，这是一个具有挑战性的几何问题。事实上，爱因斯坦的原始理论还很不完善。为了纠正错误，他向列维 - 奇维塔通信请教，信中说："我很佩服你的计算方法的风采，它必将使你在大道上策马奔腾，然而我们只能步履蹒跚。"

测地线和自由落体

现代物理学最重要的理论起源于伽利略、开普勒和牛顿（见第 42 篇），即牛顿第一定律。该定律大意是：一切物体在没有受到力的作用时（合外力为 0 时），总保持匀速直线运动状态或静止状态，除非作用在它上面的力迫使它改变这种运动状态。

同样的原则也在爱因斯坦的理论中发挥核心作用。然而，在弯曲的宇宙中，直线的概念不再适用。欧几里得（见第 10 篇）分析中直线只能在

上图：环面上的测地线。广义相对论源自测地线理论（或最短路径），但即便对二维表面，这些也是很微妙的。对于四维时空，张量分析是必要的。

一个完美的平面空间存在，在一个球体上是不可能画出直线的。不过，测地线在此处是能发挥作用的。

测地线常被用来回答这个问题："哪一条是两点之间的最短路径？"结果往往是令人愉悦的几何解释。例如，一个球体的表面上两点之间的测地线是大圆的一段。而在环面（如甜甜圈），则需要进行认真的分析以揭示各种可能性。在广义相对论中，时空的测地线被描述为做自由落体运动的物体的路径。所以它是做自由落体运动，而不是以恒定速度运动，这是广义相对论的基础。

在广义相对论中，时空的测地线被描述为做自由落体运动的物体的路径。所以它是做自由落体运动，而不是以恒定速度运动，这是广义相对论的基础。

黑洞

广义相对论似乎并不是一种自然的观念，因为人类生活在一个相对较弱的引力场中。然而，在过去的 20 世纪，爱因斯坦的理论得到了广泛的实验支持。星光从很远的地方到达我们这里，它往往被检测到可能是绕过了一个巨大的物体。1919 年，亚瑟·斯坦利·爱丁顿拍摄了日全食时视觉位置在太阳附近的星体位置，根据广义相对论，太阳的引力会使光线弯曲，太阳附近的星体的位置会发生变化。

广义相对论最引人注目的证据来自宇宙，时空可以弯曲到某种极端的程度，以至于光本身也不能逃脱。1916 年，黑洞的存在就被预测到，这是爱因斯坦场方程的一种解。但是直到 1971 年，第一个黑洞——天鹅座 X-1 才被发现。

62 分形

> 突破：分形是一种从整体到局部总是相似的图案，加斯顿·朱利亚首先说明了这个图案如何从一个简单的图案中得出。
>
> 奠基者：加斯顿·朱利亚（1893年—1978年）、本华·曼德博（1924年—2010年）。
>
> 影响：美丽的分形图案在现代设计中普遍存在，而其背后的数学更是在各个领域有着十分广泛的应用。

1919年，加斯顿·朱利亚进行了一项数学实验。他把一个简单的数学规则，重复了一遍又一遍，然后观察随着重复次数的增加，会发生什么事。结果十分有趣，一个非常复杂的结构产生了，数学家从没有见到过这样的结构。虽然朱利亚的工作使他在那个时代享有盛誉，但直到几十年后人们才真正欣赏到他的工作成果。在能够画图的计算机诞生之前，没有人发现这个图案有着惊人的魅力，这个图案后来被称为分形。

加斯顿·朱利亚出生在阿尔及利亚，直到第一次世界大战前夕，他一直在巴黎从事数学研究工作。在第一次世界大战开始后一年，他被召入伍，在法国东部参加战斗时，几乎丧命，一颗子弹击中了他的脸。朱利亚表现出了惊人的勇气，他拒绝撤离，直到敌人的进攻被击退之后，他才被送往医院。但他的鼻子永久地受损了，在他的余生，他一直在他的脸上戴着一件皮革物品进行遮盖。正是在住院期间，朱利亚完成了他的博士论文，在论文中他提出了有着数学上"最美的形象"之称的分形。

朱利亚集合

朱利亚集合可以由公式进行反复迭代得到，首先有一个数学规则，如一个数乘它本身，然后减去一。起始数字为 z，那么第二个数为 z^2-1。朱

左图：朱利亚集合是典型的分形。这个集合的产生是从一个数出发的，然后在一个简单的数学规则下重复迭代，产生了一个序列。如果它产生的序列是有界的，而不是发散的，数字就被标记为白色。

利亚问，这个公式反复迭代会发生什么事？他从 0 开始，将 0 代入这个公式，结果是 -1。再将 -1 代入公式，结果是 0，然后继续迭代又回到 -1。所以这个序列在 0 和 -1 之间波动。但根据不同的出发点，会得出表现不同的序列。从 2 开始，第二个数字是 3，然后 8、63、3968 等，这一次，序列以极快的速度增长，从来没有收敛。

虽然数学家做了很多尝试来表示这个朱利亚集合的图案，但直到计算机诞生才得到这个美丽的花纹图案。

朱利亚意识到，当我们反复迭代时，这一序列可能发散于无穷大（如开始数字是 2）或始终处于某一范围之内并收敛于某一值（如开始数字是 1）。我们将使序列收敛的数字（在这里是 1）的集合称为朱利亚集合。

朱利亚集合实际上是什么样子呢？在复数中可以最好地展现朱利亚集合（见第 25 篇）。对于数学规则"$z \to z^2$"，它的朱利亚集合是很简单的——一个以 0 为中心，以 1 为半径的圆。圆内部的数字形成的序列逐渐收敛到 0，而圆外部的数字形成的序列会发散到无穷大。而对于规则"$z \to z^2-1$"来说，它的朱利亚集合则很复杂。虽然数学家做了很多尝试来表示这个朱利亚集合的图案，但直到计算机诞生才得到这个美丽的花纹图案。

曼德博的分形革命

朱利亚当时并没有提出分形这一概念，几十年后这个概念首先由本华·曼德博提出。在 20 世纪 70 年代和 80 年代，曼德博引发了各界对分形的兴趣，他还写了对社会有很大影响的著作，如《大自然的分形几何》。

分形的属性是：无论我们把图形放大到多大，这些图形从整体到局部总是相似的。分形另一个早期的开拓者是谢尔宾斯基，他和朱利亚在同一时间开始工作，他从简单的几何图形（如正方形或三角形）去构造分形。他最出名的成果是谢尔宾斯基三角形，这个图形是这样得到的：将一个等边三角形分成四个全等的小三角形，将中间的小三角形去掉。然后将余下的三角形按照同样的方法继续分割，这个过程可以无限重复。到达极限之后所得到的图形叫作谢尔宾斯基三角形。这个过程表现了分形的定义属性：自相似性。每个子三角形的形状和整体是相同的，不管这个三角形是多么小。

分形的世界

　　比起惊艳世界的分形，曼德博更关注其广泛的科学意义。几何学家长期观察之后，失望地发现，世界上几乎不存在只有直线和曲线等的传统的几何图案，更多的是分形，从雪花到蕨类植物再到三角洲。三角洲形成的物理过程是相似的，无论它中间流过的是什么，因此，三角洲都大致相同。毛细血管网和溪流有着惊人相似的分形外观。蕨类植物生长的过程也类似，每一个叶状体的增长，最终都会形成一个有着漂亮的分形外观的植物。

上图：罗马花椰菜的花具有一种天然的分形结构。所有部位都是相似体，这与分形几何中不规则碎片形成过程中包含的数学原理相似。

63　抽象代数

> **突破:** 算法系统的一般规则同样适用于更抽象的设置,由大卫·希尔伯特和埃米·诺特在 20 世纪 20 年代第一次进行研究。
>
> **奠基者:** 埃米·诺特(1882 年—1935 年)、大卫·希尔伯特(1862 年—1943 年)。
>
> **影响:** 今天的数学本质上是抽象的。代数的新方法也不断地应用到几何与数论上。

抽象是数学发展史上最显著的趋势之一。在 20 世纪,数学家兴致勃勃地接受了这一学说并且在这个学科的许多分支上获得了丰厚的奖励。20 世纪 20 年代埃米·诺特在代数方面的工作开创性地为抽象代数这个学科奠定了基础。

早期的数学家们研究普通整数,以及直线和圆等这些人们熟悉的几何形状。他们的研究成果在普通人看来是可理解的。但是今天的研究人员研究的东西更为抽象,这使得他们的工作在普通人看来是深不可测的。这种高度抽象的方法,不是知识分子自恋的产物,甚至不是数学家们故意挑战自己,而是这种方法确实可以带来相当大的作用和意想不到的"清晰度"。

在数学发展的过程中,连续几代人逐渐意识到整数远远不像它早期看起来的那样简单。长期以来未得到解决的问题,如黎曼猜想(见第 50 篇)和 abc 猜想(见第 86 篇),以及哥德尔不完备性定理(见第 68 篇)都证明了这一事实。为了克服困难,我们有必要找出产生困难的原因。这导致了一个更加抽象,但在许多方面比整数系统的逻辑要简单得多的结构。

与此同时,在几何学中,人们已经认识到了新的空间,如在 19 世纪发现的非欧氏空间(见第 46 篇)和施雷夫列的高维空间(见第 49 篇)。同时,在这种情况下人们试图研究的形状变得越来越复杂,既有纯粹数学的原因,也有对物质世界的理解日益复杂的需求。

左图: 西班牙毕尔巴鄂的古根海姆博物馆。该博物馆率先使用三维电子计算机辅助设计。该技术基于代数的方法,率先使用了许多之前的设计师没有使用的工具和技术。

诺特的环

抽象学的转折点出现在 20 世纪 20 年代,源于德国数学家埃米·诺特的研究。在代数方面,整数的基本性质是它们可以进行加、减、乘、除四则运算。在更早的时期,大卫·希尔伯特和其他人就观察到其他的系统也存在这些特性,这些算术系统后来被称为环。这促使诺特对环进行更彻底、更抽象的分析。诺特没有假设她的研究对象是数字,只是假定它们存在"加法"和"乘法"运算。这些运算与我们熟悉的不是很相似,但服从定义的环的规则,如 $a + b = b + a$。

诺特的新方法为我们提供了认识加法和乘法全新的视角。她看到环由称为理想的特殊的子系统构成,这使我们能更好地理解如模运算等数学相关主题(见第 18 篇),这个模运算是整数环被特定的理想分类。例如,我们可以认为模 5 完全剩余类是通常的实数环被 5 的倍数构成的理想分类。

上图: 手术室中的达芬奇手术机器人系统。设计精密的机器人需要解决复杂的方程,以确定每个关节可以弯曲,从而调动工具到正确的位置。

随着时间的流逝,许多其他种类的环被发现了,它们和数字环有着细微的不同之处。例如,矩阵不是单个数字,而是数字组,比如 $\begin{pmatrix} 1 & 0 \\ 0 & 1 \end{pmatrix}$。这个例子是一个 2×2 的矩阵。相同大小的矩阵可以加、减、乘并且满足环的所有条件,但是它不满足另外一个基本的并且会被我们"想当然"的规律。如果我们取两个矩阵 A 和 B,$A \times B \neq B \times A$,从这个意义上讲矩阵被称为非交换环。更重要的是,矩阵不一定满足除法运算。因为诺特在定义环的时候没有假设交换性和可除性,所以环的概念对这些意想不到的结构同样有效。

代数几何

诺特研究的是纯代数，但是抽象的革命开始在整个数学界传播，一个特别明显的例子是在几何领域。在 17 世纪，笛卡儿首次公开笛卡儿坐标系，它的建立使代数方法和几何方法产生了关联。这种应用在几何上的代数方法通过奥斯卡·扎里斯基的工作，在 20 世纪中期蓬勃发展。谈论方程的形状变成了一件可能的事，在此阶段方程的研究（代数）和形状（几何）的研究有着千丝万缕的联系。因此，即使在没有明显的物理解释、没有"形状"的情况下，进行有意义的几何说明也是可能的。

埃米·诺特对环的研究在这个新的几何类中占据中心位置。在 20 世纪 50 年代，扎里斯基专注于通过方程定义的被称作簇的特殊形状。他知道每一簇对应一个环，为了研究这些特殊的形状，有必要研究相应的环，这促使我们需要对诺特的抽象代数方法进行考虑。令我们感到麻烦的是它们不是一一对应的：虽然每一个簇对应一个环，但是这并不意味着每一个环对应一个簇。

诺特关于环的工作是对纯代数的研究，但抽象的革命贯穿了整个数学，几何领域是一个特别有戏剧性的例子。

这种不对称激发了抽象的跳跃，这是 20 世纪最深刻的跳跃之一。在 20 世纪 60 年代，亚历山大·格罗滕迪克再次通过利用任意环找到了一种彻底改革几何的方法。他所得到的高度抽象的结构被称为概型，并且它是现代的代数几何学家研究的核心对象。今天代数几何上的簇和概型是由欧几里得和笛卡儿的直线和圆演化得来的，尽管它们有非常少见的性质。

64 　扭结多项式

> 突破：1923 年，亚历山大将代数方法应用到扭结理论的研究中，提供了一个可以区分两个扭结的方法。
>
> 奠基者：詹姆斯·韦德尔·亚历山大（1888 年—1971 年）、沃恩·琼斯（1952 年—2020 年）。
>
> 影响：从生物化学到电子产品，扭结广泛地应用于各个领域中。亚历山大和琼斯对扭结代数的描述是扭结理论的核心。

19 世纪末，科学家们开始对扭结系统感兴趣，他们所做的工作奠定了扭结理论学科的基础。经过 20 世纪的发展，扭结理论最终成为各个科学领域的重要工具，包括生物化学和量子物理学。1923 年，是扭结理论的关键一年，詹姆斯·韦德尔·亚历山大发现了第一个已知的扭结多项式，也就是所谓的亚历山大多项式。

扭结理论起源于 19 世纪 70 年代的两个苏格兰物理学家：威廉·汤姆森（后来成为开尔文勋爵）和彼得·泰特。随后托马斯·科克曼和美国内布拉斯加大学的查尔斯也加入对扭结的研究。

他们并不是第一批对扭结感兴趣的数学家。扭结在科技和设计中的应用和我们的文明一样古老，在 19 世纪初，卡尔·弗里德里希·高斯已经开始使用数学方法分析两个回路可能变成扭结的方法。但是，由于对此兴趣不大，高斯的精力转移到其他方面。与此相反，汤姆森和泰特对扭结有着强烈的兴趣，他们坚信，扭结是物质构成的结构方式。

左图：扭结已经有几千年的使用历史。但直到最近，科学界才开始重视扭结的数学原理，并且出现了各种意想不到的数学难题。

原子旋涡论

和同时代的许多人一样，开尔文勋爵假定宇宙中充满称为以太的物质。

他认为在物质形成的过程中，以太变得活跃起来，就像我们看到的在高空飞行的飞机留下的尾迹一样。以太形成了旋涡——开尔文认为就和烟圈一样。这些旋涡被认为是物质的基础单位：原子。但是，是什么原因让一个碳原子与银原子有区别呢？汤姆森认为是由于以太的扭结方式。扭结方式不同，其化学结构不同。

旋涡理论没有存在很长时间。这个理论是一个富有想象力的理论，但是不客气地说它是完全错误的。

旋涡理论没有存在很长时间。这个理论是一个富有想象力的理论，但是不客气地说它是完全错误的。然而，开尔文的扭结理论打开了我们真正洞察物质本质的视野。

亚历山大多项式

对一个数学家而言，一个扭结就是一团纠结的绳子，就像水手结，不同的是，扭结的末端是连起来的。最简单的扭结是一个普通的圆箍，我们把它叫作"解开"。当然解开没有任何意义。在扭结理论中，第一个真正的扭结叫三叶结，它可以用交叉结连接两个末端而形成，这是一种有 3 个交叉的结。

早期的研究者试图理解交叉数增加的扭结变化情况。他们发现当交叉数不多于 6 个交叉时会有 8 个扭结，当有 7 个交叉时会有 7 个扭结。交叉数继续增加时，会遇到一些困难，有时第一眼看上去两个扭结可能不同，但是在经过一定的操作后，这两个扭结会变得一样。

确定两个扭结是否是同一个扭结的问题是一个深刻的几何问题——看起来很棘手。第一个理论突破是在 1923 年，詹姆斯·韦德尔·亚历山大找到了一种方法，使用代数方法描述扭结。对每一个扭结，他分配一个多项式，例如，"解开"有一个多项式"1"，而三叶结则是"$x-1+x^{-1}$"。因为这两个代数表达式不同，表明两个扭结是不同的。任何方法也不能将三叶结变成"解开"。这是第一次用可靠的方法来确定两个扭结是否真的是不同的。

扭结的不变量

虽然亚历山大多项式是一座里程碑，但这个方法是不完美的。因为有

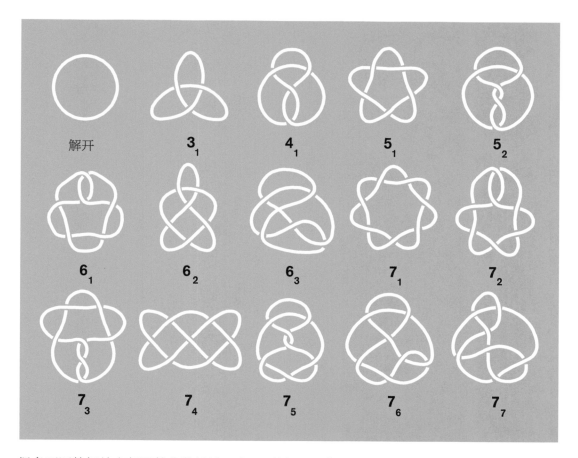

解开 3_1 4_1 5_1 5_2

6_1 6_2 6_3 7_1 7_2

7_3 7_4 7_5 7_6 7_7

很多不同的扭结有相同的代数描述。在 20 世纪，研究者继续对亚历山大的工作进行改进。主要成就是 1984 年，沃恩·琼斯发明了被称为琼斯多项式的扭结代数描述，这为扭结理论的发展做出了进一步的推动。琼斯多项式对亚历山大多项式的重大改进是：它可以从投影图中区分大部分扭结。

琼斯的突破很快在科学领域被广泛应用。扭结理论是研究如何把若干个圆环嵌入三维欧氏空间中去的数学分支。扭结理论的特别之处是它研究的对象必须是三维空间中的曲线。在量子场论中，扭结理论（如琼斯多项式）也是重要的工具。在实用的领域，它也被应用于化学中大分子的空间结构的研究，如遗传物质 DNA 的研究。然而，甚至同时应用亚历山大多项式和琼斯多项式，我们也不足以区分任意两个扭结。如此令人沮丧的结论说明扭结的研究任重道远，对今天的数学家来说，扭结理论仍旧是一个充满挫折和魅力的研究课题。

上图：这 15 个扭结中最多的扭结有 7 个交叉。这些扭结都是不同的，没有任何办法可以将一个变成另一个。到 16 个交叉时，会有 1 701 936 个不同的扭结。

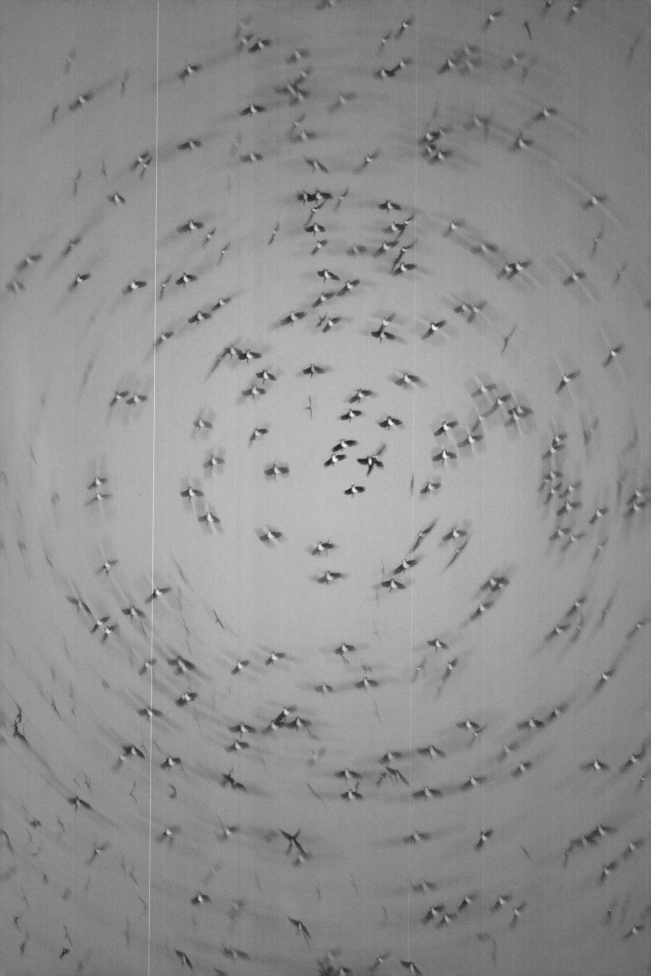

量子力学

> 突破: 20 世纪初, 实验已经证明光可以同时表现为粒子和波的形式。我们面临的挑战是如何找到一个数学模型来描述这一全新的物理概念。
>
> 奠基者: 马克斯·普朗克 (1858 年—1947 年)、阿尔伯特·爱因斯坦 (1879 年—1955 年)、埃尔温·薛定谔 (1887 年—1961 年)、维尔纳·海森堡 (1901 年—1976 年)。
>
> 影响: 量子力学和薛定谔方程是科学史上最伟大的发现之一。

纵观历史, 物理学家逐渐开始用数学建模来分析各种物理现象, 这在 20 世纪初表现得最为突出, 当时的调查得出了一些令人震惊的结果。为了将其应用在量子物理学, 科学家迫切需要发展一些新的数学。

做一个实验, 光源发出一束光照在墙上, 在两者之间有一个作为障碍的屏幕。屏幕上有一个或两个狭缝让光通过。我们可以在墙上看到什么图案? 这个实验的答案将揭示光的本质。

双缝干涉实验

双缝实验是在 19 世纪早期由托马斯·杨首先进行的, 这个实验的目的是解决一个长期存在的问题: 光是由粒子组成的还是一种波? 杨的推断是, 如果光是由粒子组成的, 那么当光通过两个狭缝之后, 他看见的是两束明亮的光。但是如果光是一种波, 就会看到与之不同的现象——不同于粒子, 波存在干涉现象。如果穿过一条缝隙的一部分光和穿过另一条缝隙的"同相"(也就是两个部分波的波峰同时产生, 波谷也同时产生), 则它们将互相加强。但是如果它们刚好"反相"(也就是一个部分波的波峰

左图: 许多鸟类每年都会进行长距离的迁移。它们如何定位一直是个谜, 一些科学家正在调查量子效应是否会让它们感觉到地球磁场的方向。

在过去，粒子一直被认为在某一时刻的位置是固定的。但随着量子力学的出现，这一切都改变了。

叠加到另一部分的波谷上），则它们将互相抵消。在实验中，墙上出现了干涉图案，这就明白无误地表示波的存在。因此，光的粒子理论被证明是错误的，后来，19世纪的数学家通过傅里叶变换（见第41篇）对此进行了非常详细的研究。

然而，这个结论在 20 世纪受到了冲击。首先，光的粒子理论重新被人提出，照在金属表面的光会使金属中的电子逸出，这就是光电效应。光的波动说只能部分解释光电效应，甚至有些从波动说推导出来的结论与实验结果相互矛盾，于是就需要新的理论来解释光电效应。人们开始重新注意光的粒子性。阿尔伯特·爱因斯坦注意到了能量子的意义，提出光在吸收和发射时能量是一份一份的，光也是由一个个不可分割的能量子组成的，这些能量子叫作光子。

第二个证据是杰弗里·泰勒的双缝实验。这一次实验采用了更先进的技术，将光源减弱到一个程度，在任何时间，最多只有一个光子通过双狭缝。结果是惊人的：在这种状况下，他成功地证实，实验仍旧能够产生明显的干涉图案。显然，每个单独的光子仍能到达图案中明亮的部分。但单光子怎么会干涉自身？答案就是光表现出波和粒子两者的性质。波的性质表现在，光通过两个狭缝照到墙上并形成干涉图案。由此产生的干涉图案可以被解释为一个单光子到达每一个特定的位置上的概率。

波函数

要让量子力学有意义，需要一些新的数学方法。一个基本的方法是概率论。在过去，粒子一直被认为在某一时刻的位置是固定的。但随着量子力学的出现，这一切都改变了。一个更好的模型是，粒子以一定概率出现在一个给定的位置。概率波的一个显而易见的出发点是试图对粒子的行为模式给予一个标准的分布，如正态分布（见第35篇）。

然而，古典概率理论对这次实验的解释是远远不够的，概率分布不能分析干扰波。概率始终是大于或等于 0 的，永远不可能是负的。因此，两道光束的分布不可能相互抵消，而在墙上的暗斑却表明这是有可能发生的。

波函数所代表的是一种概率的波动。这虽然是人们对物质波所能给出的一种理解，但是波函数概念的形成正是量子力学完全摆脱经典观念，走

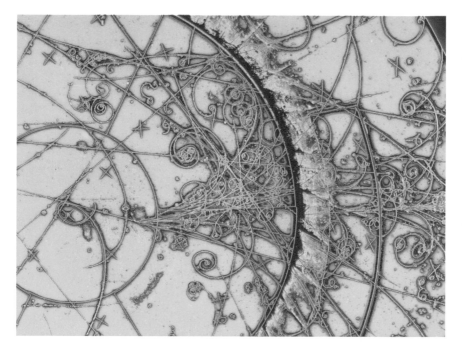

左图： 彩色图像显示的是亚原子粒子在气泡室中的轨迹。这些粒子会留下一个极其微小的气泡，这就暴露了它们的踪迹。路径由于强磁场的作用而弯曲。那些能够留下气泡踪迹的粒子总是带电的——带正电或带负电。

向成熟的标志。波函数和概率密度，是构成量子力学理论的最基本的概念。不同于传统的概率分布，一般来讲，波函数是空间和时间的函数，并且是复函数（见第 25 篇）。光应被视为一个波函数，采用不同的（复数的）方式来表现粒子在空间的不同位置。它能表明光可以像波一样出现干扰，也可以具有粒子的许多特性，包括在附近单位体积内发现粒子的概率。

薛定谔方程

科学上有很多定律描述了一个物体如何随时间变化，如纳维－斯托克斯方程（见第 44 篇）描述流体的流动过程，开普勒定律（见第 29 篇）预测行星的轨道路径。力学量取值的概率分布如何？这个分布随时间如何变化？这些问题都可以通过求解波函数的薛定谔方程得到解答。这个方程是奥地利物理学家薛定谔于 1926 年提出的，它是量子力学最基本的方程之一。薛定谔方程描述了微观粒子的运动，每个微观系统都有一个相应的薛定谔方程式，通过解方程可得到波函数的具体形式以及对应的能量，从而了解微观系统的性质。这是一个伟大的成就，因为当遇到哲学理论上的困难时，我们可以暂时舍去哲学上的难题，只要简单地解决相应的薛定谔方程就可以了。

66　量子场论

> 突破: 量子力学被应用到更广泛的领域中，如电磁学。
>
> 奠基者: 保罗·狄拉克（1902 年—1984 年）、理查德·费曼（1918 年—1988 年）、朝永振一郎（1906 年—1979 年）、朱利安·施温格（1918 年—1994 年）。
>
> 影响: 量子场论是粒子物理学标准模型的基础，它对亚原子粒子的描述相当准确。

量子力学无疑是科学史上最伟大的成就之一（见第 65 篇），然而，作为对自然界的一个完整的分析，它还存在几个缺点，它没有考虑到颗粒可以互相影响的方式。因此量子力学需要嵌入一个更大的理论框架。这样做的结果是量子场理论——粒子物理学不可或缺的组成部分。然而，它背后的数学知识仍然很神秘。

量子力学最明显的缺点是，它没有考虑到物理学的革命——狭义相对论（见第 57 篇）。保罗·狄拉克弥补了这一缺点，他把相对论引进了量子力学，建立了相对论形式的薛定谔方程，也就是著名的狄拉克方程。狄拉克方程是量子力学的一座里程碑，后来发展为量子场论。

狄拉克方程

长期以来，科学家一直认为粒子（无论是原子、质子、电子或光子）是构成宇宙的物质，这些粒子永恒存在、不可摧毁。然而，狭义相对论，特别是著名的质能等价理论（$E = mc^2$）反对这种观点。粒子不可摧毁这个观点不能描述粒子的产生和湮没。

相反，狄拉克认为电子应该被看作电子场这一更原始的事物的激发态——就像光子被认为是电磁场（或光）的激发态一样。许多在 20 世纪

左图: 希格斯场。1964 年，科学家预言了希格斯玻色子的存在，希格斯玻色子是粒子物理学的标准模型中的一个主要支撑。2012 年，欧洲核子研究中心的大型强子对撞机发现了希格斯玻色子的信号。

量子电动力学研究的是关于电子的行为，其以惊人的准确预测著称，在实验室中进行的验证中误差低至万亿分之一。

被发现的其他粒子也有这样的特点：夸克、中微子、希格斯玻色子等。每个都可以被看作自己的场的激发态。

狄拉克的命题将量子力学和狭义相对论结合起来，很快得到了许多实验的支持。狄拉克意识到他的方程有第二种解决方案，存在一个电荷与电子相反的粒子。狄拉克由此做出了存在正电子的预言，认为正电子是电子的一个镜像。1932 年，美国物理学家安德森发现了狄拉克预言的正电子。如今，科学家们相信，基本上所有的粒子都有对应的反粒子（由此产生了一个宇宙的谜团是，为什么物质比反物质更常见）。

量子电动力学

虽然狄拉克的工作是一个重大的突破，但它没有考虑到粒子之间的相互作用。20 世纪 40 年代才有了第一个真正成熟的理论体系，即物质和电磁相互作用。新的理论体系是由理查德·费曼、施温格、朝永振一郎、F. J. 戴森等建立的，称为量子电动力学（或 QED）。量子电动力学研究的是关于电子的行为，其以惊人的准确预测著称，在实验室中进行的验证中误差低至万亿分之一。

粒子物理的标准模型

电磁力是自然界四种基本力之一。数学物理学家在量子电动力学的基础上，逐渐用量子场论解释了剩余的三个力中的两个。第二种力被称为弱力，它制约着放射性现象，这解释了为什么会有核衰变，它是由被称为 W 和 Z 玻色子的粒子介导的，二者被发现于 1983 年。电弱相互作用是电磁作用与弱相互作用的统一描述，它表示，在非常高的能量中，弱力和电磁力是统一的——它们实际上是一个力的两个方面。

第三种力是强力，这是作用于强子之间的力，是目前所知的四种宇宙间基本作用力中最强的，是质子、中子结合成原子核的作用力。这种强大的力有自己的场，被称为色场，相应的粒子被称为胶子。

把这些加在一起，由此产生的组合框架是粒子物理的标准模型，是

20 世纪 70 年代以来粒子物理的基石。一个证据是 2012 年希格斯玻色子的发现。1964 年，这个粒子就被物理学家们从理论上假定存在，并且长期是整个粒子物理学界研究的中心。

重整化和杨－米尔斯理论

粒子物理的标准模型已经非常成功，其正确预测出多种类型的粒子的存在，尤其是夸克和希格斯玻色子，但仍存在一些问题。在物理学上，最大的问题是如何用标准模型描述最后一种力：引力，正如广义相对论中所描述的那样（见第 61 篇）。

然而，这不是唯一的问题。值得注意的是，在量子场论的早期，弱力在微小的尺度上有一个不同的表达（见第 23 篇），这有时会产生一个无限的结果。当然这是不实用的。这个问题是用一个称为重整化的处理来解决的。费曼说，这样的处理使我们无法证明量子电动力学的理论在数学上是自洽的。这个问题仍然没有解决，一些相关问题，包括著名的杨－米尔斯问题也一样。而杨－米尔斯问题如物理学家爱德华·威滕所说"基本上意味着标准模型的意义"。尽管有令人印象深刻的证据基础，但从纯数学的角度来看，量子场论没有得到一个在数学上令人满意的证明。在这一问题上的进展需要在物理学和数学两方面引进根本上的新观念，这也是数学物理学家未来面临的主要挑战。

上图：欧洲核子研究中心的大型强子对撞机（LHC）的阿特拉斯探测器。阿特拉斯是一个广域的探测器，能探测在大型强子对撞机质子碰撞中产生的所有的粒子。阿特拉斯探测器巨大的圆环形磁铁系统是它的主要特征。这一系统由 8 个 25 米长的超导磁铁线圈组成，这保证了通过阿特拉斯探测器可以看到任何粒子。

67 拉姆齐定理

> 突破：拉姆齐通过分析得出，即使是在最混乱的情况下，也会出现有序结构的原因，这催生了一个新的数学领域。
>
> 奠基者：弗兰克·拉姆齐（1903 年—1930 年）。
>
> 影响：拉姆齐定理是整个数学领域的工具。然而，它的许多问题仍然没有答案，特别是拉姆齐问题的确切数值通常是很难找到的。

20 世纪 30 年代，就在拉姆齐去世前几个月，他发表了一篇重要的论文，提出了一个新的课题，这个新课题被称为拉姆齐理论，主要是探索秩序和混乱之间的边界。但是，确切的拉姆齐数的数值一直极难找到。

拉姆齐的兴趣不局限于数学，他涉猎了很多领域。作为约翰·梅纳德·凯恩斯的亲密朋友，他先后发表了 3 篇经济学论文，包括《对税收理论的一个贡献》。后来，他在这方面的观点被公认为是数理经济学的最杰出的贡献之一。拉姆齐也着迷于哲学问题，他发表了一些哲学论文并将路德维希·维特根斯坦的《逻辑哲学论》从德语翻译成英语（一个剑桥同事后来回忆说，他用了不超过一周的时间就学会了德语）。后来，1923 年他去奥地利与维根斯坦讨论研究工作。由于肝脏疾病，弗兰克·拉姆齐英年早逝，他在短暂的一生中，对许多领域做出了开拓性的贡献。

在数学领域内，特别是对数学和逻辑学的基础性研究，拉姆齐做出了重要贡献。今天，他最为人知的成就是为"宴会"问题提供了解决方案。这不仅仅是一个有趣的数学问题，也是数学理论上的一个重大突破。

左图： 拉姆齐理论的起源是宴会问题。要邀请多少人才能确保客人中有 3 个人彼此是朋友，或 3 个人彼此是陌生人？

宴会问题

拉姆齐着手解决一个宴会组织者面临的两难问题：他想确保客人可以有一个好的交际环境，作为一种平衡，他要确保客人中有 3 个人彼此是朋友，或 3 个人彼此是陌生人。问题是：他要邀请多少人才能保证满足这种情况呢？

3 个人显然是不够的。事实上，4 个人也不够，因为 4 个人可以两两互相认识，这意味着每一个客人有一个朋友，两个陌生人。5 个人也是不够的。但是当有 6 个人时，我们就可以确保客人中有 3 个共同的朋友或陌生人了。

在数学上，最好的表达这种宴会问题的方法是图论（见第 36 篇）。如果一个点代表出席晚宴的一位客人，两点之间的白线表示他们两个是朋友，蓝线表示他们是陌生人，那么晚宴问题现在转化为，每一个网络至少有 6 个点时，才能确保至少包含一个单一颜色的三角形。

这是一个对晚宴问题的完美解答，虽然似乎看起来不像一个数学的重大突破，但这个问题很容易推广。例如，我们想要一个晚宴中有 4 个共同的朋友或陌生人，那么在图形方面，就表现为包含一个单一颜色的四边形时要求的最少的点的数量。这个数字很难找到，因为随着要求的朋友或陌生人数量的增加，单一颜色的图形的种类也会增加。有大约 1000 万个不同的十边形，因此检查所有的图形是否符合要求变得不切实际。然而，

1955 年，答案确定为 18 个点。如果你邀请 18 位客人来你家，其中一定会有 4 个共同的朋友，或 4 个共同的陌生人。客人中存在 5 个共同朋友或陌生人的答案仍不确定，我们仅仅知道答案在 43 和 48 之间。

这个问题就是拉姆齐理论的原型。拉姆齐证明，对给定的正整数 k，答案是唯一且有限的。

无限的拉姆齐定理

有人可能会问，拉姆齐理论有什么用？毕竟拉姆齐问题太难回答了。拉姆齐证明，每一个宴会问题，答案是唯一且有限的。这绝不是显而易见的，人们完全可以想象自己找到任意大的图，避免 6 点之间存在同颜色的边线。我们现在知道，点数超过某个值之后，每一个图都会满足这个条件（事实上，阈值介于 102 和 165 之间）。

将拉姆齐定理应用到无限的情况，以图的形式来表示，它会变得很漂亮。想象一个无限图中的每对点由边线连接，边线的颜色是有限数量的颜色中的一种。拉姆齐定理认为，点形成的单一颜色的图的数目是无限的。

这真是个美妙的定理，原始的图像可能具有非常复杂的或随机的结构。然而，拉姆齐表明，总是可以在其中找到一个非常简单的、高度有序的结构。这种从混乱中找出秩序的能力使拉姆齐定理成为今天数学家的一个强大的武器。

将拉姆齐定理应用到无限的情况，以图的形式来表示，它会变得很漂亮。

68 哥德尔不完备性定理

> 突破：通过了解如何用数来表达逻辑，以及如何用逻辑来表达数，哥德尔表明，并不存在一个绝对完备正确的形式系统。
>
> 奠基者：库尔特·哥德尔（1906 年—1978 年）。
>
> 影响：哥德尔不完备性定理的发表或许是逻辑史上最重要的时刻，它令数学家以崭新的角度重新审视自己的研究。

在一开始的时候，数学仅仅是一个纯粹的实用学科：关于世界的一种计算工具。几千年来，它一直对农民、商人、工程师和科学家有着无法估量的价值。但在 20 世纪前后，一些哲学问题从数学中脱颖而出。其中，1931 年，哥德尔不完备性定理的证明对数学逻辑的复兴有着很大的贡献。

正如物理学家一直在寻找宇宙的基本规律一样，19 世纪末的逻辑学家如戈特洛布·弗雷格和皮亚诺也在寻求逻辑学背后的数学公理。这个问题比人们预期的要困难得多。数字的一些规律比较容易发现，例如，当你将两个数字相加，它们的顺序无关紧要：$a+b=b+a$，无论 a 和 b 是多少。同样的事情在乘法中也是成立的：$a \times b = b \times a$。这些准则对数字是完全有效的，构建个体的准则框架并不是很困难。

19 世纪和 20 世纪早期逻辑学的先驱有一个雄心勃勃的目标：制定一个完整的数理公理体系。这个体系的基本性质是，一切数学命题原则上都可由此经有限步推定真伪，所有公理都是互相独立的，使公理系统尽可能的简洁。（事实上，上述两个规则 $a+b=b+a$ 和 $a \times b = b \times a$ 通常不作为根本的规则，它们是来自更原始的规则的结果。）

左图：哥德尔设计了一个逻辑和数之间的对照系统。正如一个逻辑系统可以用来描述数，他意识到，数也可以描述逻辑。哥德尔不完备性定理是这种新型的对照系统的产物。

$$*54\cdot43. \quad \vdash:. \alpha, \beta \in 1 . \supset : \alpha \cap \beta = \Lambda . \equiv . \alpha \cup \beta \in 2$$

Dem.

$$\vdash . *54\cdot26 . \supset \vdash :. \alpha = \iota'x . \beta = \iota'y . \supset : \alpha \cup \beta \in 2 . \equiv . x \neq y .$$
$$[*51\cdot231] \qquad\qquad\qquad\qquad\qquad\qquad \equiv . \iota'x \cap \iota'y = \Lambda .$$
$$[*13\cdot12] \qquad\qquad\qquad\qquad\qquad\qquad \equiv . \alpha \cap \beta = \Lambda \qquad (1)$$
$$\vdash . (1) . *11\cdot11\cdot35 . \supset$$
$$\vdash :. (\exists x, y) . \alpha = \iota'x . \beta = \iota'y . \supset : \alpha \cup \beta \in 2 . \equiv . \alpha \cap \beta = \Lambda \qquad (2)$$
$$\vdash . (2) . *11\cdot54 . *52\cdot1 . \supset \vdash . \text{Prop}$$

上图：伯特兰·罗素和艾尔弗雷德·诺思·怀特海合著的《数学原理》的一段摘录。这本书标志着人类逻辑思维的巨大进步，此书是永久性的伟大学术著作之一。这本书的目的是从逻辑基础得到标准的数学结果。它最显著的缺点就是晦涩难懂。

希尔伯特的计划和《数学原理》

20 世纪早期，数学家从事大量对基础数学的研究，对逻辑学和数学之间的关系做出了展望。大数学家希尔伯特向全世界的数学家抛出了一个宏伟计划，其大意是建立一个公理体系，使一切数学命题原则上都可由此经有限步推定真伪，这叫作公理体系的"完备性"。其中最重要的尝试是由伯特兰·罗素和艾尔弗雷德·诺思·怀特海合著的《数学原理》，书中说明所有纯数学都可从纯逻辑前提推导，并且只使用可以用逻辑术语定义的概念。但直到书中第二部分，他们才证明了"1 + 1 = 2"。在吃力地推导了几个更复杂的数学定理后，他们在后面的章节中获得了许多我们熟悉的整数的性质。

虽然不是没有质疑，《数学原理》也许是自亚里士多德之后在数理逻辑上最伟大的一项非凡成就。但最终的数学规则是什么？按照罗素和怀特海的规则，是否每一个数学问题都可以得到解决？

希尔伯特的计划也确实有一定的进展，几乎全世界的数学家都乐观地看着数学大厦即将矗立。正当一切都越来越明朗之际，突然一道晴天霹雳。1931 年，在希尔伯特提出计划不到 3 年，年轻的哥德尔就使希尔伯特的梦想变成了令人沮丧的噩梦。当时，哥德尔是一个鲜为人知的奥地利研究人员，他刚刚被授予维也纳大学的博士学位。哥德尔阅读和深入分析了《数学原理》。阅读这本晦涩难懂的书不是一件容易的事，但哥德尔得出了一个震惊世界的结果。

哥德尔定理

1931 年，哥德尔发表了题为《〈数学原理〉（指怀特海和罗素所著的书）及有关系统中的形式不可判定命题》的论文，其中包括他著名的不完备性定理。这项工作的结果是，指出了所有当时在进行的数学上的努力最终注定是要失败的。这不仅仅是说《数学原理》，或任何其他的数学界的逻辑理论是不完备的。哥德尔证明：任何无矛盾的公理体系，只要包含初等算术的陈述，则必定存在一个不可判定命题，用这组公理不能判定其真假。也就是说，"无矛盾"和"完备"是不能同时被满足的！

一旦确定原因，任何给定的缺口，可以仅通过建立一个合适的新规则来堵住。麻烦的是，哥德尔意识到，堵缺口这一过程会一次又一次地发生，永远不会结束。

哥德尔配数

哥德尔研究的中心是自指的现象。当其他的理论家已经用逻辑来描述数时，哥德尔认为，可以用数字的方法来分析逻辑问题。将哥德尔编码法应用于定理和证明显示，任何能够描述数的逻辑系统必须能够描述自己。哥德尔最后能够做到将下面的说法用数字来表示："这个观点不可证。"这句话可以理解为一个纯粹的算术命题，它要么是对的要么是错的。如果是错的，意味着逻辑系统可以证明一种假的观点，这将是一场灾难。因此观点必须是真实的。但是，如果此命题为真，那它就是一个真实却无法证实的公式：一个逻辑系统的缺口。

《数学原理》中说明所有纯数学都可从纯逻辑前提推导，并且只使用可以用逻辑术语定义的概念。但直到书中第二部分，他们才证明了"1 + 1 = 2"。

哥德尔定理是逻辑史上的一个转折点，它在 20 世纪初的基础危机下，迫使数学家更加关注学科的核心原则，从而形成了几个全新的数学学科。新的学科被称为证明论，是研究数学证明的数学理论，用来比较不同的已知的数学规则的强度。同时，逆数学试图通过找出证明所需的充分和必要的公理来评价一批常用数学结果的逻辑有效性。

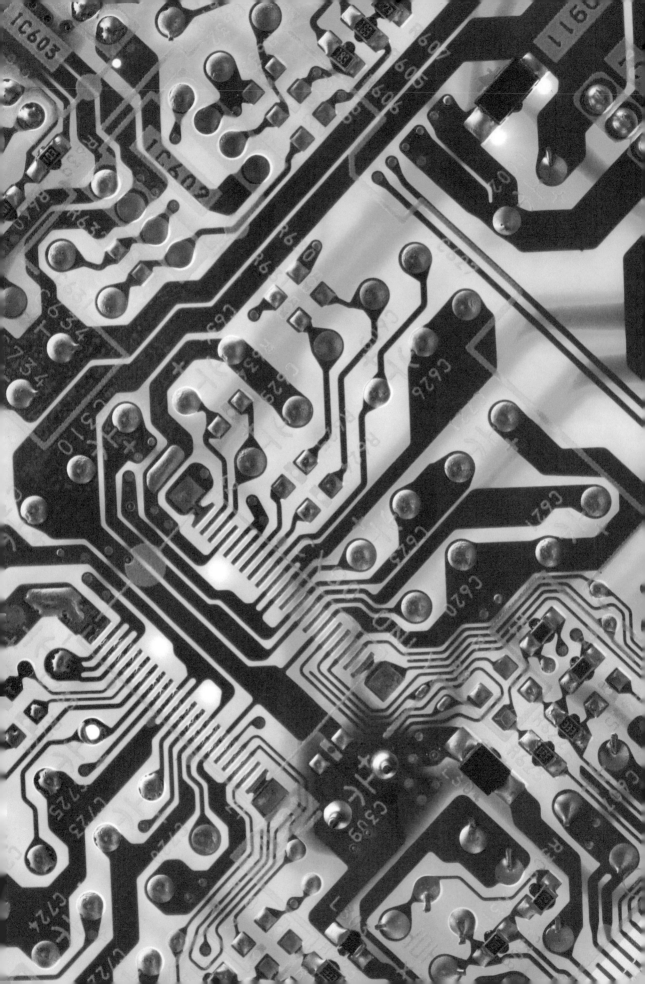

69   图灵机

突破：图灵机是按照严格的逻辑指令来执行程序的设备。研究图灵机的运行理论可以让我们洞察整数的逻辑基础。

奠基者：阿朗佐·丘奇（1903 年—1995 年）、艾伦·图灵（1912 年—1954 年）。

影响：图灵的研究成果在 20 世纪具有划时代的意义，他开创了计算机时代。

艾伦·图灵和阿朗佐·丘奇在 20 世纪 30 年代的工作成果不仅带来了技术创新，更重要的是，它解决了一个数理逻辑中的技术问题，这个问题由大卫·希尔伯特在此 10 年前提出。他们的工作的影响远远超出了科学界，为 20 世纪最重要的发明——可编程计算机，打下了基础。

20 世纪 30 年代后期，剑桥大学的研究员艾伦·图灵把他的精力投入到一个由大卫·希尔伯特在此 10 年前提出的问题中。这个问题本质上是"如何判定一个数学命题是真的"。库尔特·哥德尔已经说明，不管你采用怎样的逻辑框架，总有一些数学命题是无法证明的（见第 81 篇）。

算法和证明

哥德尔的工作是关于存在（或不存在）的数学证明，而图灵感兴趣的是判断真理的程序。在不考虑哥德尔无法证明的观点的前提下，是否存在这样的程序，可以证明一个观点正确与否？

数学中存在着许多悬而未决的问题，如黎曼猜想（见第 50 篇）、贝赫和斯维讷通－戴尔猜想（见第 88 篇）等。希尔伯特曾设想用一个程序来解决它们。它从数学表达式开始，按照预定的规则得到一个答案："正

左图：现在计算机的内部的连接方式。在过去的 50 年，计算机已经发生了翻天覆地的变化。虽然计算机的设计方法有很多，但从丘奇－图灵论题上看都是等价的。

确"或"错误"。如果可以得到这样的程序，它将标志着数学的终点。希尔伯特认为这样的程序是存在的，他的观点正确吗？

图灵机

　　要回答这个问题，图灵需要知道这样的"程序"是由哪些部分组成的。图灵构造出一台假想的机器，该机器由以下几个部分组成：一条无限长的纸带，纸带被划分为一个接一个的小格子，每个格子上包含一个来自有限字母表的符号（现今通常只指 0 和 1）；一个读写头，该读写头可以在纸带上左右移动，它能读出当前所指的格子上的符号，每一个符号代表一个简单的指令。根据收到的指令，图灵机可以读取、擦除和重写纸带上的符号，也可以沿纸带向前或向后移动纸带。图灵意识到通过正确的指示，这个简单的机器可以执行许多数学任务。不仅可以进行加法和乘法运算，还可以测试某个数是否是素数，还能解方程。事实上，越来越多的图灵机被制造出来，图灵机不能完成的数学任务越来越少。

图灵意识到通过正确的指示，这个简单的机器可以执行许多数学任务。事实上，越来越多的图灵机被制造出来，图灵机不能完成的数学任务越来越少。

　　图灵机完全满足上述"程序"的要求。图灵进而设计通用图灵机，这台机器可以模拟任何其他的图灵机。如果希尔伯特的问题有一个肯定的回答，那么它是通用图灵机，但它是不可能存在的。图灵意识到有一些问题，即使通用图灵机也不能回答。特别地，他让通用图灵机来确定，哪些图灵机将最终完成自己的所有指令并停止工作，哪些图灵机会永远工作下去。这就是"停机问题"，通俗地说，停机问题就是判断任意一个程序是否会在有限的时间之内结束运行的问题。图灵将这看作一个纯粹的数学问题，但通用图灵机无法提供答案。

丘奇 - 图灵论题

　　阿朗佐·丘奇也解决了希尔伯特的问题，但是他使用的是另一种完全不同的解决办法。他建立了被称为 λ 演算的一个抽象的系统，并表明，关于两个 λ 演算表达式是否等价的命题无法通过一个通用的算法来解决。

　　丘奇和图灵合作，将自己的研究成果与对方的联系在一起。事实上，虽然采用了完全不同的两种表达方式，但它们在基础数学上是一样的。一

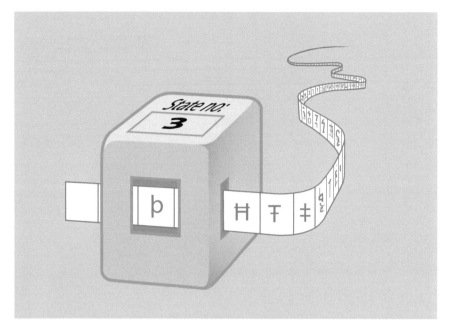

台图灵机的计算也可以由 λ 演算表示，反之 λ 演算可以由图灵机计算来完成。随着时间的推移，一些逻辑学家想出了其他的方式。所有的这些方式都证明丘奇以及图灵的方法在理论上是相同的。

丘奇-图灵论题是一个强大的概念，它不依赖于任何特定的计算系统。存在许多这样的系统，其主要的编程语言有 C++、Java 和 Python 等，但有些系统有着完全不同的表现，如"生命"游戏（见第 82 篇）。当然，今天的计算机经过改进，运行速度更快、内存更大，以及编程语言可以更方便、更适合某些特定的任务。但丘奇-图灵论题认为，在设计上不可能把任务对象转换成一个可计算的单一任务。特别是没有一个计算机能够满足希尔伯特的要求，即回答每一个可能的数学问题。

可编程计算机

图灵机的理论发表之后，图灵的朋友约翰·冯·诺依曼，就下定决心，在现实世界中构建一个通用图灵机。这些早期的计算机如 EDVAC，是一个由成千上万的连接阀组成的巨大装置，它需要在整个房子中运作，更不用说要大批人来操作它们。纸带的角色最初由打孔卡来扮演，以进行早期的计算机程序，后来用磁带。它们实现了图灵的梦想，是我们现代社会的智能手机和计算机的"祖先"。

70 数值分析

突破：数值分析是求解方程近似值的一门学科，是数学的一个分支。它的历史可以追溯到数学的产生，但是直到 20 世纪，它才发展为一门真正的学科。

奠基者：理查·科朗特（1888 年—1972 年）、冯·诺依曼（1903 年—1957 年）。

影响：如今数值分析被工程师和科学家广泛采用。在最近的几十年中，它和计算数学的发展密不可分。

数学，是一门精确的科学，然而，数学工具应用于科学、技术与工程领域时，精度总是达不到要求。而在一些情况下，精度是没有必要的，因为我们面对的是一个有不确定性和有误差的世界。为了让数学在这些领域起到最大的作用，数学家们尝试用近似的方法来求解问题，并提出了一系列的方法。这一学科被称为数值分析，它是今天数学里最有用的一个分支。

数值分析的历史和数学本身一样古老。最早的数学大约出现在公元前 1800 年的古巴比伦人的泥板上，古巴比伦人在泥板上绘制了一个正方形并标记了它的对角线（见第 6 篇）。上面记录对角线的长度为（翻译为现代的表达方式）1.4142129…，一个很精确的 $\sqrt{2}$ =1.41421356 的近似值。我们今天仍然用"巴比伦方法"来求平方根的近似值。

几个世纪以后，阿基米德发现了一个美妙的方法来计算 π 的近似值（见第 12 篇）。阿基米德计算 π 值是采用给圆内接和外切正多边形的方法，两个多边形各有 96 条边。通过计算这两个多边形的周长，阿基米德能够把 π 确定在 $3\frac{10}{71}$ 和 $3\frac{10}{70}$ 之间的某个数。

左图：流体流动是一种非常复杂的现象，描述它的方程，目前对我们来说很难精确求解。流体科学中要求使用数值分析方法。

牛顿法

我们在学校所研究的数学问题都有简单的、准确的答案。但是，即使在数学方面，这也是一个有误导性的现象，而在更广泛的科学领域，这与实际情况更加相去甚远。我们面临着一个持久的数学主题：求解方程。给定一个公式，以数字作为输入，给出其他数字输出，我们面临的问题是要找到一个输入值使其相应的输出值是 0。几个世纪以来，数学家找到了多种方法，包括花拉子米对二次方程的解答。但是，阿贝尔和伽罗瓦对五次方程的研究（见第 43 篇）显示，即使是相对简单的代数方程，要寻找精确的解也不是一件容易的事。

事实是许多方程不一定有精确解，即使有，通常也不会有简单的方式来表达这个解。我们要从上述情况中提取有用的信息，数值分析是不可或缺的。

其他学科的方程，如天文学，往往没有一个直接的方式去求解。对此，使用近似方法的数值分析是必不可少的。在这一领域早期的突破是牛顿 - 拉弗森方法。这个方法的第一步是给方程一个猜测的近似解，然后，艾萨克·牛顿和拉弗森描述了一种方法，它开始于一个近似解，再用它来产生一个更好的近似解，重复此过程就产生了一个序列，在这个序列里有一个比一个更接近准确值的近似解。然而，牛顿 - 拉弗森法并不总是有效的，它取决于该函数的基本的几何形状。这说明了一个重要的道理：数值方法通常需要深厚的理论依据作为基础。

微分方程

微积分（见第 32 篇），是数学给整个科学界的美妙礼物。微积分是正确描述系统随时间演化的工具。然而，许多科学问题是这样的：描述一个系统随时间变化的信息，其目的是获得在一个特定的时刻对系统状态的数学描述。这就需要找到微分方程的解。其中比较著名的方程有描述流体流动的纳维 - 斯托克斯方程（见第 44 篇），量子力学中的薛定谔方程（见第 65 篇）和广义相对论的理论部分，用于描述宇宙形状的爱因斯坦场方程（见第 61 篇）。在科学与工程学上，我们可以举出无数个其他的例子。

然而遗憾的是，如纳维 - 斯托克斯方程所表明的那样，求解微分方程绝不是简单的问题。刚学微积分的学生还习惯于方程有比较简单的答案，但事实是许多方程不一定有精确解，即使有，通常也不会有简单的方式来表达这个解。我们要从上述情况中提取有用的信息，数值分析是不可或缺的。

科学计算

20 世纪，数值分析发展为一个学科，微分方程成了焦点。一座里程碑是理查·科朗特的研究成果，他曾在 20 世纪 40 年代发表有限元法。有限元法的基本概念是用较简单的问题代替复杂问题再求解。他的方法后来成为科学家和工程师的一项重要的工具。固体材料在可能导致扭曲的压力下，它的基本结构是非常复杂的。数值分析在这种情况下有特别的价值。

在 20 世纪下半叶，数值分析已逐渐成为数学计算中不可分割的一部分。现在的数值分析以"数字计算机求解数学问题的理论和方法"为研究对象。早期的代表是约翰·冯·诺依曼，他是数值分析和计算机设计（图灵机，见第 69 篇）的开创者。今天的工程师大量借鉴冯·诺依曼在这两个领域的创新，利用先进的建模程序去解释固体在压力下的行为，如现代建筑中的预应力混凝土梁的设计。

数值分析不仅能应用于车辆和建筑物等固态物体的工程。在处理流体的学科中，如天气预报和气动设计，数值分析都是必不可少的强大工具。

上图：有限元法常用于对固体物体受到的应力和对此的应变进行建模。这一技术在运输业的安全系统设计中有很大的应用价值。

71 信息论

突破：香农研究的是信息沿通道传递的特性。他使用熵的概念来探测有效信息传递的限制。

奠基者：克劳德·香农（1916 年—2001 年）。

影响：香农的信息论是互联网等现代通信技术的基础。

20 世纪后半期，我们迎来了信息时代。今天，信息通过地下光缆和卫星系统在世界各地不停地传递，连接起了家庭、企业、机构和政府。但信息是怎样沿着这样的渠道传递的呢？我们如何有效地防止数据损失呢？信息论的数学原理最早是由克劳德·香农在 1948 年提出的，它定义了整整一个时代的科学。

信息传递的方式有很多种，从书信、手语、盲文到烟雾和信号灯。但在现代社会，大多数传递内容都可以转换成二进制内容。

二进制

二进制只有两个符号：0 和 1，二进制中的一位称为比特（bit，Binary Digit 的混成词）。二进制是由莱布尼茨在 1666 年发明的，但直到 20 世纪，它才在世界上发挥核心作用。任何数都可以表示为二进制，就像它在十进制中表示的那样。一个数字如 312，各列数字的意义为：右边的 2 代表 2 个 1，中间的 1 代表 1 个 10，左边的 3 代表 3 个 100。十进制中从右到左，每一列数字分别代表：1、10、100、1000 等。而在二进制中，它们分别代表 1、2、4、8、16 等。17 在二进制中的表现形式为 10001，同样地，26 为 11010。

不仅数字需要被编码为二进制字符串，字母或标点符号也需要转换成二进制的形式，今天我们采用的标准体系是 ASCII（美国信息交换标准代码）。根据 ASCII 的规定，"1101010" 代表一个小写字母 "j"，而 "0100110" 代表符号 "&"。

左图： 现代通信越来越多地通过光纤电缆传递。信息以光速通过没有太多干扰或噪声的玻璃纤维。在发送端，灯闪烁和熄灭，编码一个二进制信息，亮代表 "1"，暗代表 "0"。

当然，字母和数字的信息并不是唯一要发送的信息。我们生活的时代充满电子表格、智能手机应用程序、三维图形游戏以及各种软件和数据。信息比以往任何时候都以更广泛的形式存在。我们可以按标准协议将这些不同类型的信息转化为二进制字符串符。

信息传递

现代通信系统主要的任务是将二进制字符串从一个地方发送到另一个地方。这是可以实现的，例如，用一束较高能态的脉冲代表 1，一束较低能态的脉冲代表 0。一个适当的脉冲序列可以表示任何信息，使信息通过光纤电缆传播。

现在我们需要一种方式来快速且准确地编码信息。1948 年，克劳德·香农在他的开创性论文《通信的数学原理》中解决了这两个问题。

这是目前最常用的方法，然而，它有两个明显的问题。如要发送的字符串为 00000000…0000，合计有 100 万个 0，要用 100 万次脉冲才能发送，这是非常低效的。而通过 ASCII 将这个字符串转化为"信息是 100 万个 0"，就可以使传递速度变快。这个极端的例子反映出我们遇到的第一个问题：有限的时间和带宽。因此重要的是找到编码和传输信息的有效途径。

第二个问题是，传递过程中非常容易发生错误。在该系统中，把字符串的一位从 0 改为 1 就会破坏整个信息。鉴于这样的错误难以避免，我们采取了保障措施，就是重复数字。字符串中的每一位都要重复 3 次，如字符串"101"，我们实际上会显示为"111000111"。如果有错误，如出现"111000101"，就可以发现错误并改正。这个方法的问题是，消息长度会是原来的 3 倍，所以 100 万个 0，会变成 300 万个。另外，这个方法也不是特别可靠：只要发生两个错误就会破坏原消息。

现在我们需要一种方式来快速而准确地编码信息。1948 年，克劳德·香农在他的开创性论文《通信的数学原理》中解决了这两个问题。他的论文具有深远的影响，并成为了信息论的奠基性著作。

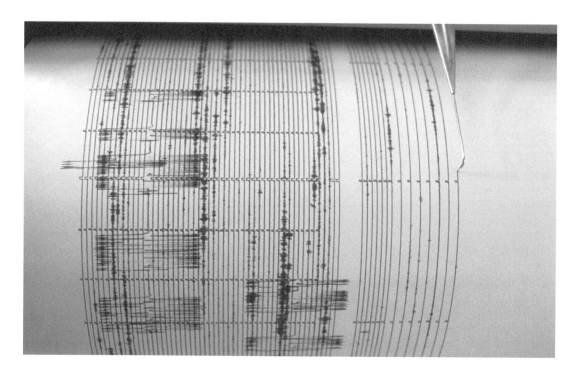

熵

信息如何有效地传递取决于字符串的不可预测性，这种不可预测性被称为信息源的熵。越高的熵代表消息越变幻莫测。例如，在英语中，有一定的可预见性：字母"Z"的使用次数比字母"E"的要少，而"cz"使用次数比"th"少得多。一个完全可预测的信息源具有 0 的熵。香农估计，英语中每个符号大约有 1.5 比特的熵。

其中有两个关键因素，即发送源的熵（记为 H），和信息传递通道的带宽（每秒可以传递的比特数，记为 C）。香农显示了以这样一种方式方法编码信息可以得到最大传输速率：C/H。更引人注目的是，他还提出了纠错码，让信息可以在非常嘈杂的通道中传输，其中也许 99% 的信息会受损，而只需在传输速率上做小幅提升。

香农熵的思想不仅应用于互联网和通信系统，也广泛应用于越来越多的其他科学领域。从能量转移到地震预测，这些领域中信息源的可预测性是一个重要的因素。

上图：信息理论越来越多地应用于地震的预测。利用熵的概念可以编码一个特定地点的地震活动的信息，从而帮助科学家量化地震发生的可能性。

72 阿罗不可能性定理

突破：阿罗不可能性定理表明，没有一个投票系统能准确反映人群的偏好。

奠基者：肯尼斯·阿罗（1921 年—2017 年）。

影响：阿罗的理论是社会选择理论的出发点，它催生了霍尔婚姻定理等理论，是政治学和经济学中的一个重要工具。

民主的诞生通常可以追溯到公元前 600 年的雅典。几千年来，我们尝试了无数的选举制度，但这些制度中哪一个是最民主和最公平的呢？ 1950 年，肯尼斯·阿罗给出了结论：不存在完美的选举制度。

按照现代的标准来看，古雅典的民主形式远非完美，因为女人和奴隶都没有投票权。近些年来，我们已经尝试了不同的选举制度。选举和其他的社会选择中包含的数学原理是非常微妙的。1950 年，经济学家肯尼斯·阿罗发表了著名的不可能性定理，证明了一个完美的民主体系本质上是不可能存在的——每种选举制度都存在着各方的妥协。

雅典政府在很大程度上是直接民主，这意味着政府的每一个提案都会进行公民投票。如今，更常见的是代议制民主。代议制民主不是每个公民都投票，而是由公民选出的代表来代表他们进行投票。这个制度的核心是：如何选择出最能反映公民意见的候选人。

选举制度

最简单的选举制度是赢家通吃制度，又称简单多数投票制度，而在英国被称为"第一过杆制"。假设有 3 个候选人：亚历克斯、贝利和克劳德（A、B、C）。在选举中，A 得到 40% 的选票，而 B 得到 35% 的，

C 得到 25% 的。那么在简单多数投票制度中，A 是得票最多的候选人，从而 A 当选。

这似乎看起来是很自然成立的，但问题在于，即使是已当选的候选人，实际上依然有大多数的人（60%）是反对他的，候选人越多，问题越突出。假设有 99 个候选人，其中一个候选人获得 2% 的选票，其他 98 个人每人获得 1% 的选票，那么当选的候选人会遭到 98% 的民众反对。也有一种可能是，当选的候选人是最不受公众欢迎的一个。

为了避免这种情况，在简单多数投票制度中要制定投票策略。有的人可能会想："我的第一选择是 C，但是 C 不可能当选，而我不想让 A 当选，那么我退而求其次地选择 B。"在这个例子中，选民没有把票投给他的第一选择而是把票投给了他的第二选择。在这一过程中，选民已经开始考虑其他人是如何投票的了。

社会选择理论

更复杂的选举制度已经考虑到了选民的偏好会和最后的选择有所不同，而不是一个单纯的候选人投票。每一个选民的心中都会有一个对候选人偏好的排列顺序。根据所有选民对候选人的偏好的数据，系统会产生一个候选人的排名。这是众所周知的社会选择函数。

社会选择函数可能有无数的形式。简单多数投票是简单总结人们的第一选择，然后加总得到最终当选的候选人。另一种方式是，一个人决定整个选举结果：这是专制而非民主。

阿罗对哪些性质能让制度公平进行了思考。他的标准并不复杂，显然，这不应该是一种专制制度。此外，它应该具有一致性：如果每一个选民选择候选人时，候选人 X 总是排在 Y 的前面，那么在最后的排名中，X 肯定排在 Y 的前面。更复杂的是考虑"无关选择的独立性"：候选人 X 的排名是否高于候选人 Y，应取决于选民对 X 和 Y 的相对偏好的程度，而与他们对任何第三个候选人 Z 的偏好程度无关。

按阿罗的标准看来只不过是一些常识。但是，当我们按照这些标准设计投票制度,解决政治争端的时候,结果却是令人不安和意想不到的:没有任何一种投票制度能够完全满足这些标准。每一种投票制度从某一方面来看都是不公平的。

霍尔婚配定理

在其他背景下,数学带来了好消息,显示出相互冲突的标准下也可以让所有人感到满足。一个著名的例子是菲利浦·霍尔在 1935 年提出的,因此这个定理被称为霍尔婚配定理。家庭中有 10 个人,他们可以分享 10 块巧克力。每个人的要求都不同:母亲不喜欢坚果;孩子们不喜欢含酒精的甜食;祖父母的牙齿不好,咬不动硬巧克力等。那么有没有办法可以满足所有人的要求呢?

很明显,这是不可能的。如果每个人都不喜欢紫罗兰口味巧克力,那么就意味着 10 个人要在剩余的 9 块中做出选择。同样,如果 5 个孩子都只喜欢其中的 4 块巧克力,那么我们也无法满足所有的孩子。要求最低标准是,假设有 N 个人,任取 n 个人($n \leq N$),将这 n 个人的选择合在一起,得到的巧克力数必须至少是 n,其中重复的选择只算一次。如果这个事实对所有的子集都满足的话,就满足了最低标准。令人惊讶的是,霍尔可以证明只要满足这个标准就可以为巧克力问题提供一个很好的解决方案。

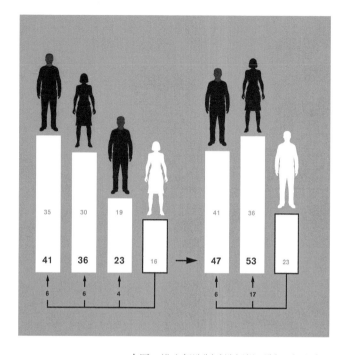

上图:排序复选制或选择投票制。计票时,首先依照选票上的第一选择计算候选人的得票,得票最少的候选人(D)将被淘汰,然后将其得票依第二选择重新分配给其他候选人,按票数再排序后,将得票最少的候选人淘汰,并将其选票分配给余下的候选人,依次类推,直至有候选人(B)取得过半数选票为止。

73 博弈论

重大突破：博弈论是研究优化策略的数学科学。所有的非合作博弈中都包含一个均衡点，是这个理论提供给世人的重要里程碑。

发现者：冯·诺依曼（1903年—1957年）、奥斯卡·摩根斯顿（1902年—1977年）、约翰·纳什（1928年—2015年）。

影响：如今博弈论在社会学、政治学、经济学和人工智能领域有着广泛的应用。

在生活中，许多情况都需要战略思维：从对冲基金经理决定投资一个商业项目，到军事家进行决策。几个世纪以来，人们开发出了许多体现战略思维的游戏，如象棋、跳棋和围棋等。但是直到20世纪前期，战略本身才成为一个纯粹的研究课题，其标志是博弈论的提出。

博弈论的核心概念之一是纳什均衡。我们可以从一个常见的游戏"石头、剪刀、布"中了解这一概念。假如安和鲍勃在玩这个游戏，安可以通过对鲍勃所出手势的概率进行分析，从而相应地制定出她自己出什么手势的策略。如果她注意到了鲍勃出剪刀比出石头或布更频繁，那么她可以多出石头。事实上，她可以尝试每一次都出石头的策略，如果鲍勃未能注意到她的策略，那么安的策略是非常有效的。但是最有可能的结果是，鲍勃会同时相应地增加自己出布的概率。

另外一个情况是，安通过对鲍勃的分析，没有得到他出手势的任何规律。她只看到，鲍勃每一轮都是随机地出3个手势，而没有任何固定的模式。那么这时候安应该怎么办呢？在这种情况下，她最应该采取的策略是每轮也是随机出3个手势。这是纳什均衡的一个案例。在这种情况下，即使每个玩家都充分了解对手的玩法，通常也没有办法提高自己的胜率。

左图：在世界上，像象棋、跳棋、西洋双陆棋和围棋这样的策略博弈游戏有着悠久的历史。正是在这种环境下，博弈论首先发展起来。如今博弈论不仅应用在游戏中，在社会学上也有着很重要的应用。

博弈与冲突

1944 年，奥斯卡·摩根斯顿和冯·诺依曼合著的划时代巨著《博弈论与经济行为》的出版，标志着现代博弈论的开端。这本书的一个观点是，在变化多端的环境中，平衡的现状会发生变化。1951 年，约翰·纳什扩展了这个观点，为博弈论的一般化奠定了坚实的基础。他将摩根斯顿和冯·诺依曼的定理提高到了新的高度，从而证明了每一个非合作博弈必须包含一个均衡点。

博弈论从一个小小的数学分支发展为在国际舞台上鼎鼎大名的学科。

在纳什忙于写他的著作的这段时间里，数学领域之外的科研机构也开始注意到这个学科，他们发现博弈论对科学地制定策略具有潜在的价值。博弈论从一个小小的数学分支发展为在国际舞台上鼎鼎大名的学科。

1950 年，就职于兰德公司的梅里尔·弗勒德和梅尔文·德雷舍给出了博弈论中最著名的一个案例：囚徒困境。这个虚构的故事体现了一种矛盾。

囚徒困境

弗勒德和德雷舍的假定是，两个犯罪嫌疑人（依旧假定是安和鲍勃）因盗窃案被警察抓住，他们分别被关在不同的屋子里接受审讯。警察知道两人有罪，但缺乏足够的证据。两名犯罪嫌疑人被关进了不同的审讯室，无法相互沟通。由于无法信任对方，他们不会选择共同保持沉默。也许，安会考虑，她应该与警方合作，让警方定鲍勃的罪，这样她会得到减刑或免罪；另一方面，如果她和鲍勃都保持沉默，也许就会被判有罪。那么她到底该怎么办呢？

同时，警方也存在这个问题。现有的证据只能怀疑他们的罪行，如果要得到他们犯罪的确切证据，必须要有至少其中一个人的证词。鉴于这种情况，警察给出了以下条件：如果你承认罪行而你的同伙不承认，那么你将得到自由，而你的同伙会遭受 10 年有期徒刑；如果你们两个都承认，那么将各自被判 8 年有期徒刑；如果你们都不承认，也都会被判刑，但是刑期只有 6 个月。

两个犯罪嫌疑人都会试图减少他们个人的刑期。从这个角度来看，他们的最优策略是都不承认罪行。但这不是一个均衡点。如果安认为鲍勃会不承认罪行，那么她可能会承认从而获得自由。所以纳什均衡最可能的结果是他们两个都会承认，但这导致了他们两个总的刑期是最长的。

人工智能

战略思维能力——思维的主体能对事物有全局的、长远的掌控，并通过对事物不同发展路径的预测结果进行分析，从而制定出具有针对性的战略措施。近年来，人工智能成为科学研究的热点，而博弈论成为推动人工智能理论与实践结合不断完善的主要力量。

克劳德·香农在20世纪50年代的一本著作中指出，在国际象棋这种思维竞技活动过程中，需要经过深思熟虑的规划后才能做出每一步决定。如果能够在计算机上通过编程实现这个过程，那么其他的需要人工智能的任务同样可以通过类似过程实现。1996年5月，由IBM研发的超级电子计算机"深蓝"击败了国际象棋世界冠军卡斯帕罗夫，这是人工智能研究领域一次里程碑式的突破。随后，人工智能研究在2007年得到了进一步发展，由乔纳森·谢弗为首的科学家们利用多台电子计算机计算出跳棋的各种走法，设计出的电子计算机棋手堪称天下无敌。

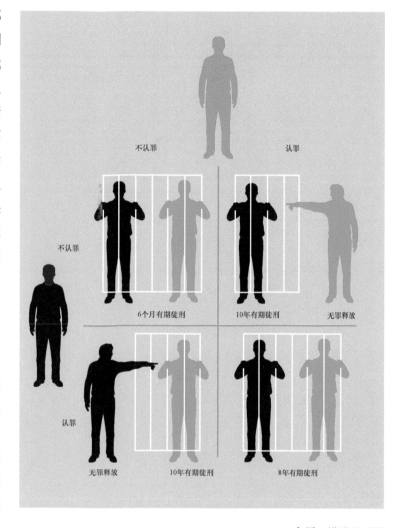

不认罪　认罪

不认罪

6个月有期徒刑　10年有期徒刑　无罪释放

认罪

无罪释放　10年有期徒刑　8年有期徒刑

上图：描述了"囚徒困境"。对于这两名犯罪嫌疑人来说，最优的策略是他们都选择不认罪，然后各自被判6个月有期徒刑。但是均衡点是他们都选择认罪，然后各自被判8年有期徒刑。

博弈论　291

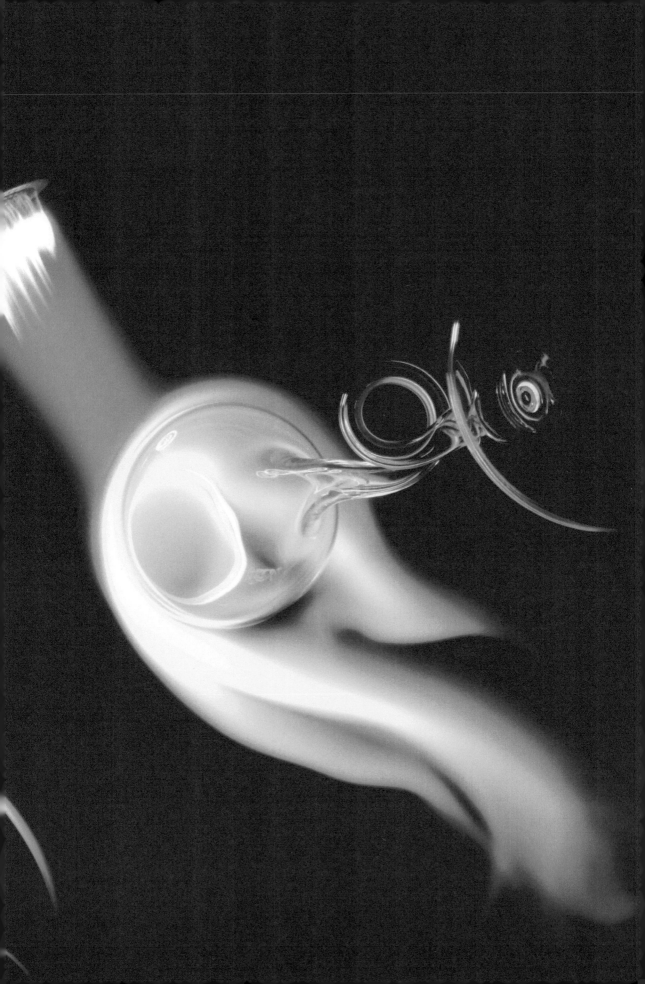

74 异种球面

突破：米尔诺的发现揭示了更高维度球面的秘密，这个理论说明形状从一个角度来看是一个球形，但是从另一个角度来看又不是。

奠基者：约翰·米尔诺（1931年—）。

影响：米尔诺的研究开启了微分拓扑学这一学科，至今这个学科已经在更高的维度被进行了深入研究。然而，四维空间中仍然有很多未知的问题。

两个形状什么时候是相同的呢？这个问题是许多数学学科的核心。当然，任何答案都必须依赖于"相同"这个短语。1956年，约翰·米尔诺发现了一个形状，这个形状根据一种定义是和球体一样的，但根据另一种定义却和球体不一样。在几何方面，这个怪球面催生了一个全新的方法。

每一个几何的分支都有自己特定的对"相同"的定义。最简单的情况是，在大多数情况下数学家并不区分在不同的位置出现的同种形状。

最广泛的关于"相同"的概念之一出现在拓扑学这门学科中。这里方形、三角形和圆形均被视为圆，而立方体、正八面体和圆柱体均被视为球体。其基本思想是，如果一个形状被拉伸、扭曲或延伸到其他的形状（但没有撕裂或黏合），那么这两个形状仍是拓扑相同的。

在这两个极端情况下，当两个形状之间产生差距时有趣的情况将会出现，这两个形状根据一种定义是相同的，但是根据另外一种定义却是不相同的。数学史上发现的最令人惊讶的形状——约翰·米尔诺在1956年发现的奇异球面也是如此。

左图：球是最美丽和对称的形状。认识球，以及从球面变形为其他形状的方式，在过去的一个世纪一直是经久不衰的数学主题。约翰·米尔诺发现的异种球面，大大增加了这个问题的复杂性。

变形和平滑变形

从欧拉关于哥尼斯堡桥问题的工作开始，拓扑学提供的观点已经被强有力地证明了。今天拓扑学作为数学中最活跃的分支之一，其包括许多分支学科。但在 1956 年，约翰·米尔诺意识到，针对拓扑概念中的"相同"，一个轻微的细化将使整个学科产生一个重大"不同"。

在拓扑上，可以将一个形状进行非常强烈的变形使其转换成另一个形状。这个变形可以出现尖尖的角，例如，一个圆被拉成正方形。对于微分拓扑学这个新学科，数学家们规定了更加严格的要求。有人坚持认为，所有的变形必须"平滑"。

从这个角度看，圆和正方形不再是相同的，这是因为将尖角插入形状违反了平滑性的要求。这是可以预料的，因为正方形本身不光滑，而圆本身是光滑的。通过平滑变换减少这个差距将是永远不可能的。

人们开始考虑一个更深层的问题，即是否可以找到两个形状，它们都是光滑的并且从拓扑学的角度看是相同的，但从微分的观点看是不同的。这似乎是一个奇怪的场景，事实上令人感到欣慰的是这种情况不会出现在人类最常用的几何集合中，即一维、二维或三维的形状。

然而，到了 20 世纪下半叶，数学家们发现在高维空间，这种情况存在着可能性。约翰·米尔诺在 1956 年取得了突破性的进展，他发现了一个看起来像是变形了的七维球面的光滑形状。事实上，从拓扑学的角度来看，米尔诺发现的这个球面，可以通过拉伸和扭曲将它转换为一个普通球面。但是这种转换是非常急剧的，包括锐利的褶皱和突然产生的尖角。现在的问题是，这个过程是否可以被消除？米尔诺的形状能否只通过平滑变形就变为一个球面？令人震惊

上图：数学家用来探索高维空间的抽象形状的方法，也可以用来研究我们更熟悉的形状，如应用于医疗成像技术和面部识别软件中。

的是，答案是否定的。这是一个全新的形状：从拓扑上说它是一个球面，但从微分观点看，它不是，因此它被称为异种球面。

异种球面和微分拓扑

米尔诺的发现开启了微分拓扑这一新课题。眼前的挑战是，异种球面的存在是个例，还是以普遍的模式存在的呢？自1956年以来，许多异种球面已经在不同维度的空间被发现。在七维空间中，有27个异种球面，包括米尔诺发现的那一个。它们都是拓扑上的球面，但在微分上不是。在十一维空间，总共有991个异种球面。然而，这是不可预测的：例如，在十二维空间没有异种球面，就像在一维、二维、三维、五维或六维空间一样。

自1956年以来，许多异种球面已经在不同维度的空间被发现。在七维空间中，有27个异种球面，包括米尔诺发现的那一个。

微分拓扑学最艰难的研究对象是四维空间。最大的问题是"在四维空间有没有异种球面？"然而没有人能够发现，但也没有任何人能够证明它不存在。

我们现在很清楚，四维空间与其他维度的空间的规则完全不同。20世纪80年代，利用量子物理学中的技术，西蒙·唐纳森和迈克尔·哈特利·弗里德曼表明四维空间本身存在异种球面。普通的四维空间被称为 R^4（R代表实数，见第42篇）。唐纳森和弗里德曼发现存在一个空间，这个空间在拓扑结构上与 R^4 相同，但在微分角度不同。这是一个真正令人惊讶的结果，因为在其他维度的空间里永远只有一个空间的结构。1987年，克利福·陶布斯证明了实际上有无限多这些异种的 R^4。解决四维空间的问题仍然是今天的微分拓扑学家面临的最大挑战之一。

75　随机性

突破：对一组数据进行压缩，是计算机科学的一个中心思想，这个过程被认为是相当于哲学上的随机性概念。

奠基者：索洛莫诺（1926 年—2009 年）、德雷·柯尔莫哥洛夫（1903 年—1987 年）、格雷戈里·蔡汀（1947 年—）。

影响：模型算法理论的当代主题是分析字符串的信息内容并探求其随机性的极限。

在信息时代，信息被编码成一长串由 0 和 1 组成的字符串，并沿电缆网络和卫星系统等传递。这些二进制字符串包含构成了最新的电影和音乐等的一切数据。而字符串背后包含了更多惊喜。一条信息，需要用多少的 0 和 1 来编码？这个问题与计算机科学中最重要的思想——随机性，联系在了一起。

当有人想发送一个很大的文件，可以用很多不同的软件，将它压缩到比较小的格式再发送。但怎样才能在不丢失任何信息的条件下对一个文件进行压缩呢？数据压缩程序的工作原理是在由 0 和 1 组成的字符串的基础上，通过数据模式对数据进行压缩。

数据模式和可压缩性

举个简单的例子，一个字符串（111111111…）是由 1000 个 1 组成的，最有效的方法是对原始字符串进行描述并传递这个描述，而不是把时间浪费在发送整个原始字符串上。传递这个描述不会丢失数据，消息的接收者能够根据描述重建原始字符串。

这种方法能够起作用是因为这个字符串具有高层次数据结构，是有一定规律的。同样的方法也可以应用于其他字符串，如 001001001001001001… 或 010010001000010000010000010… 这些字符串都有一定的预测模式，

左图：噪声，如电视噪声，是根本无法预测的。数据中的任何模式都很难对这种随机性的信息进行解释或描述。现代信息理论悖论就是这种随机性的类型，也含有非常丰富的信息。

因此可以把它大幅压缩。

但一个字符串（如 1100100100001111110110101010001000100001011010
00010000…）由于没有什么规律，因此我们不太清楚它是否可以被压缩。
事实上，它可以压缩成一个简单的符号，因为这些都是 π 的二进制数字。
1960 年，索洛莫诺意识到字符串能被压缩的程度是一个对字符串中信息量
的优秀度量方法。一个信息量丰富的字符串不能被压缩很多，而有些字符
串（如 1111111111…）只携带少量的信息，因此可以压缩到几乎没有。

这个见解是由其他两个研究人员表达出来的：德雷·柯尔莫哥洛夫和
格雷戈里·蔡汀。我们现在使用柯尔莫哥洛夫复杂性（柯氏复杂性），来
表示一个字符串的最短描述的长度，即它可以被压缩的最小长度。

贝里悖论

假设你想传递一个数字给别人，最简单的方法就是把它完整地传递出
去。但如果这个数字非常大，就很费劲，例如，1 606 938 044 258 990 275
541 962 092 341 162 602 522 202 993 782 792 835 301
376，我们可以将它描述为 2 的 200 次方，也可以将其
表达得非常简洁——2^{200}，传递它就会简单得多。

一些数字可以被压缩成几个词，当
然，英语只有有限个单词，而数字
是无限的。

这里面有一个深刻的逻辑矛盾。1906 年，逻辑学家伯特兰·罗素和
牛津大学图书管理员贝里讨论了这个话题。他们谈话的结果是贝里悖论。
一些数字可以被压缩成几个词，例如，"第 1000 个素数乘以第 100 万个
斐波那契数的结果"。当然，英语只有有限个单词，而数字是无限的。所
以在某些时候，我们会遇到不可压缩的数字。罗素和贝里得出，会有一个
"那些不可能压缩到 12 个英语单词以内的数字"中最小的那个数字（the
smallest number that cannot be compressed into 12 words of English）。一方面，
这似乎是压缩非常大的数字的一个巧妙的方法，然而悖论迅速显现：所描
述的数字既可以用 12 个英语单词描述，也可以不用 12 个英语单词描述。

复杂性的不可计算性

贝里悖论具有和其他经典悖论，如罗素悖论（见第 56 篇）一样的现象：
自我指涉。

但它的结论在现代技术中有深刻意义。当我们面对一个很长的数字时，"它是否可以压缩或可以压缩多少"是不明显的。所以问题是，是否有一些方法，可以告诉我们一个二进制字符串可被压缩的最小长度（也就是说它所包含的信息是多少）？

一定要说的话，答案是否定的，因为有太多可能存在的压缩方式。事实上如果这样的压缩方法真的存在，那么通过运用贝里悖论就能构造出一个更优秀的方法，结果是相当令人不安的：信息内容的衡量标准——柯尔莫哥洛夫复杂性，实际上从根本上是不可计算的。

随机性和蔡汀的 "Ω"

那些最简单的字符串如 111111…，可压缩到几乎没有。与此相反，那些不可压缩的字符串看起来是什么样子呢？答案是它们完全是随机的。一个完全不可压缩的字符串也将是绝对不可预知的。在每一个阶段，下一位字符是 0 的概率是 50%。这种类型的字符串可以在随机过程中出现，如掷硬币。

很难描述无限的随机字符串，所以从定义上讲，它们没有可能进行快速描述。然而，在 20 世纪 60 年代，格雷戈里·蔡汀能够识别出一个随机字符串，被称为 Ω。Ω 可以被解释为一个随机选择的图灵机结束工作而不是无限进行工作的概率（见第 69 篇）。

76 连续统假设

突破: 保罗·科恩发现一种方法用来建立新的数学秩序。

奠基者: 格奥尔格·康托尔 (1845 年—1918 年)、保罗·科恩 (1934 年—2007 年)。

影响: 科恩对希尔伯特第一问题的研究工作改变了数学家对逻辑学基础问题的态度。

1890 年,格奥尔格·康托尔发现有很多不同层次的无限集,在数学史上这是一个引人注目的成就(见第 53 篇)。但是,像很多伟大的科学突破一样,它带来了许多新的问题。其中一个问题一直困扰着康托尔,直到他去世也没有找到一个解决方案。这个问题被称为连续统假设,但这个问题的最终解决方案将再次奠定数学的基础。

连续统假设是 20 世纪早期要解决的数学问题之一。大卫·希尔伯特是那个时代最有影响力的数学家,他于 1900 年 8 月 8 日在巴黎举行的第二届国际数学家大会上,提出了新世纪数学家应当努力解决的 23 个数学问题,这些问题被认为是 20 世纪数学的制高点。这些问题包括黎曼猜想(见 50 篇)、开普勒猜想(见第 92 篇),而排名第一位的就是康托尔的连续统假设,所以这个假设又被称为希尔伯特第一问题。

无限集的中间层

格奥尔格·康托尔将无限集分为不同层次,其中最重要的是可数无穷大。这个名字来自整数——自古以来的主要记数工具。总而言之,全体正整数构成一个可数无限集(简称可数集): {1,2,3,4,5,…}。同时,实数集,也就是说所有可能的十进制数,也构成了一个无限集。在这里,通常称实数集即直线上点的集合为连续统。康托尔已经证明,连续统比可数集有更大的基数。但是真正困扰他的问题是: 在可数集基数和实数基数之间有没

左图: 格奥尔格·康托尔表明无限不是一个单一的实体,而是一个无限的层次结构。他留下的挑战是"如何了解不同层次的无限集的相互关系"。

康托尔花费了大量的时间和精力来思考这一问题，但最终没有得出结论，这就是著名的连续统假设。

有别的基数？康托尔花费了大量时间和精力来思考这一问题，但最终没有得出结论，这就是著名的连续统假设。

其他数学家开始研究康托尔的连续统假设，用他的理论假设奠定了数学的基础。然而，实现这一壮举并不能解决连续统假设的问题。他们没有找到可以落在这个集合之间的任何无限集。任何一个无限集，要么是可数的，要么和连续统具有相同的大小，又或者大于两者。

第一个在连续统假设问题上取得成果的是库尔特·哥德尔。1940年，哥德尔表明，连续统假设和世界公认的 ZFC 公理系统并不矛盾。这是漫长的证明道路上的小小一步，但它意味着至少连续统假设有相容性。数学家接下来要做的就是继续搜集证据，从而了解它的真相。

科恩的力迫法

1963，保罗·科恩终于部分解决了连续统假设，但是没有使用逻辑学家一直希望使用的证法。科恩出生在纽约，是加利福尼亚州斯坦福大学的教授。他一开始并没有研究逻辑学，而是从事三角学的研究，在此领域他获得了辉煌的声誉。当他转而研究集合论时，科恩解释了这个长期以来无法解释的假设。科恩认为，连续统假设是不可判定的，而这个判定，是基于当时数学的公理系统而言的。换句话说，没有人可以提供一个证明或反证，因为这是永远不会存在的。支撑集合论的公理系统不足以解决这个问题。这是一个惊人的结果。

早些时候，库尔特·哥德尔构建了一个数学宇宙，在这里连续统假设为真。科恩的反应是构建另一个宇宙，在这里连续统假设为假。这两个宇宙都满足所有常见的公理集合论的法则，所以对传统的数学定理来说，这两个宇宙似乎是相同的。然而，在一个宇宙中，连续统假设为假：在可数集基数和实数基数之间有别的基数。这是因为科恩故意构造它周围的宇宙。在另一个由哥德尔构建的宇宙中，没有这样的中间层，连续统假设为真。

科恩凭借连续统假设的独立性工作，于1966年获得菲尔兹奖，这是数学界的最高奖。直至2018年，科恩的菲尔兹奖依然是数学逻辑界获得的唯一的菲尔兹奖（菲尔兹奖每4年评选一次）。约翰逊总统还授予他美

国国家科学奖章，以表彰他"在数理逻辑方面划时代的成就"。科恩对连续统假设独立性的证明，让数学逻辑重新回到了聚光灯下。特别是，他用来构建自己的集合论的宇宙的方法——力迫法，成为数学逻辑学家构建逻辑基础的最有力的工具之一。

数学家已经采用力迫法来建立一个不同的数字系统。连续统假设是最早已知的一个不可判定的数学命题。利用科恩的力迫法，逻辑学家已经知道了许多这样的例子。

上图： 康托尔尘是将立方体分为 27 个子立方体形成的分形，删除除 8 个子立方体之外的子立方体，并对剩下的子立方体再次重复上述过程，无限进行下去。最后剩下的立方体由连续统数量的点构成，有几何形状但体积是 0。

奇点理论

> 突破：奇点（奇异点）是一个在传统几何中不存在的点。广中平佑运用新工具，完全解决了曲面上的奇点解消问题。
>
> 奠基者：广中平佑（1931年—）、勒内·托姆（1923年—2002年）。
>
> 影响：今天的数学家和物理学家继续分析出了许多不同类型的奇点。

众所周知，在数学或在生活中，某些情况下，通常的定律并不适用，这种现象也会出现在物理学中。当一个恒星坍缩成一个黑洞，许多我们熟悉的物理学定律就会失效，物质、光、空间和时间会被压缩到一个点，这个点称为奇点。同样，在宇宙诞生，即宇宙大爆炸的那一刻，也是一个奇点。奇点是一个密度无限大、时空曲率无限高、热量无限高、体积无限小的"点"，一切已知物理学定律均在奇点失效。但并不是所有的奇点都会如此，这种现象源于一个简单的几何曲线的性质。

最简单的形状是直线，它完全光滑平整，没有扭结、交叉或奇点。阿波罗尼的《圆锥曲线》（见第13篇），记载了许多更复杂的平面曲线。尽管很奇妙，但是这些形状也是完全光滑平整的，没有尖点（迷向点）或交叉点。

然而，在三次曲线的领域，更进一步的复杂性带来了惊喜。在代数上，这是包含一个立方项的方程，如 x^3 或者 x^2y。

尖点和交叉点

1710年，艾萨克·牛顿首先用公式描述了这些曲线。就像有3种类

左图：浅水下的光学焦散线。海的表面是波浪起伏的，而不是平静的。所以当阳光发生折射时，光在海底形成复杂的形状，被称为焦散线，这些都是自然界中几何奇点的经典例子。

型的圆锥曲线一样，牛顿发现，有 78 种不同的三次曲线。引人注目的是，这些曲线中许多都具有本质上的新现象。不同于直线、圆或圆锥曲线，三次曲线有时会出现交叉点，或者会有尖点，并不是很平滑。

这些交叉点和尖点都是奇点的例子：传统几何不适用的点。一个曲线的传统定义是类似于一条直线，至少当放大时，它还是直线。但是，当有一个交叉点或尖点时，这种情况是不可能发生的。交叉点附近似乎有不是一条而是两条线。离尖点越近越不是平滑直线。

解决奇点

这样的奇点不能用几何学的"技术"来解释。多年来，几何学家试图解决这些奇点，他们试图修改原来形状的表现形式，来创造一个更好的表现形式，里面根本没有奇点。但是在一个非常精确的意义上，新的形状需要和原来的形状相同。

突变理论变得非常有名，可以被用来认识和预测复杂的系统行为。许多现象都可以用突变来解释，从鱼类资源的破坏到中世纪城市的增长。

牛顿自己找到一个方法来解决一维曲线特定情况下的奇异性。通过所谓的"爆发"，在有限步后必定能解消曲线上的所有奇点。根据这一理念，一个交叉点可以被两个新的点所取代。这样做，在原来交叉点的位置可能会出现一个新的曲线的投影，而且是完全光滑的。

这个所谓的爆发过程对曲线很有效，但在更高维度的空间，有更多、更复杂的奇点，如褶皱和燕尾型奇点。不是所有的形状都可以如此简单地解决。

广中平佑的定理

20 世纪早期，奥斯卡·扎里斯基——现代几何学的创始人之一，致力于解决二维和三维曲面中奇点解消问题。1964 年，扎里斯基的学生广中平佑给出了一个开创性的结果，为此广中平佑荣获 1970 年菲尔兹奖（数学领域中的诺贝尔奖）。广中平佑解决了任何维数的代数簇的奇点解消问题，建立了相应的定理。由代数方程定义的任何形状都可以转化为另一个完全规则的形状，其中所有原始形状的奇点，均被解消。

突变理论

　　广中平佑的工作对几何学而言是一个好消息，在许多情况下，广中平佑的定理意味着，他们不再需要担心奇点。每当一个奇点出现，整个形状可以简单地用一个等效的、几乎是相同的，但是所有的奇点都得到解消的形状替代。在其他情况下，情况有一点儿不同。在许多物理情况下，奇点是最有趣的部分。

上图：图中的影子包含了许多奇点，曲线相互交叉形成交点。然而，对象本身（曲线）没有奇点，是十分平滑的曲线。解消一些形状的奇点的标准方法是寻找另一个光滑的形状作为原始图形的投影。

　　20 世纪 60 年代末，勒内·托姆开始发展被称为突变理论的一种特定的方法。托姆的突变是一个简单的奇点的类型，他成功地将其划分为 7 种初等突变。这一理论后来变得非常有名，可以被用来认识和预测复杂的系统行为。许多现象都可以用突变来解释，从鱼类资源的破坏到中世纪城市的增长，甚至萨尔瓦多·达利的最后一幅画中也描绘了燕尾突变。

　　虽然这些应用可能有点奇怪，但奇点理论确实已经被证明并应用于许多科学领域，从黑洞的引力到光学中的焦散线——在海中斑驳的光的闪烁图案，其独特的几何形状是惠更斯在 1654 年首次注意到的。今天的数学家和物理学家继续分析出了许多不同类型的奇点。

78　准晶体

突破：准晶体表现出了不寻常的对称性。最著名的例子是彭罗斯贴砖。

奠基者：罗伯特·伯杰（1938 年—）、罗杰·彭罗斯（1931 年—）、罗伯特·阿曼（1946 年—1994 年）。

影响：自从谢赫特曼在化学领域发现了准晶体之后，对准晶性质的研究已成为材料科学的主流。

　　用贴砖拼成不同的图案一直是视觉艺术家的最爱，自从 17 世纪开普勒对贴砖进行研究之后（见第 27 篇），它们也引起了数学家的兴趣。然而，在 20 世纪，我们惊奇地发现一些贴砖的拼图方式似乎违背了公认的对称性。谢赫特曼发现了被称为准晶体的物理结构，这个发现引起了化学革命。

　　贴砖拼图，如罗马别墅或摩尔人宫殿的地板，可以显示不同类型的对称性。这意味着将贴砖扭曲、滑动或反射之后，整个地板各个部分看起来与原先是相同的。开普勒是分析贴砖的形状和拼图对称性之间关系的第一人。所有的开普勒贴砖都有平移对称性。这意味着，无论你向前、向后，或向某一侧走，地板看起来都和你开始所处的地板是相同的。

平移对称性

　　几乎所有最常见的贴砖图案都有平移对称性，所以，在费多罗夫根据这个属性对所有可能的贴砖图案进行分类之后（见第 54 篇），对二维平面上的贴砖和图案模式的研究仿佛已达到终点。但在 20 世纪 60 年代，人们的兴趣转移到了那些不太对称的贴砖拼图上。

　　铺设一个非对称性的贴砖图案并不难。一个常见的方法，是从中心的一片贴砖，就像是从花心开始，然后散发铺设贴砖，就像一层层花瓣。由

左图：伊朗伊斯法罕的 Darb-e Iman 清真寺的贴砖图案。在 15 世纪，伊斯兰的艺术家已经开始用贴砖来铺设非周期性图案和彭罗斯式的图案。

此产生的贴砖图案具有旋转对称性：如果你把图案旋转一定角度，地板看起来仍与原来是一样的。但如果每片花瓣的方向都是不同的，而且图案只有一个中心，那么整个图案将不具有平移对称性。这种图案被称为非周期性的图案。

1964 年，罗伯特·伯杰发现一种全新拼图方式，这种方式相当不寻常，由此产生的拼图并没有平移对称性。非周期性图案的存在并不是什么新的发现，但真正令人想不到的是，伯杰发现的贴砖只能拼成非周期图案。它们的形状使它们不能拼成任何的平移对称性的图案。用这种贴砖来铺地板，无论你向前、向后，或向某一侧走，地板看起来都和你开始所处的地板不相同。

莱纳斯·鲍林尖刻地说："没有准晶体，只有准科学家。"

彭罗斯贴砖

伯杰的惊人发现需要用到超过 20 000 种不同形状的贴砖。很明显的问题是，我们是否可以用比较少的贴砖集合来拼成与之相同的图案。20 世纪 70 年代，物理学家罗杰·彭罗斯发现了几个漂亮的图案，同时罗伯特·阿曼也发现了与之相似的图案。这些图案具有伯杰已经得到的属性，并且只需要更少的贴砖。

最著名的彭罗斯贴砖只需要两个不同形状的贴砖，例如，在用菱形平铺地面的情况下，只需要两个不同的菱形贴砖。至关重要的是，虽然边缘的缺口限制了它们能拼凑在一起的方式，但结果却是一个美丽和复杂的图案，没有平移对称性，确实是一个引人注目的分形。此外还有一个问题是，是否可以用单一形状的贴砖来创造相同的图案。

谢赫特曼的准晶体

1982 年，一个戏剧性的发现突然使这门学科变得引人注目。材料科学家谢赫特曼的发现推翻了他所在的学科的基础。

一个基本的数学事实是，任何二维或三维的重复图案都能用有限的对称类型表现。这就是晶体制约定理，它源自费多罗夫对壁纸群的分析（见

第 54 篇）。它限制了这样的图案旋转对称的类型。将图案旋转 90°，看起来它和之前是一样的。重复此操作 4 次，图案回到"原点"，所以一个正方形有 4 阶旋转对称性。晶体制约定理表明晶体的旋转对称性只能是 1、2、3、4 或 6 重。这个事实已无数次地困扰着化学家，因为它极大地限制了晶体的可能结构。

所以，当谢赫特曼宣布他已经发现了具有 5 次旋转对称性（像五角大楼）的铝合金时，化学界对此不仅仅是怀疑，甚至是公然蔑视。两次获得诺贝尔化学奖的莱纳斯·卡尔·鲍林对此特别不屑一顾，他尖刻地说："没有准晶体，只有准科学家。"但谢赫特曼最终证明这类准晶体确实存在，他也因此获得了 2011 年的诺贝尔化学奖。

对准晶体的数学解释是，准晶体不具备晶体的平移对称性，因而可以具有晶体所不允许的宏观对称性。这使准晶体可以摆脱晶体制约定理的限制，可以表现出非正统的旋转对称性。准晶体正是彭罗斯贴砖在三维空间中的表现形式。在后续的研究中，化学家陆续发现了数百个准晶体的例子。

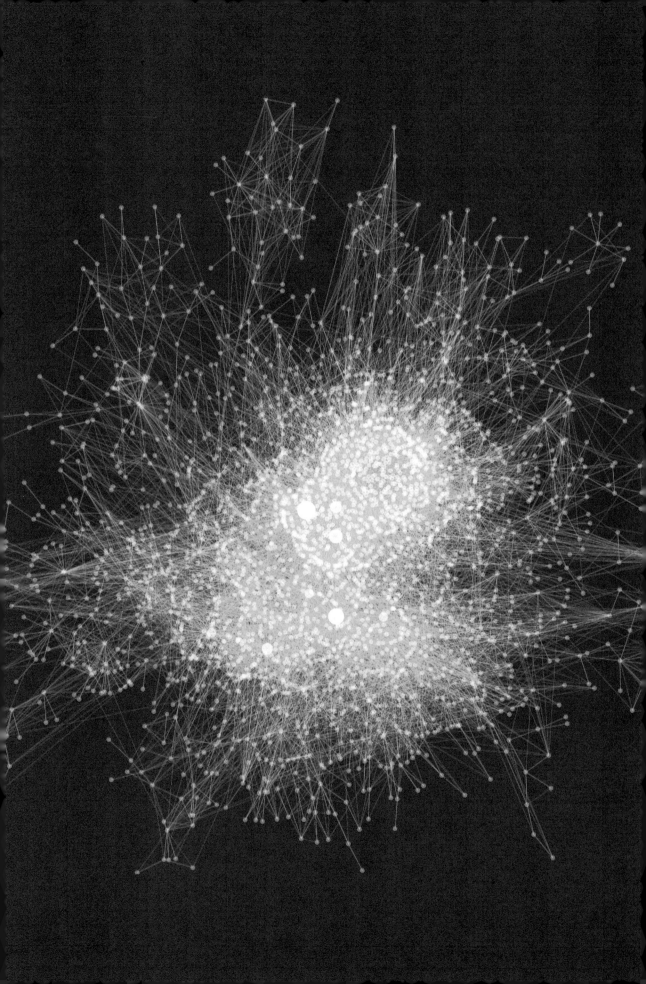

79 友谊定理

> 突破：友谊定理涉及一个看似自然的朋友网络，只有一种特殊形式的网络模式可以满足该网络的要求。

> 奠基者：埃尔德什·帕尔（1913年—1996年）、阿尔弗雷德·雷尼（1921年—1970年）、薇拉·索斯（1930年—）。

> 影响：友谊定理展示了图表达信息的能力，也说明了有限数学和无限数学之间的差异。

埃尔德什·帕尔是现代最伟大的数学家之一。他最著名的一个发现是和朋友合作得出的——当然这样的事在他身上经常发生——朋友网络可能结构。

在鸡尾酒会上，数学家发现，人群有一个不寻常的特性。若任何两人都刚好只有一个共同认识的人，这群人中总有一人是所有人都认识的。举个简单的例子，说明这种情况可能会出现：酒会的主人认识每个客人，而客人都刚好两两互相认识，并且他们都不认识其他客人。

友谊图

让人吃惊的事实是，这是可以满足友谊定理标准的唯一的方式。友谊定理是图论中一个著名命题的结果。在这个命题中，图上有一些点，其中一部分点在边上，而另一部分点在图中。图论的起源是莱昂哈德·欧拉对柯尼斯堡七桥问题的研究（见第36篇），但直到20世纪，它的那种可以从各种情况中提炼出逻辑本质的力量才显现出来。

从图论的角度来看鸡尾酒会的问题。在一幅图中，我们用点代表每个客人，如果两个人是朋友，那么两个点之间有一条连线。（我们需要假定"任何两个人是否是朋友"，并且"没有友谊的程度"或"单向的朋友"。）

左图：马修·赫斯特的博客地图。图片中心密集的区域代表数千个和其他网页相连的博客集合，赫斯特称之为核心。其他一些较小的博客社区通过单向连接与核心相连。它有两部分，下半边的区域内含有政治博客，在它的中心有两片粉红区域。上半边的区域则含有关注技术和技术产品的博客。在政治博客中，代表相互连接的粉红线远比在技术博客中的更密集。

友谊定理   313

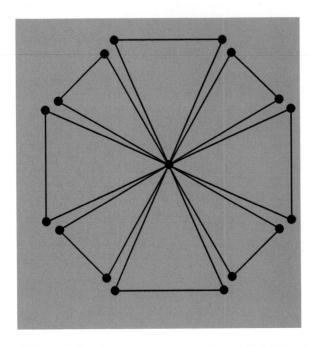

上图： 17人的友谊图。友谊定理说明，若任意两人都刚好只有一个共同认识的人，这群人中总有一人是所有人都认识的。

在图论方面，友谊定理的标准状态是当你选择的任意两个点，会有一个其他的点是同时连接到它们两个的。如果你尝试找其他可能的图满足这个条件，你就会发现，这样的图必须有一个非常特殊的形状，即要有一点连接到所有其他的点。将这个点画在图的中心，使其余的点环绕着这个点，像风车的叶片。然而，实际证明这种配置又是另一回事。

友谊定理是有限和无限的数学结构之间差异的一个鲜明的例证。目前，该定理只适用于有限大小的图（不管多大）。在无限大小的图中，这个定理并不适用。在一个无限的友谊图中，每两点恰有一个共同的邻点，但这个点并不是在中心的单一的点。事实上，瓦克拉夫·克沃特尔和安东·科齐格在1974年得出结论，存在许多这样的无限图。

这个结果也说明了不同的数学领域相互联系。自1966年第一次证明之后，友谊定理经过了几次证明，证明使用了代数、几何和它们的组合。但是原始的证明是由3个匈牙利数学家完成的，包括20世纪的伟大的思想家埃尔德什。

埃尔德什

曾经有人说过，数学家大致可分为两类：问题解决者和理论建设者。埃尔德什是典型的问题解决者。亚历山大·格罗滕迪克在20世纪发展了代数几何，被认为是终极的理论建设者，见第63篇。只要有问题在他心里，埃尔德什就会竭尽全力地去解决它。埃尔德什是当代发表数学论文最多的数学家，也是和全世界不同国籍的数学家合作发表论文最多（总数超过1416篇）的人。

与他出色的数学能力同样出名的是他极不寻常的生活方式。埃尔德什从事数学研究的方式很独特，他总是游历于世界各地的大学和研究所，登门拜访那里的数学家，向对方宣布："我的头脑敞开着。"然后他们便开始讨论数学问题，一连持续几天，直到双方都厌倦了为止。他从不在一个城市里连续待上一个月，他的座右铭是："另一个屋顶，另一个证明（Another roof, another proof）。"

和埃尔德什合作次数最多的是他的两个匈牙利同胞阿尔弗雷德·雷尼和薇拉·索斯，他们共同证明了友谊定理（雷尼有一个有趣的格言："当我不高兴时，我研究数学从而变得快乐。当我高兴时，我研究数学来保持快乐。"）。

埃尔德什数

埃尔德什无疑是一个古怪的人，但他却有天才的数学能力。事实上，他是数学界合作者数量最多的纪录保持者：509 个。在数学界有一个关于埃尔德什的著名传说，就是埃尔德什数。很巧的是，这个传说可以用图论的形式表达。每一个点代表一个数学家，埃尔德什在中心。如果两个数学家合作写过论文，在图中就表示为两个点用线连在一起。

埃尔德什总是游历于世界各地的大学和研究所，登门拜访那里的数学家，与之讨论数学问题。他的座右铭是："另一个屋顶，另一个证明。"

现在有一个关于数学家埃尔德什数的排名。埃尔德什自己的埃尔德什数是 0，和埃尔德什直接合作的人（有 509 个人）的埃尔德什数是 1，而和埃尔德什数为 1 的人合作的人（大概有 6593 人），埃尔德什数为 2……依次类推，爱因斯坦的埃尔德什数为 2，比尔·盖茨的埃尔德什数为 4。某人的埃尔德什数代表了他与数学核心的最短距离（一个只写过个人论文的数学家的埃尔德什数是无限的）。

80 非标准分析

突破：鲁滨逊利用现代数理逻辑，把实数结构扩张为包括无穷小与无穷大的结构，从而形成一个新分支。

奠基者：亚伯拉罕·鲁滨逊（1918 年—1974 年）。

影响：非标准分析在 20 世纪 60 年代掀起了一场数学界的风暴，今天它是证明数学定理的一个常用工具。

几个世纪以来，数学家们研究了几种不同的数学体系：几何学、数论和代数。他们试图探索在所有体系中都可以使用的基本定律。但在 20 世纪前期，对数学逻辑的研究开始关注一个数字系统和其基本定律之间的关系。20 世纪 60 年代，在亚伯拉罕·鲁滨逊的研究下，这发展成数学的一个崭新的方法：非标准分析。

大多数数学分支都涉及一个核心的对象，称为结构。对代数来说，核心结构是复数系统（见第 25 篇）；对几何学来说，核心结构是实数系统（见第 42 篇）；对算法来说，核心结构是整数系统。数学的其他分支，如集合论和抽象代数，各有其核心结构。在每一个分支研究中，最重要的任务是了解描述结构的基本定理。

理解数学结构

通过对中间值定理（介值定理）的分析，可以完全了解实数系统（见第 42 篇）。这个定理使我们对点和曲线的分析最终超越欧几里得范式，从而达到新的高度。介值定理不仅是研究实数的有效工具，也是定义实数系统的主要工具。

以同样的方式可以对复数系统进行研究，这方面的代表是高斯对代数基本定理的证明（见第 40 篇）。这不仅仅是一个美妙的定理，高斯确切

左图：能够自我复制的纳米机器人的艺术设计，是在分子水平上进行设计的。非标准分析出现之后，数学家们终于能够以一种精确和有意义的方式谈论无穷小的物体。

地指出是什么让复数变得很特别：他发现了复数的基本定律。

对于算法来说，核心结构是整数系统，虽然这看起来是显而易见的，但是将其公理化的困难要大得多。库尔特·哥德尔著名的不完备性定理推进了这个工作（见第 68 篇）。然而对于算法系统来说，定理是不完整的。

模型论

在所有这些领域，模式一般是相同的：通过相关定理或公理来了解一个数学对象，如实数，这个公理和数学结构之间的关系本身就是一种可以研究的对象。20 世纪早期的逻辑学家，如李奥帕德·勒文海姆和斯科伦就开始这样做了。他们不是专注于研究数学的一个特定领域，而是研究数学定律和核心结构之间的一般关系。

非标准模型的发现是逻辑学的一个有趣的发展，但最初在逻辑学外并不是非常重要。毕竟，大多数数学家还是最想了解标准模型。

勒文海姆和斯科伦分析发现了一个深刻的、意想不到的事实：一般来说，一套定律不适用于一个特定的数学结构，而适用于大量的各种数学结构。这种数学概念的表现被称为公理的模型。当然，在这些模型中有一些结构是你会首先想到的（如常实数），这是标准模型。但是也有大量的非标准模型，类似于实数对公理的服从，但有其他意想不到的不同。

无穷小的回归

非标准模型的发现是逻辑学的一个有趣的发展，但最初在逻辑学外并不是非常重要。毕竟，大多数数学家还是最想了解标准模型。然而，从历史角度来看，非标准模型可能会起到非常重要的作用。

微积分最早开始于牛顿和莱布尼茨的研究（见第 32 篇），甚至可以追溯到几千年以前阿基米德的研究（见第 12 篇）。微积分这门学科的基础问题是无穷小的问题，在初期，将它们看作类似于虚数的理想元素，是名义上无穷小的数，这些理想元素服从普通实数的定律。比如计算移动物体在某一时刻的速度，方法是用无穷小的距离除无穷小的时间，但结果通常会是一个普通的实数。

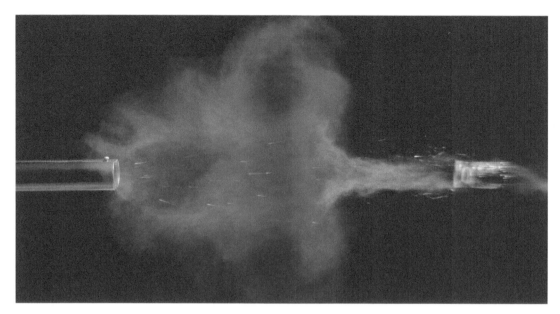

但我们对实数有了比较完整的理解后，这样的观点就不正确了。没有这样的无穷小的数字：每一个数字，不是 0 就是有确定的大小。更准确地说，在实数中没有无穷小数。但是非标准模型，如超实数的模型中，确实含有无穷小数。同样，整数的非标准模型包含了无穷大的数，而标准整数模型则认为整数是有限的。

上图：计算对象的瞬时速度，早期的办法是用无穷小的距离除无穷小的时间。在非标准分析出现之后，这个方法得到了理论上的支持。

非标准分析

20 世纪 60 年代，亚伯拉罕·鲁滨逊领导了一场数学的革命。他的方法是利用这些外来的非标准结构来分析数学家们真正关心的模型——复数、整数、实数的标准模型。他的方法被称为非标准分析。非标准分析的一个重要定理是转换定理。每个关于非标准模型的命题，如果对非标准模型成立，则经过适当解释对标准模型也成立，反之对标准模型成立，经过适当解释对非标准模型也成立。这是牛顿和莱布尼茨当时默认的想法。鲁滨逊用数理逻辑方法严谨地论证了无穷小数的存在，重新用它来刻画微积分。非标准分析一问世便得到迅速发展，人们用它解决了许多问题。今天，鲁滨逊的非标准分析是数学家用来理解普通的数学结构性能的常用工具。

希尔伯特第十问题

> 突破：大卫·希尔伯特希望数学家们寻找一种普遍的
> 算法，用来判定任意的丢番图方程是否有整数解。但
> MRDP 定理表明，这个算法有可能永远不会找到。

> 奠基者：大卫·希尔伯特（1862 年—1943 年）、朱莉
> 娅·鲁滨逊（1919 年—1985 年）、希拉里·普特南
> （1926 年—2016 年）、马丁·戴维斯（1928 年—）、
> 尤里·马季亚谢维奇（1947 年—）。

> 影响：寻找数论和逻辑学之间的共同语言，是理解算
> 法极限的一座里程碑。

许多数论中的著名问题，如费马大定理（见第 91 篇）和卡塔兰猜想（见第 93 篇），都有相同的基本格式。在每一个问题提出的开始阶段，科学家面临的挑战是：这个问题是否有整数解。1900 年，大卫·希尔伯特呼吁数学家们为这些问题寻找一种普遍的算法。

费马大定理猜想方程（$a^n + b^n = c^n$）没有任何整数解，卡塔兰猜想是一个与之类似的方程（$a^n - b^m = 1$）。这两个都是丢番图问题，得名于希腊数学家丢番图。公元 250 年，丢番图发表了一部长篇巨著《算术》（见第 16 篇）。在这本书中，他对整系数代数多项式方程进行了大量研究，对代数与数论的发展有着先驱性的贡献。对于丢番图方程，数学家们最感兴趣的是它是否有整数解（或自然数解）。对于简单的方程，我们可以找到每个方程特殊的解决方式，从而很容易地找到答案，但对于一般的丢番图方程来说，判断它是否有整数解却是件极困难的事。因为解决简单方程的方式不能应用于一般的丢番图方程。

大卫·希尔伯特发现了这一方法的不足。他不想辛辛苦苦地一次又一次地求解丢番图方程，他需要一个方法来一劳永逸地解决这类问题。1900 年，希尔伯特列举了 23 个他认为最具重要意义的数学问题，这些问题被

左图：这个艺术作品的灵感来自王氏砖。给定一系列的形状，我们会很自然地问它们是否可以铺满平面。通过王浩和罗伯特·伯杰的研究，我们得到了结论，就像希尔伯特第十问题，这是一个不可解的问题。

后人称为"希尔伯特问题"。在第十个问题中，他呼吁进行一次数论革命："对于任意丢番图方程，要求给出一个可行的方法，使得借助于它，通过有限次运算，可以判定该方程有无整数解。"

算法和数字

希尔伯特在 20 世纪初提出这一问题，在 40 年之后，第一台数字计算机诞生。但他的问题却在计算科学中得到反映。艾伦·图灵和阿朗佐·丘奇在 20 世纪 40 年代（见第 69 篇）进行了开创性的研究工作之后，它变得更加清晰起来，希尔伯特曾设想的"过程"应该是一个算法，即一个计算机程序。

图灵的研究表明，想解决这个问题要持有谨慎态度。他表明，计算机程序不是万能的——它们有局限性，希尔伯特的梦想很可能是不可能实现的。所以问题变成了：是否有可能存在一个程序能够解决所有的丢番图方程。这时，希尔伯特第十问题已经从一个单纯的数论问题演变成一个深奥的逻辑学问题，探索算法的局限性。

图灵的研究表明，想解决这个问题要持有谨慎态度。他表明，计算机程序不是万能的——它们有局限性，希尔伯特的梦想很可能是不可能实现的。

可计算性和可枚举性

希尔伯特问题的算法研究的一个重要的切入点是寻找可以有效计算的函数。到底什么样的函数是可以有效计算的呢？数字集合可以很容易地用计算机描述。比如平方数的集合 $\{1,4,9,16,25,36,\cdots\}$ 要判定一个数，比如 625 是不是在这个集合中，我们可以很容易地通过一个算法回答。一个程序员可以很容易地编写一个程序来回答这样的问题。我们可以很容易地得出"625 在集合中""714 不在集合中"等结论。所以，这个集合被认为是可计算的。

在被认为是可计算的同时，这一集合也可以视为一个丢番图问题，即它是由一个方程描述的，$x = y^2$。如果 x 和 y 是满足这个方程的整数，那么 x 必须是一个平方数。许多函数既是丢番图方程，又是可计算的。这是数论和逻辑之间的深刻联系的第一个提示。但是，是否每一个丢番图方程都是可计算的？如果答案是肯定的，那么希尔伯特第十问题会变为：可以直接写出一个计算机程序，而这个程序正是希尔伯特想要的。

然而，计算机科学家发现了可计算性的一个微妙变化。一个可枚举集是一组数字：5,804,13,22,…计算机程序可以列出这个可枚举集。乍一看，这似乎是一个非常相似的定义，然而，在可计算集和可枚举集之间有非常深刻的差异。它们的区别是：给定一个可枚举集，你永远不知道一个数字是否在其中。如果我想知道 625 是否在这个可枚举集中，我唯一能做的就是等待。假若我可以等到 625 出现在该枚举集中，这时，我知道的这个问题的答案是"是"，但是，如果它没有出现（或还没有到出现的时候），我不能肯定答案是"不"。无论我要等多长时间，似乎总有一个时刻 625 会出现在集合里。这似乎像障碍，一个程序员应该能够巧妙地绕过这些障碍，但并非如此。今天的数学家都知道多组数集是可枚举的，但不完全是可计算的。

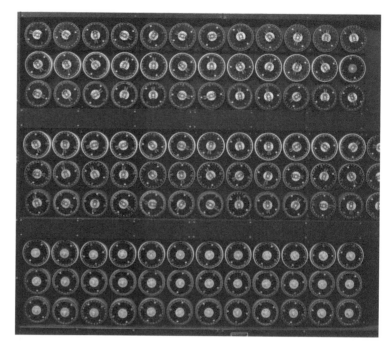

MRDP 定理

不难证明，每一个丢番图集必须是可枚举的。但在 20 世纪 40 年代，一批逻辑学家开始相信，逆命题也可能是真的，每一个可枚举集都是丢番图集。这将是一个非常深刻和意想不到的结果。如果是真的，它会解决希尔伯特第十问题，因为它意味着丢番图集是不可计算的可枚举集。这一结果即马季亚谢维奇定理（由他提供了完成证明的关键步骤）和 MRDP（尤里·马季亚谢维奇、朱莉娅·罗滨逊、马丁·戴维斯和希拉里·普特南各人姓氏的首字母缩写）定理。因为"存在一个递归可枚举集是不可计算的"，所以可直接得出希尔伯特第十问题是不可解的。

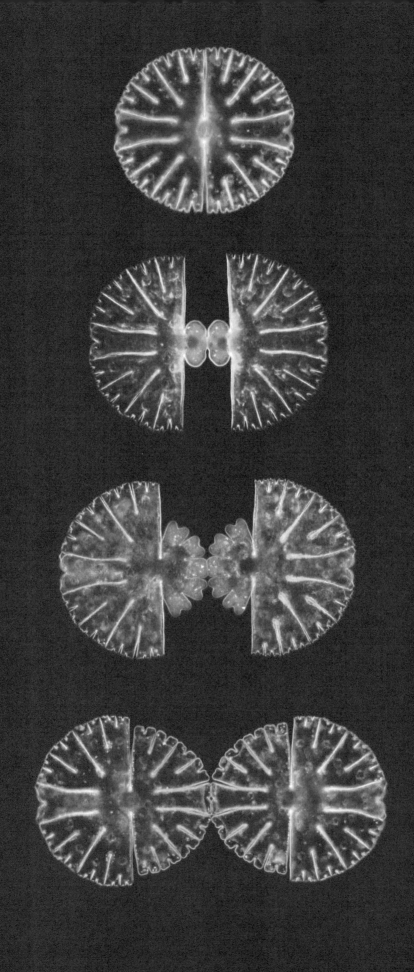

82 "生命"游戏

突破：为了寻找用一个简单的点去刻画复杂事物的演化过程，约翰·康韦开发出了一个著名的零玩家游戏——"生命"游戏。

奠基者：约翰·康韦（1937年—2020年）。

影响："生命"游戏是最早的细胞自动机模型，随后科学家又开发出了许多种"生命"游戏，从而使"生命"游戏变成了重要的研究课题。

1970年，数学家约翰·康韦开始探索复杂性的根源。他想发现一个尽可能简单的规则设置，但是可以表现出不可预测的、复杂的过程。他探索的结果就是他最著名的发明："生命"游戏。

康韦的游戏规则是非常简单的。游戏发生在一系列网格中，每个网格中都有一个细胞，每一个细胞都有"生"和"死"两种状态。在游戏的开始，人类玩家发挥唯一的作用：决定细胞是"生"还是"死"，然后游戏开始。游戏中的每一秒，每个细胞都可能改变状态，一个细胞在下一个时刻的"生死"取决于相邻8个方格中活着的或死了的细胞的数量，规则是：

一个"生"的细胞要保持"生"的状态，需要它周围有2个或
3个细胞为"生"，否则该细胞转为"死"；

一个"死"的细胞转为"生"的状态，需要它周围有3个细胞
为"生"，否则细胞会保持"死"的状态。

在网格被初始设置之后，细胞在游戏的进行过程中会根据这些规则在"生"和"死"之间转换。"生命"游戏主要关注网格的初始配置和细胞的长期行为之间的关系。有时候细胞会快速进入一个稳定的状态。如果初始设置是几个孤立的活细胞，下一个时刻它们都将死去，然后在网格中的每一个细胞都保持稳定的"死"的状态。而如果一个2×2的网格中

左图：托马森微星鼓藻（微星鼓藻属，一种在沼泽地中生长的绿色植物）细胞分裂的过程。康韦的"生命"游戏是最简单，也是最成功的一个生物过程的数学模型，它是进一步研究的出发点。

有 4 个活细胞，这个配置的情况就很稳定。其他的配置可能会导致一个循环，例如，网格中有 3 个活细胞排列成一行，它们会在平行或垂直的排列状态中来回变化，这种震荡图形称为信号灯。但也有其他简单的配置，其长期发展是极其复杂和难以形容的。

量化复杂性

康韦意识到"生命"游戏是复杂的，但是它究竟有多复杂？ 1970 年，他研究是否有一个初始配置可能会导致活细胞的无限增长。如果游戏一开始只有有限数量的活细胞，是否有一个活细胞数量上限？或者有没有一个初始配置能够产生无限数量的活细胞？康韦对这个问题的答案悬赏 50 美元。同年晚些时候，这个悬赏由比尔·高斯珀获得，他发明了"高斯珀滑翔机枪"。采用这种配置每 30 秒就会出现一个小图案，被称为"滑翔机"。这些滑翔机包含的细胞不会死，但"滑翔机"会在网格上滑过，滑翔机包含的活细胞的总数量会不断增长。这表明"生命"游戏不仅是一个智力游戏，而且含有深刻的数学道理。

数字物理学认为宇宙本身最终可看作一个细胞自动机模型，或与之类似的东西。

1983 年，康韦实现了他的终极目标：他发现这个游戏是图灵完备的，这意味着，它的计算没有上限。在理论上，"生命"游戏盒与最强大的现代计算机的计算能力是等价的（见第 90 篇）。随着"生命"游戏的影响力不断扩大，研究人员会将其作为复杂的计算方法的测试，如寻找素数，甚至构建网格内的可编程计算机。

细胞自动机

目前公认"生命"游戏是细胞自动机模型的第一个例子。随后科学家对细胞自动机模型进行了各种可能的变化：通过改变网格的几何形状从而改变每个细胞相邻细胞的数量；增加了细胞的状态数量，使细胞的状态不仅仅是"生"和"死"；改变细胞状态变化的调整规则。并不是所有的变化都是图灵完备的。许多简单的系统，不能进入稳定或循环的状态。其他的初始配置则会产生混沌系统，在这个系统中我们无法做出预测：系统变化莫测，根本不可能进行精确计算。

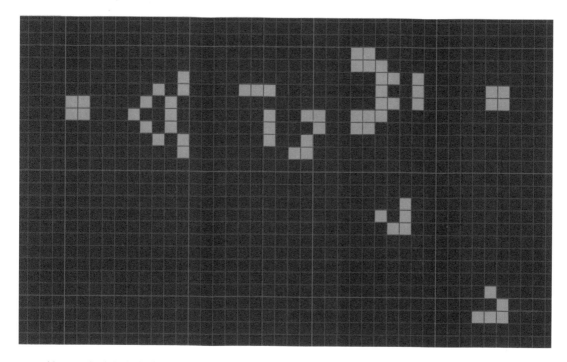

然而，在这些极端的例子中，我们还是发现有一些具有图灵完备性。其中最简单的是 110 规则，这是一个只有两个状态的细胞自动机模型，其中每个细胞只有两个相邻细胞。这是一个一维的单细胞自动机模型，所有的细胞都分布在一条直线上。1985 年，史蒂芬·沃尔弗拉姆推测 110 规则有通用计算能力，在 2002 年，马修·库克证明了这一推测。

计算世界

"生命"游戏与 110 规则的计算能力，可以转化为在技术上的合乎逻辑的形式。鉴于这样的系统是理论上可行的，我们的疑问是：它在现实中是否真的存在。数字物理学认为宇宙本身最终可看作一个细胞自动机模型，或与之类似的东西。如果是这样，将把算法和信息的思想从计算机科学转移到物理学的核心。科学家正在继续探索这个想法，但是还没有得到确切的证据。同时，研究人员在人工智能和人工生命的研究中也应用了细胞自动机模型，从人脑的神经元到生态系统中的竞争，细胞自动机模型发挥了在高度复杂的系统中建模的潜力。

上图："生命"游戏中的一个"高斯珀滑翔机枪"。这种模式是在 1970 年由比尔·高斯珀发现的，这是"生命"游戏中发现的第一个能够产生无限数量的活细胞的模式，它产生许多能够永无休止运动的"滑翔机"（右下）。

复杂性理论

突破："计算机完成一项任务的速度到底有多快"，这被称为复杂性（复杂度）理论。该理论的基本分析是由库克和莱文在 20 世纪 70 年代早期进行的。

奠基者：斯蒂芬·库克（1939 年—）、利奥尼德·莱文（1948 年—）。

影响：斯蒂芬·库克和利奥尼德·莱文各自独立提出了"P=NP"的问题。这个问题被"克雷数学研究所"收录在千禧年大奖难题中，标价 100 万美元，这个问题至今没有被解决，是计算机科学领域的最大难题。

几个世纪以来，数学家已经对各种各样的棘手问题提出了解决方案。但在某些情况下，一个令数学家满意的解决方案不能满足实际的目的。例如，保卫我们网上银行账户的密码，很容易用纯粹的算术手段破解。但在计算机科学中，最重要的是它是否可以在一定的时间内得到解决。

有一个关于数学家的笑话：一个数学家夜里醒来，看到他的纸篓着火了，他记得隔壁的浴室里有桶和自来水，于是他认为解决方案显然存在，然后他马上又睡着了。

当然，这是一个笑话，但这个笑话隐含着深刻的现实意义。如果一个数学家要解决一个问题，当能找到一个解决办法时，他就会满意地认为问题彻底解决了。但在某些情况下，这是不够的，就像你的房子着火了。在计算机科学中，同样存在这样一个事实，有一个理论上的解决方案是不够的，还要求该解决方案可以在现实世界中实现。

可计算性和时间花费

假设你想破解一个有 10 位数字的密码。原理上没有问题：先试

左图：哈勃超级深场，又称哈勃超深空，是一张外太空照片，显示的是距离地球 130 亿光年的宇宙深处。以前，关注这样的时间尺度的是天文学家，但计算复杂性理论的出现使计算机科学领域的研究者开始关注相关研究。

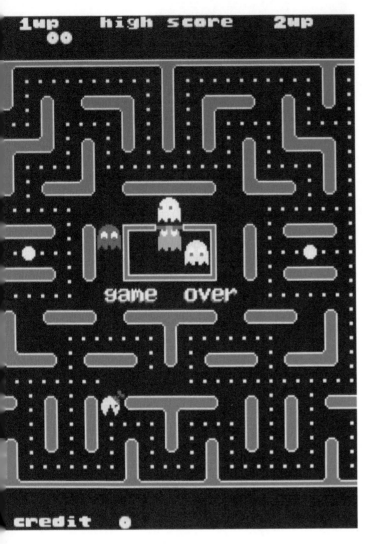

0000000000，然后试0000000001、0000000002等。当你试到9999999999的时候，密码肯定已经被破解了。虽然这种方法可以完美地破解密码，但它的缺点也是很明显的。如果一台计算机1秒可以尝试1000种可能，那么破解密码需要几个月才能完成。假设要破解一个很长的密码，比如一个有100位数字的密码，那么需要用10^{100}步才能完成。在这种情况下，它不再是那么容易处理的，破解这个密码所用的时间将比宇宙的寿命更长（哪怕是用比我们今天最先进的计算机更先进的计算机来进行这个任务）。

上述情况延伸出一个被称为计算复杂性理论的数学分支，这个分支源于阿兰·图灵的对算法和图灵机的研究（见第69篇）。计算复杂性理论根据一个数学问题在图灵机（或者现代的计算机）上解决所需要的时间，对数学问题进行分类。在20世纪70年代初，斯蒂芬·库克和利奥尼德·莱文各自独立地提出了该学科中最棘手的问题：P和NP是否相等。

上图：2012年，意大利比萨大学的乔瓦尼·维格里埃塔研究了几种计算机游戏的计算复杂性。他特别指出，吃豆人游戏是NP类问题，和旅行推销员问题有相同的理论基础。

计算复杂性

上面描述的破解密码的过程是很耗费时间的。破解一个有10位数字的密码，我们需要10^{10}个步骤来解决；破解一个有100位数字的密码，将需要10^{100}个步骤；破解一个有n位数字的密码，需要10^n个步骤。用计算复杂性理论的术语来说，这个问题需要的时间是呈指数成长的。（在量子计算中，它可能会更快，见第90篇。）

其他的问题可以解决得更快，例如，用计算器把2个数字相加，当你输入的是 2 位数时，它可能只需要 4 个步骤，而输入 3 位数可能需要 9 个步骤。在一般情况下，输入 n 位数字可能只需要 n^2 个步骤。这是可以在多项式复杂度的时间内解决的一个问题。这类问题被称为 P 问题，也就是说，P 问题是在现实世界中能够得到解决的问题。

整个课题的微妙之处在于，很难分辨一个数学问题是不是 P 问题。你如何能判断一个问题不是 P 问题？你又怎么能判断在未来不可能找到一个解决这个问题的快速算法的可能性？这是计算机科学理论的核心问题。

N 和 NP

库克和莱文都认识到，最关键的问题是确定 P 和 NP 的关系。NP 问题是可以在多项式复杂度的时间内验证解是否正确的问题，亦称验证问题类。密码破解是一个 NP 问题的例子：给出的答案可以快速地验证（是否正确）。另一个 NP 问题是最大团问题。

在现代社会，人们通过网络互相联系。也许有人会问：你可以在网络找到的最大团是什么？在这里，一个"团"就是一组互相联系的人群。这似乎是一个非常困难的问题，因为我们很难知道一个人是否找到了最大团。然而，如果你问一个人是不是存在有一个大小为 100 的团，并给出一个 100 人的样本，那么他很快可以验证这 100 人是否成团。所以这个问题是 NP 问题。

我们很清楚地在最大团问题中看出，每一个 P 问题也是 NP 问题：如果一个任务可以很快完成，它可以被快速验证。但从另一个角度，许多 NP 问题可能不是 P 问题，最大团问题和旅行推销员问题（见第 84 篇）就是这种类型的问题。但还没有人证明这个命题。令人惊讶的是，已知的没有一个问题是 NP 问题但不是 P 问题。斯蒂芬·库克和利奥尼德·莱文各自独立提出了"P=NP"问题，至今这仍然是数学和计算机科学中的一个未解问题。

破解一个有 100 位数字的密码，需要用 10^{100} 步才能完成。在这种情况下，它不再是那么容易处理的，破解这个密码所用的时间将比宇宙的寿命更长。

84 旅行推销员问题

突破：旅行推销员问题是要找到一个通过城市网络的最短的路线。理查德·卡普认为这是一个NP完全问题，这意味着它难以计算，但是可以被快速验证。

奠基者：理查德·卡普（1935年— ）。

影响：在科学和工程领域有许多与旅行推销员问题类似的优化问题。虽然已经发现了几个有效的近似算法，但它仍然是一个重大的挑战。

假设有一个旅行推销员要拜访全国的 20 个城市，他必须选择所要走的路线，路线的限制条件是每个城市只能拜访一次，每两个城市之间只有一条路线，而且最后要回到原来出发的城市。路线的选择目标是要求路线路程为所有路线之中的最小值。这个问题自 19 世纪后期被提出以来，已被应用到许多科学领域，包括芯片设计、DNA 测序等。

很明显，旅行推销员问题是能够解决的，他可以规划不同的路线，比较它们的长度，然后选择其中长度最短的路线。但这种方法的问题是，如果有 20 个城市，可能的路线数将超过 100 000 000 000 000 000 条，即使使用现代计算机，这种方法在现实中也是不可行的。

旅行推销员问题既有数学上的趣味，又有深刻的现实意义。许多领域会出现优化问题，如公共交通、天然气和电力供应的设计。许多优化问题相当于旅行推销员问题。在科学领域也会出现类似的问题，从基因测序到芯片的设计。在所有这些不同的问题中，基本的数学原理是相同的，只是扮演"城市"和"路"的角色是其他事物，需要被最小化的变量可能不是路线长度，而是其他的一些变量，最常见的变量是时间。

左图：旅行推销员问题是我们经常会碰到的一类问题。两个地点之间的最短路线是很容易找到的。但是当我们要访问几个地点时，通常需要找到一个足够好的，但不是最优的路线。

图论和优化问题

旅行推销员问题可以用图论的方式表示。在图中，有一些点，每两个点都用线连接。在旅行推销员问题中，一个点代表一个城市，连接点的线代表城市之间的道路。图论的起源是莱昂哈德·欧拉对柯尼斯堡七桥问题的研究（见第 36 篇）。

理查德·卡普证明旅行推销员问题是从根本上难以解决的。20 世纪 70 年代初，卡普才将这个问题放进技术框架来考虑，认为它是"困难问题"。

解决这个问题是否有一个更快的方法，而不是比较所有可能的路线？也许我们可以设计一种计算机程序，能够找出最短路线而不必费力地比较每个可用的路线。多年来，研究人员一直在考虑这种方法存在的可能性。一个最可能的方法是：首先随机选择一个城市，然后访问离它最近的城市。在每个后续阶段，推销员应该访问离他最近且没有到过的城市。这是一个简单的方法，其优点是可以很快地解决问题。在每个阶段，推销员只要比较少量的选择即可。但是，正如卡尔·门格尔在 20 世纪 30 年代的观察表明，采取这个方法通常不会产生最好的结果。

在一些特定情况下的旅行推销员问题可以很快被解决，但在 20 世纪我们始终没有找到一个可以有效解决这个问题的一般方法。尽管这个问题在很多情况下都可能遇到。

卡普定理

研究者们真正想要的是快速解决旅行推销员问题的方法。如果这个方法找不到，我们通常是需要找到一个足够好的，但不是最优的路线。1972 年，计算机科学家理查德·卡普就是这样做的，他证明这个问题是从根本上难以解决的。虽然在 20 世纪 50 年代梅里尔·弗勒德就做出了这样的推测，但直到 20 世纪 70 年代初，卡普才将这个问题放进技术框架考虑，认为它是"困难问题"。从计算复杂度理论的角度，卡普定理是：旅行推销员问题是 NP 完全问题，不能用精确算法求解，必须寻求这个问题的有效的近似算法。

这个突破使旅行推销员问题登上了现代计算机科学的中心舞台。一个 NP 问题意味着，尽管很难解决，但是我们可以判定其答案是否正确。如果有人问你，旅行推销员是否可以缩短100千米的路线长度，这可能是一个难以回答的问题。然而，如果有人提出一个较短的路线，我们可以快速验证这个路线。

难以快速解决但可以快速检查是 NP 完全问题的核心定义。以当前的知识状态，我们无法给出精确的计算，但仍然可能存在找到快速解决问题的办法。事实上，如果有人能为旅行推销员问题找到一个精确算法，那么，我们将解决计算机科学中大批极为棘手的问题。这个问题得到解决的唯一可能是：P＝NP（见第 83 篇）。

模拟退火算法

越来越多的旅行推销员问题出现在科学和工程学领域。当然，我们不能等到计算机科学家们彻底解决 P 与 NP 问题之后，再来解决这些实际应用程序问题。因此，降低要求之后，我们可以找到一些不是最准确的但也相当不错的路线。一个重要的发展是 20 世纪 80 年代的模拟退火算法。模拟退火算法源于冶金中的固体退火原理，通过反复加热和冷却，改善金属物体的晶体结构。在旅行推销员问题中，推销员会从一个随机的路线开始，然后逐渐改进这个路线。这相当于随着金属中晶体结构的形成，相互连接进入能量较低状态。

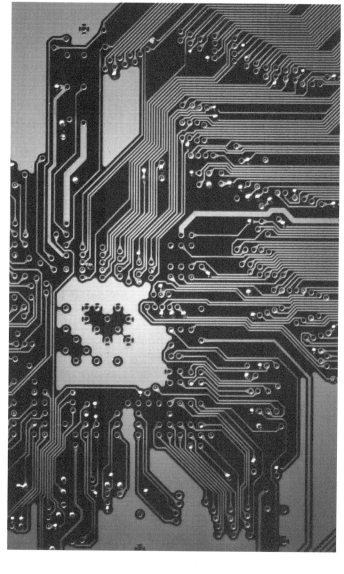

上图：芯片包含成千上万的相互连接的元件。应尽可能地让连接它们的线路更短，从而让芯片运行速度更快。这是芯片设计者面对的"旅行推销员问题"。

85 混沌理论

> 突破：混沌理论是对高度不可预测和不稳定系统的分析理论。混沌理论这一学科形成于 20 世纪 70 年代。
>
> 奠基者：约翰·冯·诺依曼（1903 年—1957 年）、米切尔·费根鲍姆（1944 年—2019 年）、李天岩（1945 年—2020 年）、詹姆斯·约克（1941 年—）。
>
> 影响：近年来，人们对混沌系统的理解有了很大的发展，现在混沌理论在许多学科，包括在物理学和种群生物学中扮演着重要的角色。

我们在学习数学时，面对的问题基本上是可以理解的代数问题。但是，在现实的物理世界中，我们需要描述的形状要比椭圆曲线和四面体复杂得多。比如我们要分析每年鱼群数量波动的影响因素，即使我们很清楚这方面的知识，鱼群的波动也是很难预测的。混沌理论可以很清楚地说明这件事。它表明，即使许多系统的规则很简单，但仍然完全不可预测。混沌理论取得重大突破是在 1975 年，李天岩和詹姆斯·约克发现了一种使用单一的、简单的标准来识别混沌系统的好方法。

如何产生一个随机数？ 20 世纪 40 年代，约翰·冯·诺依曼给出了一个很奇怪的答案。他认为使用一个简单的代数规则就可以产生随机数。这个代数规则是：首先随机选择一个数，称为 x，然后乘 $(1-x)$，用所得的结果再乘 4。也就是说：$x \rightarrow 4 \times x \times (1-x)$。

这个代数规则似乎没有产生什么特别的"随机"。一旦确定最初的数，如 $x = 0.1$，规则的结果是完全可以预测的。但是一个小实验揭示了冯·诺依曼的洞察力。当 $x = 0.1$ 时，产生的序列是：0.1,0.36, 0.9216,0.2890,0.5854,0.9708 等（保留 4 位有效数字）。看起来似乎没有什么固定的模式，而事实上也确实没有。只要你喜欢，你可以将序列无限地列出，但最终也没有什么固定模式出现。不知道这个规则的人会发现，这

左图：爱德华·洛伦茨创造了"蝴蝶效应"，用来形容混沌对初始条件极端敏感的特性。由于空气流动的混沌性质，一个特定的时刻，一只蝴蝶扇动它的翅膀，可能会引起未来天气的巨大变化。

个序列和一个真正随机的物理过程如放射性衰变没有什么区别。

逻辑斯谛映射

20 世纪 70 年代，著名生物学家罗伯特·梅在他的论文《具有极复杂动力学行为的简单数学模型》中也提出了同样的规则。在该著作中，梅一反当时人们普遍的认知，提出越是复杂的系统，各个物种越难趋于稳定，其数量的波动越大。举一个例子：某一年鱼群中有 x 条鱼，下一年则可能是 $4 \times x \times (1 - x)$ 条鱼。他的问题是：鱼的数量随着时间的推移会发生什么变化？

蝴蝶效应，这个名字反映了一个事实：支撑着我们的天气的方程也是混沌的。所以当一只蝴蝶扇动它的翅膀的时候，可能会改变一年后的世界另一端的天气。

今天，冯·诺依曼的规则被称为逻辑斯谛映射，它是混沌系统最简单的一个例子，混沌这一现象已经在许多不同的科学问题中出现，如三体问题（见第 58 篇）。然而，不同于三体问题，逻辑斯谛映射的代数规则极为简单，但它却产生了一个完美的混沌系统。更重要的是，在 20 世纪 70 年代后期和 80 年代初，研究表明，在几个重要方面，逻辑斯谛映射可以反映更广泛的一类混沌系统。米切尔·费根鲍姆、李天岩和詹姆斯·约克的研究也证实了这一点。

在冯·诺依曼的伪随机数发生器中，一切结果都取决于数字 4，这个数字被称为参数。改变这个值就会完全改变系统的过程。如果用 2 代替 4，逻辑斯谛映射便不再处于混沌状态。相反，任何初始值产生的序列，将很快收敛到一个固定值 0.5，这个固定值被称为系统的一个吸引子。

将参数从 2 增加到 2.4，会产生一个不同的序列。经过几次迭代之后，这个序列的数值会在 0.84 和 0.45 两个值间来回摆动。这是有 2 个周期的序列。参数设为 3.5，可得到一个有 4 个周期的序列，然后将参数设为 3.55，可得到一个有 8 个周期的序列。如果进一步增加参数值，系统的周期也会增加，包括 16 周期、32 周期、64 周期……这些序列的混沌现象叫作分叉。

这些分叉会继续下去：只要参数仍然低于费根鲍姆常数（大约为 3.5699）。这个常数得名于混沌理论学家米切尔·费根鲍姆，他证实分叉序列是典型的混沌系统（所以，混沌理论也被称为分叉理论）。

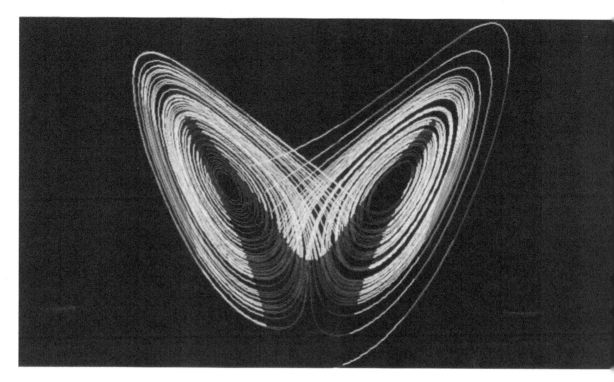

周期 3 意味着混沌

一旦参数超过费根鲍姆常数，系统就会进入真正的混沌状态。序列不会进入任何可预见的模式。序列初始值只要有很微小的差别，如 0.1 和 0.1000000001，最终的序列也会完全不同，这种现象通常被称为蝴蝶效应。这个名字反映了一个事实：支配着我们的天气的因素也是混沌的。所以当一只蝴蝶扇动它的翅膀时，可能会改变一年后的世界另一端的天气。

然而，即使在逻辑斯谛映射的混沌部分，也存在稳定岛。参数是 $1+\sqrt{8}$（值为 3.83 左右）的系统有一个具有 3 个周期的序列。这与我们早期得到的周期有明显的区别，以前的周期都是 2 的幂（2、4、8、16、32 等）。1975 年，詹姆斯·约克和李天岩证明了一个混沌理论的重要定理：只要有 3 周期序列，就会产生一个混沌系统！

上图： 一个奇异吸引子。随着时间的推移，混沌系统图像经常趋向于一个几何对象，称为系统的吸引子。当一个对象有一个复杂的分形结构时（如上图所示），就被称为奇异吸引子。

四色定理

突破：1976 年，数学家凯尼斯·阿佩尔和沃夫冈·哈肯首次证明，每个地图都可以用不多于 4 种颜色来着色，而且没有两个邻接的区域颜色相同。四色定理是数学史上耗时最长的一个证明。

奠基者：凯尼斯·阿佩尔（1932 年—2013 年）、沃夫冈·哈肯（1928 年—）。

影响：阿佩尔和哈肯对计算机辅助证明的使用，转变了数学界对"证明"的认识，它表明了计算机是研究数学的强大工具。

1852 年，弗朗西斯·格思里开始对英国县域地图感兴趣。这个地图一共需要多少种颜色呢？当他思考这个问题的时候，格思里不可能知道这个问题会成为数学中最著名的问题之一。这个问题最终由凯尼斯·阿佩尔和沃夫冈·哈肯在 1976 年证明。

格思里的问题是：每幅地图需要至少多少种颜色着色，才能使有共同边界的国家都有不同的颜色。作为一个数学专业的学生，他并不是对英国地理感兴趣，而是关注这个问题背后的基本原理。任何抽象的设计都可以看作一个"地图"，每幅"地图"需要至少多少种颜色着色，才能使有共同边界的"国家"都有不同的颜色呢？

地图着色问题

假如地图是一个棋盘，国家是棋盘上的方格，那么给这个地图着色可以只使用两种颜色（只在一个单一的点接触的两个国家可以是相同的颜色）。我们很容易想到，复杂的地图可能需要 3 种颜色，更复杂的地图可能需要不少于 4 种颜色。但是，格思里在多次尝试之后始终无法找到一个

需要至少 5 种颜色的地图。无论地图多复杂，他总能找到一些方法，只用 4 种颜色就可以对这个地图着色。于是格思里得到了一个显而易见的结论：只用 4 种颜色就能为所有地图着色。

地图着色问题可以看作一个几何问题，要求用严谨的数学证明。但格思里给不出这样的证明。他向他的老师，著名的逻辑学家德摩根请教，德摩根对这个问题很感兴趣，他号召当时顶尖的数学家，包括英国当时最著名的数学家阿瑟·凯莱，来共同解决这个问题。1878 年，凯莱正式向伦敦数学学会和《自然》杂志提出了这个问题，于是四色猜想成了世界数学界关注的问题。世界上许多一流的数学家都纷纷参加了四色猜想的大会战。不到一年，凯莱的学生艾尔弗雷德·肯普就得出了自己的结论，他得意洋洋地宣布自己找到了解决办法。

五色定理

肯普的证明发表在《美国数学杂志》上，他的成就为他赢得了巨大声望，甚至超越了数学界。但在 10 年后的 1890 年，杜伦大学讲师珀西·约翰·希伍德发现了肯普的证明中存在错误。他表明：肯普证明中的一个关键的步骤丢失了参数。这让肯普感到万分尴尬。

希伍德没有彻底解决四色问题，但他走出了证明四色定理的第一步。希伍德把肯普的证明加以修改，证明了一个较弱的问题——五色定理。他一生大部分时间都在研究这个问题，试图完善自己对四色问题的证明。与此同时，其他数学家试图设计一个反例：一个复杂的地图，它需要用至少 5 种颜色着色。

虽然越来越多的数学家对此绞尽脑汁，但一无所获。这一僵局一直持续到 1976 年，伊利诺伊大学的凯尼斯·阿佩尔和沃夫冈·哈肯宣布他们取得了一项非凡的进展。他们声称证明了四色定理。

计算机辅助证明

阿佩尔和哈肯说，如果存在一个反例（一个地图需要 5 种颜色来着色），就会存在一张国家数最少的"极小正规五色地图"。然后他们去探索这个最小反例，并证明它必须包含 1936 种特殊的构形中的一种。对这 1936 种构形中的每一种都需要分析成千上万的更广泛的图形模式。

这个证明是世界上耗时最长的一个证明。它是如此的"巨大"，事实上，它不能由一个人单独完成。计算机处理完成这个证明需要超过 1000 小时。阿佩尔和哈肯的工作是全新的东西：计算机辅助证明。对数学的发展来说，这个创新比证明本身更重要，给数学研究带来了许多重要的新思维。但是这个方法极具争议性，毕竟，数学证明的目的是促进人的理解，但如果没有人能理解它，它还有什么意义呢？

但是，数学证明不像其他的东西，它是不存在争议的。数学证明包括一系列的步骤，每一个逻辑都根据之前的逻辑推断出来，最终得出定理结论。计算机一旦被制定了规则，它可以区分有效和无效的逻辑演绎。由于阿佩尔和哈肯的突破，证明已相对简化。但是，通过案例分析的情况依然密集到需要计算机辅助。同时，计算机的使用已经彻底改变了数学学科，而且也应用到其他的数学定理的证明，如当前托马斯·黑尔斯对开普勒猜想的证明（见第 92 篇）。

公钥密码

> **突破**：将素数应用到公钥密码体系中，打破了信息编码和解码之间的对称性，这就保证了信息传递的安全性。
>
> **奠基者**：罗纳德·李维斯特（1947 年—）、阿迪·萨莫尔（1952 年—）、伦纳德·阿德尔曼（1945 年—）、詹姆斯·埃利斯（1924 年—1997 年）、克利福德·科克斯（1950 年—）、马尔科姆·威廉森（1950 年—2015 年）。
>
> **影响**：互联网时代，对网络安全越加重视，公钥密码具有巨大的理论和实践意义。

只要人类存在一天，他们就希望秘密能被保守住。在战争和动荡的年代，人们希望能够在敌人窥视的目光下，一直与朋友或盟友保持安全的通信。为此，军队、间谍和秘密社团在几个世纪前就开始使用代码和密码进行通信。在 20 世纪后半期，随着互联网的出现，密码学这门学科有了新的重要意义。随之而来的是一种全新的数据编码方式：公钥加密。

最常见的密码类型是用一个字母替代另一个字母，从而产生一组看起来排序很混乱的字母。比如说，根据下面的表格：用"G"代替"a"，用"C"代替"b"等。

a	b	c	d	e	f	g	h	i	j	k	l	m	n	o	p	q	r	s	t	u	v	w	x	y	z
G	C	Q	F	Y	R	O	J	K	U	A	B	I	V	P	H	Z	S	L	W	D	M	E	T	N	X

利用上面的密码表格进行信息加密，单词"mathematics"会变成一行混乱的字母"IGWJYIGWKQL"。对一个破译者来说，只要他知道（或发现）编码的规则，根据规则就可以还原信件的内容。这是一个简单的密码程序，具有明显的对称性——信息解密是信息加密的逆向过程。最重要的是，加密和解密这两个过程都需要参照一个相同的基本规则，如上面的字母对照表格。

左图：对保密和安全感兴趣的人，经常使用数学知识来降低他们的密码被破解的风险。在 20 世纪，这种风险更高了。在互联网时代，我们每一天都依赖于高科技的安全措施。

多年来，人们开发出了许多编码程序，其中有许多是非常复杂和难以破解的，一个著名的例子是德国的恩尼格玛密码机。然而，无论程序怎么变化，基本的思路始终是"对称性"：信息解密是信息加密的镜像程序，都需要参照一个相同的基本规则。但是在20世纪后半期，随着计算机的出现，密码学这门学科有了新的重要意义，随之而来的是一种全新的数据编码方式：公钥加密，它打破了编码和解码之间的对称性。

上图： 恩尼格玛密码机，第二次世界大战时，德国军队使用的密码机。编码和解码信息所遵守的规则都基于恩尼格玛密码机当天的设置。利用缴获的恩尼格玛密码机，波兰和英国的专家破解了这种密码机，加速了战争结束的进程。

公开密钥

公钥密码体制主要由两个部分构成：公开密钥和私有密钥。进行银行的网上交易应提供一个公开密钥，任何人都可以知道。如果有人希望安全地联系银行，可以使用公开密钥来加密消息。但公开密钥不能用来解密信息。解密信息需要使用客户自己的私有密钥。

事实上，公开密钥加密不是什么新的想法。邮寄信件就采用了同样的方式。一个银行的地址是公开的，任何人都可以把信件寄到那里。地址和邮箱在这里起到了公开密钥的作用。但是要阅读信件，需要银行的雇员打开邮箱，这类似于私有密钥。

正是基于这种理论，1978年，麻省理工学院的罗纳德·李维斯特、阿迪·萨莫尔和伦纳德·阿德尔曼提出了著名的RSA（取自这3位发明者姓氏的第一个字母）算法。RSA算法通过大数的计算，产生一个公钥密码系统。这个系统今天仍然广泛应用于互联网安全。1973年，詹姆斯·埃利斯、克利福德·科克斯和马尔科姆·威廉森也为英国情报部门制定了类似的密码系统。这个密码系统被用在军事上，直到1997年仍被列为最高机密。

数字和密码

RSA 算法的核心是数论的算术基本定理，这个定理使任何一个大于 1 的自然数，都可以被唯一分解成有限质数的乘积，所以 $36 = 2 \times 2 \times 3 \times 3$。更重要的是，这个分解是唯一的：36 的分解方式只有一种，即两个 2 和两个 3 的乘积，你永远不会找到其他任何素数的乘积组合。对于数字 36 来说，"基本定理"没什么特别。但是，当我们把基本定理应用到更大的数字时，它就有了很大的价值。一个大的整数，如 62 615 533，我们无法轻易得出它分解成质数的方式。甚至动用现代计算机的全部力量，数学家也没有找到比穷举法更好的方式，只能依次比较 2、3、5、7、11 等。这是非常耗费时间的，对更大的数字（如 100 位数字）来说是几乎完全不可行的。

RSA 算法通过对大数的计算，产生一个公钥密码系统。这个系统今天仍然广泛应用于互联网安全。

然而，如果你被告知答案是 7907×7919，你可以快速地检查这个答案是否正确。在这个过程中，算术基本定理保证了这是唯一有效的回答。RSA 算法正是基于这样一个十分简单的数论事实：将两个素数相乘十分容易，但想要对其乘积进行因式分解却极其困难。这两个过程所需时间的不对称性，正是 RSA 算法的基石。大数（62 615 533）作为公开密钥，对消息进行加密。但解密消息要求的私有密钥，需要对大数进行分解（7907×7919）。

这个想法是很简单的，1978 年，罗纳德·李维斯特、阿迪·萨莫尔和伦纳德·阿德尔曼在他们开创性的论文中给出了详细过程。当然，整个系统的安全强度取决于它所依据的问题的计算复杂度，利用公开密钥基本上不可能计算出私有密钥。用抽象的观点来看，公钥密码就是一种单向函数。我们说一个函数 f 是单向函数，即若对它的定义域中的任意 x 都易于计算 $y = f(x)$，而当 f 的值域中的 y 为已知时要计算出 x 是非常困难的。世界上还没有任何可靠的攻击 RSA 算法的方式。只要其钥匙的长度足够长，用 RSA 算法加密的信息实际上是不能被破解的。但在量子计算机理论日趋成熟的今天，RSA 算法加密的安全性受到了挑战（见第 90 篇）。

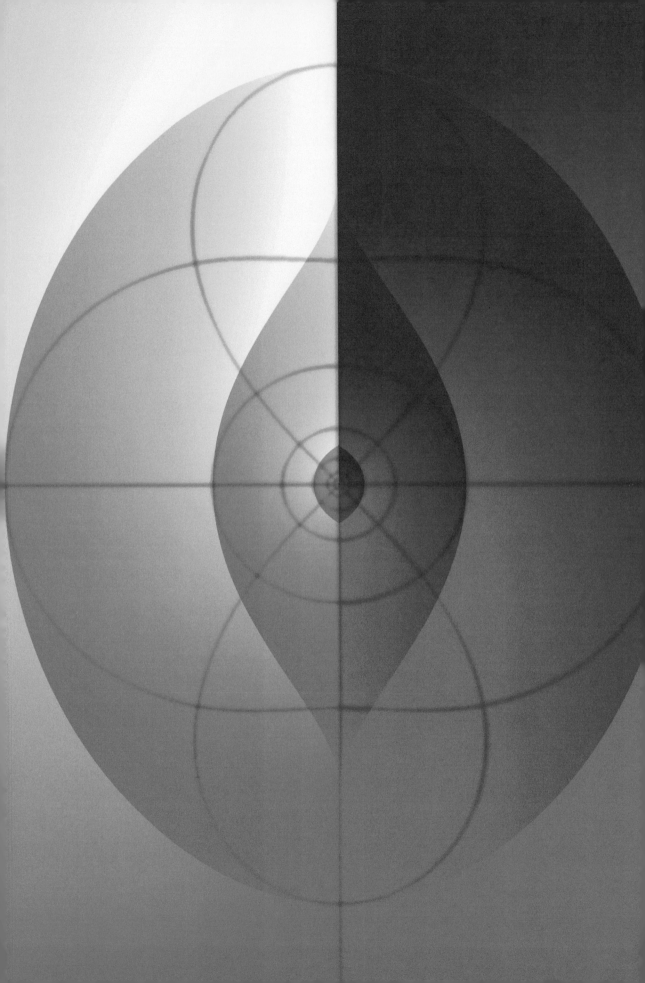

88 椭圆曲线

> 突破：在 20 世纪，数论和几何都开始注意到椭圆曲线这一不寻常的数学对象。
>
> 奠基者：路易斯·莫德尔（1888 年—1972 年）、格尔德·法尔廷斯（1954 年—）、布莱恩·伯奇（1931 年—）、彼得·斯维讷顿－戴尔（1927 年—）。
>
> 影响：椭圆曲线是现代数学的一个研究重点。但是所有证明伯奇和斯维讷顿－戴尔猜想的努力都失败了。

从丢番图的研究开始，数论学家都想了解整数之间的可能关系。这些关系用方程表示，而方程也可以由几何形状解释。在 20 世纪，研究的焦点落在一类特别有趣的方程上，这类方程描述了一个非常特殊的形状——椭圆曲线。

在数学史上，研究数学主要有两种方法。数论研究整数，而几何研究几何形状。然而，丢番图第一次注意到，这两个研究方法之间的联系可能会比预期的更紧密（见第 16 篇）。

几何与数论

几何中的毕达哥拉斯定理（勾股定理）是：直角三角形斜边的平方等于两条直角边的平方和，用数论方程表示为 $x^2+y^2=z^2$。在这里对数字的类型没有特别的约束。但作为一个数论学家，丢番图对什么样的整数服从这个方程特别感兴趣。这些数字被称为毕达哥拉斯三元组，例如 3,4,5（$3^2+4^2=5^2$）。

上述转换在 20 世纪成为代数几何的基础。方程 $x^2+y^2=z^2$ 描述了一个几何形状，事实上这是一个圆锥面。数论学家的问题是，是否可以用坐标上的整数来表示给定表面上的点。正如丢番图的例子，答案是肯定的，

左图：基于双组线的艺术品。组线（类似于无穷符号，∞）最初是由雅各布·伯努利在 1694 年首次描述的。计算这个形状的延伸长度的过程就是最早的椭圆曲线分析过程。

点（3,4,5）就是一个例子。但在曲面 $x^3+y^3=z^3$ 中，给出的答案是否定的。正如皮耶尔·德·费马的判断（见第 91 篇），没有整数能遵守这个方程，这意味着这个形状上的点没有相应的整数坐标。

曲线和法尔廷斯定理

这一想法启发了许多 20 世纪的数论学家，如路易斯·莫德尔，他提出了一个看似简单的问题：什么样的几何形状上面的点可以用坐标上的整数点表示，什么样的几何形状不可以？稍微延伸这个问题，就发展出了一个主要研究形状上的有理点的课题，有理点的坐标都是有理数，或整数的分数。

首先最重要的形状是一维曲线。很明显，从一开始这个问题就不那么容易回答：一些曲线没有有理点，而其他的曲线有无限多个有理点。在这两种情况之间是那些含有有限数量有理点的曲线。这是一个重大的技术挑战，就是要了解哪个是哪个，即把它们区分开来。因此必须对整数之间的关系进行研究。

法尔廷斯定理是 20 世纪数论的重大突破。然而，它仍然没有回答所有关于曲线的数论问题。

幸运的是，有一个区分曲线的自然的方式，它为每一条曲线分配一个数，称为亏格。我们最熟悉的曲线，如圆、直线和圆锥曲线（见第 13 篇），亏格是 0。对于这样的曲线，我们不难确定有理点的分布：答案永远是曲线没有有理点或有无限多个有理点。

1922 年，莫德尔做了一个大胆的猜想，这个猜想是关于更复杂（亏格为 2 或更高）的曲线。他说，这些曲线应该只包含有限多个有理点。这个猜想对理解整数有很大的帮助。然而，莫德尔没有能够证明他的猜想。在整个 20 世纪，它标志着我们对数论和几何之间相互关系的研究陷入了僵局。直到 1983 年，格尔德·法尔廷斯打破了僵局，他用代数几何学方法证明了莫德尔猜想。

椭圆曲线

法尔廷斯定理是 20 世纪数论的重大突破。然而，它仍然没有回答所有关于曲线的数论问题。在亏格为 0 的曲线（这是很容易理解的）和亏格为 2 以及更高的曲线（被法尔廷斯证明）之间的亏格为 1 的曲线很难理解。这些被称为椭圆曲线，并在几个方面有极不寻常的表现。

首先，椭圆曲线不仅是曲线，它们还是群（见第 96 篇），它们存在加法结构，这意味着有一种方式来增加点的数量。如果你选择椭圆曲线上的任意两个点，可以由这两个点产生第三个点，就像两个整数相加得到第三个整数。代数学家对得到的这个对象非常感兴趣，在最近几年，它也被应用到密码算法中。由于椭圆曲线加法的逆向过程是难以计算的，因此今天人们将它作为公钥密码体制的基础（见第 87 篇）。

上图： 椭圆曲线。尽管名字相似，椭圆曲线的形状却与椭圆形状没有任何相似之处，它是无限长的。椭圆曲线可以由三次方程描述，图中的椭圆曲线的方程是 $y^2 = x^3 - 2x + 2$。

伯奇和斯维讷顿 – 戴尔猜想

今天的数理学家，对椭圆曲线的研究主要还是集中在有理点问题。但椭圆曲线是一个非常微妙的对象：一些椭圆曲线包含无限多个有理点，而其他一些只有有限多个。我们如何区分它们？1965 年，布莱恩·伯奇和彼得·斯维讷顿 – 戴尔解决了这个问题。他们使用了一个数学工具来研究椭圆曲线，称为 L- 函数。事实上，L- 函数是黎曼 ζ 函数的一个变形，用来研究素数。他们声称，通过这个函数可以得出椭圆曲线有多少个有理点。

2000 年，美国克雷数学研究所悬赏 100 万美元来解决这个难题。但是直到现在，伯奇和斯维讷顿 – 戴尔猜想的证明仍然没有太大的进展。

<table>
<tr><td>

89

</td><td>

威尔－费伦泡沫结构

</td></tr>
</table>

> 突破：科学家从分子结构和泡沫中得到灵感，提出了一种有效的划分三维空间的新方法，发现者还运用了复杂的计算机建模技术。
>
> 奠基者：威廉·汤姆逊（开尔文勋爵，1824年—1907年）、丹尼斯·威尔（1942年—）、罗伯特·费伦（1971年—）。
>
> 影响：这样一个复杂方式的发现，是对早前分割空间观念（最简单的答案永远是最好的）的一个强力的挑战。

19世纪末，著名的数学家和物理学家开尔文勋爵提出了一个看似简单的问题：假设你想将一个大的空间分成一个个小单元，且每一个单元大小完全一样，如果要求界面的材料用量最少，这些小单元应该是什么形状的？

最明显的方法是将整个空间分解为一个个小立方体，但也有许多其他的可能性：高高瘦瘦的形状？或更奇特的形状，如不规则的八面体（八面体有8个面，是一个棱锥体，每个面都是等边三角形）？界面是否可以不是平面的？综合这些考虑，开尔文的问题转化为：把空间划分成相同体积的小单元，如何划分所需要的材料最少？

开尔文宣称，该问题是"泡沫"问题，即什么样的泡沫结构效率最高？因为自然界通常遵循最有效率的（或者说能量最低的）结构，所以这个问题实际上就是说最好的泡沫结构是什么样子的。鉴于此，开尔文和许多科学家随后花了大量时间，对泡沫的几何性质进行了研究。

左图： 1993年，分析泡沫为解决开尔文猜想——一个经典的几何问题提供了一个突破性的进展。在这里，由于洗涤剂泡沫壁干扰，从而形成了有趣的光学效应。

帕普斯的六边形蜂巢

公元320年左右，希腊数学家帕普斯就提出了相似的问题。他问道：如果你想把一页纸分成相同大小的单位，什么样的单位形状可以保证其总蜜蜂用以储存蜂蜜的蜂巢是一个六边形截面的管子，而非正方形、三角形或其他更复杂的形状，这个形状将蜂蜡的使用量降到最低。

周长最小？他给出了 3 个候选答案：正方形、正六边形和三角形，最后发现正六边形是最好的答案。但是帕普斯并没有排除一种可能性，即存在一个更奇特的形状，效果会比正六边形的更好。

令人意外的是，这种问题一直持续到 1999 年，托马斯·黑尔斯才最终解决了六边形蜂巢问题。回答帕普斯问题的时间是一个意外，但黑尔斯的最终答案却不意外，他认为帕普斯是正确的：最有效的模式确实是一个六边形网格。事实上，这个事实已被存在了上百万年的蜂巢证明。蜜蜂用以储存蜂蜜的蜂巢是一个六边形截面的管子，而非正方形、三角形或其他更复杂的形状，这个形状会将蜂蜡的使用量降到最低。

开尔文猜想

开尔文的问题和帕波斯的问题相呼应，但它涉及三维空间，那种情况更加复杂。同样地，开尔文也认为他找到了答案：一个简单的三维结构，后来被称为开尔文单元。这是一个由 14 个面组成的三维结构，其中 6 个面是四边形，8 个面是六边形。开尔文精心构建的这种结构的排列模型，现在被人们亲切地称为"开尔文弹簧"。像以往一样，证明他的弹簧设计的最优性是另一回事。让他备受挫折的是，开尔文无法证明这件事。

威尔 - 费伦泡沫结构

事实上，开尔文是不可能证明他的结论的，因为，不同于帕普斯的六边形网格，开尔文的猜想是错误的。这个戏剧性的转折发生在 1993 年，当时爱尔兰的物理学家丹尼斯·威尔和罗伯特·费伦发现了一个更好的设计，他们的灵感来自化学，并且他们使用了先进的建模技术。

在同等体积的情况下，威尔 - 费伦泡沫结构面积比开尔文单元结构的面积少 0.3%，这在数学上有重要的意义。他们最初的动机不是要证明开尔文猜想，而是研究湿性泡沫（不同于干性泡沫，其理论模型是已知的）的物理性质。他们在探索泡沫结构时，把目光转向化学包合物。化学包合物是一种特殊类型的化合物，一个分子被包在其他分子组成的化学"笼子"里。

威尔和费伦研究这些化学"笼子"的形状时，设想这个形状可以修改，以产生泡沫结构。他们采用了一种叫作"Surface Evolver"的计算机软件，计算结构单元的曲率，从而推翻了开尔文的猜想。

事实上，威尔－费伦泡沫结构不是一个气泡，它具有两种体积相等、但形状不同的气泡单元：一种是正十二面体，每面是正五边形；另一种是十四面体，其中有两个正六边形，其余为 12 个正五边形。

如同在分子尺度的晶体一样，威尔－费伦结构也随后被人类大规模采用。2008 年北京奥运会的水上运动中心——水立方的图案，就应用了威尔－费伦的泡沫结构。然而，直到 2011 年，都柏林圣三一学院的一个研究团队，其中包括威尔，才成功地用普通的洗涤剂溶液产生了一个具有威尔－费伦结构的实际存在的泡沫。

当然，一个严重的问题是，现在人们依然无法证明这就是最优的泡沫结构，只是说"很有可能"是最优的。从某种程度上说，开尔文问题并没有得到最后的答案。无论用哪种方式，威尔和费伦的突破的意义是，数学家可以不再依靠自身方面的独创性。各种各样的自然结构的分析，以及复杂的计算机建模技术，成为现代几何的强有力的武器。

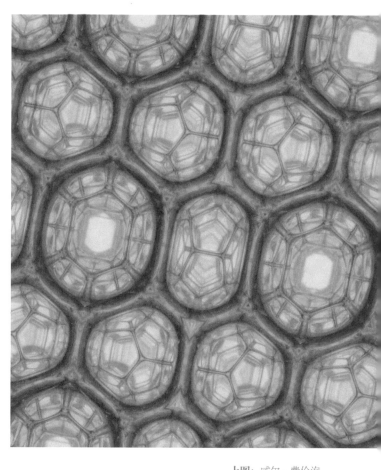

上图：威尔－费伦泡沫结构，2011 年摄于都柏林圣三一学院的实验室。泡沫是由一个四壁具有特殊设计的塑料容器创造出来的。

90 量子计算

突破：今天的数学家面临的挑战之一是理解量子计算机的可能性和局限性。1994 年，彼得·秀尔发现了一个可以快速进行整数分解的方法。

奠基者：彼得·秀尔（1959 年—）。

影响：彼得·秀尔的算法是计算机理论科学中的一座里程碑。在（或如果）我们真正地制作出量子计算机之后，彼得·秀尔算法的作用才会显现出来。

数学的中心有一个事实：每个整数都可以分解成若干个素数的乘积，所以 28 可以分解成：$2 \times 2 \times 7$。自欧几里得的时代之后，这个事实就被人所知，被称为算术基本定理（唯一分解定理）。但在 1994 年，这一古老而庄严的定理被彼得·秀尔改变了。

事实上，算术基本定理更精确的表示是：每个整数都可以分解为素数的乘积，这个分解的方式是唯一的。所以每个整数对应素数的组合是固定的：28 不能分解为 $2 \times 3 \times 5$ 或 2×13，又或除了 $2 \times 2 \times 7$ 之外的其他任何形式。当算术基本定理应用于诸如 28 等较小的整数时，这一切似乎是显而易见的。但当考虑到更大的数字时，事情开始变得有点儿麻烦。

整数分解问题

当出现一个较大的数时，如 62 615 533，数学家们由算术基本定理得出，它可以分解成若干个素数的乘积。然而，当我们去寻找这些素数的时候，却发现这是很困难的。原则上，有一个简单的程序：依次试验每一个素数。很容易看出，62 615 533 分解的素数中没有 2，也没有 3 或 5。我们可以尝试 7,11,13,17,… 并依次继续进行下去。但在这种情况下，得出最后的结果所需要的时间是难以想象的。对于一个更大的数，比如一个有 100 位的

左图：对量子计算机的核心晶体进行放大之后的一个艺术表现。在量子计算机中，许多基本的微粒像电子、光子均可以被利用（通常，离子也可被利用）。

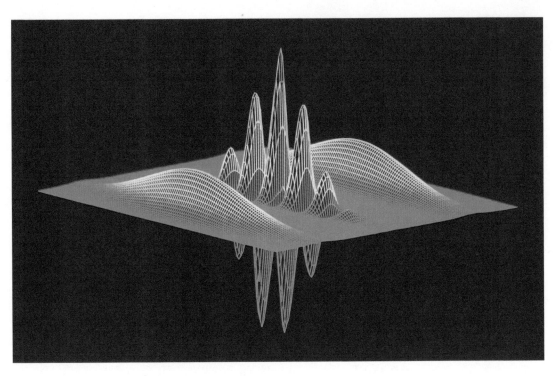

上图：常规的计算机只能记录 0 与 1 两种状态。而量子计算机可以用量子位同时表示多种状态。最高波峰表示量子位为 1，最低波谷表示量子位为 0。较小的波峰和波谷代表中间的量子位。

数，其搜索时间就可以和宇宙的寿命相比了。所以，在实际的操作中，这种分解的方法是不可能达到目的的。

是否有更快的方法？多年来，数学家们一直在寻找一些方法来加速这个分解过程。这不仅仅是数学家思考的问题。在网络时代，因式分解问题有了很高的地位，因为保护我们在线的个人信息，如信用卡号码和家庭地址等的密码系统，其数学原理就是因式分解。系统采用因式分解原理对信息进行编码，这被称为公开密钥。然而，要解码这个信息，你也必须知道这个数字的分解形式，这个形式被称为私有密钥，只有预期的收件人（银行或电子邮件持有人）可以访问。最重要的是，要破解密码，你要知道（或找到）公开密钥里数字的分解形式。整个系统的安全性在于，安全回路之外的人是无法做到这一点的（见第 87 篇）。

根据现在的数学和计算机科学发展水平，这是一个安全的程序，虽然理论上不能论证。但可以想象的是，如果有人想出一个更先进的计算机程序，那么分解整数的过程可能会比目前更迅速。

秀尔算法

1994 年，贝尔实验室的一个数学家得到了这个算法。彼得·秀尔提出了解决因式分解问题的革命性的新方法。更重要的是，它比其他任何已知的方法要快得多。不过，秀尔算法不能在传统的计算机上运行。这是一个全新的类型：量子算法，只有在量子计算机上才能运行。

理查德·费曼就曾想到，如果用量子系统构成的计算机来模拟运算，则运算时间可大幅度减少。

在量子物理学中，亚原子粒子的状态和速度表现方式与我们更熟悉的那些更大的事物有很大的不同。每个粒子都可以弥散到整个范围。在这种情况下，它更像波而不是粒子，与相应的波峰对应的是粒子更可能出现的状态。但是当某人或某事在宏观尺度上对粒子进行干预，如测量粒子的位置，会让粒子从波的状态变成一个单一的状态。量子论把人们在宏观世界里建立起来的"常识"和"直觉"打了个七零八落。这是一个非凡的，违反直觉的观点，但已得到了近一个世纪的证据作为支持。

从某种意义上说，在进行测量前，粒子可以在同一时间做无限多的事情。1982 年，诺贝尔奖得主、量子物理学家理查德·费曼就曾想到，如果用量子系统构成的计算机来模拟运算，则运算时间可大幅度减少，量子计算机的概念从此诞生。与经典的计算机不同，量子计算机进行计算时不是一步一个脚印地进行的，而是可以进行并行计算。通过对不同状态分布和相互作用的巧妙操纵，一个量子程序可能让计算机快速达到一个状态，而传统计算机会用更长的时间来达到。

秀尔算法的基础也正是这一原理，其数学原理是：秀尔算法可以快速进行因式分解。这引发了人们对量子计算理论的巨大兴趣，从而使其成为计算机科学的一个重大课题。一个可行的量子计算机的产生将是一个改变世界的事件。到目前为止，科学家已成功构建了简单的可运行秀尔算法的量子设备，但只能进行极小数字的如数字 21 的质因数分解计算。目前，能利用秀尔算法对大数字进行分解的计算机还没有出现，但世界各地的许多实验室正在以巨大的热情追寻着这个梦想。

费马大定理

突破：1995 年，安德鲁·怀尔斯证明了数论中历史悠久的"费马大定理"。与此同时，他在两个非常不同的数学领域间建立了一座新的桥梁。

奠基者：皮埃尔·德·费马（1601 年—1665 年）、安德鲁·怀尔斯（1953 年—）。

影响：在证明费马大定理的过程中，怀尔斯发现了很多开创性的方法，为研究整数提供了一系列新的技术。

17 世纪中期的思想家皮埃尔·德·费马是数论历史上的一个具有开创性的人物。然而，比起所有他已经完成的证明，他的名字却与一个他没有解决的难题——费马大定理联系在一起。他所谓的"最后一个定理"已经成为一象征，它代表了即使是看似简单的数学谜题之下的深度。它最终由安德鲁·怀尔斯在 1996 年证明，这也许是过去几十年数学界最辉煌的一个事件。

费马大定理源于数学界一个标志性的定理——毕达哥拉斯定理。几千年来，毕达哥拉斯定理在几何学中占据中心地位。这个定理是：在任何一个直角三角形中，两条直角边的长度的平方和等于斜边长度的平方（也可以理解成两个长边的平方的差与最短边的平方相等）。在代数方面表示为：如果直角三角形的两直角边长分别为 a、b，斜边长为 c，那么 $a^2+b^2=c^2$（$a \times a + b \times b = c \times c$）。

一个自然的问题是，如何将几何与最古老和最重要的数学分支——整数，结合起来。这个问题的答案在上述问题中并不明显。通常情况下，如果 a、b、c 这 3 个数中有两个是整数，那么第三个数将不大可能是整数。例如，一个直角三角形的两条直角边的长度分别是 1 和 2，那么斜边的长度是 $\sqrt{5}$——一个无理数（不是整数）。

左图： 费马大定理提出了立方体之间相互关系的限制。他写道："不可能将一个立方体分解为两个立方体之和。"这意味着：如果 3 个立方体的所有边长都是整数，那么其中两个立方体的体积之和不可能等于第三个立方体的体积。

毕达哥拉斯三元组

早期的数论学家意识到，在一些特殊的情况下，这 3 个数都是整数，此时这组代表边长的整数就称为一个毕达哥拉斯三元组。第一种情况是（3,4,5），这些数字满足勾股定理，$3^2+4^2 = 9 + 16 = 25 = 5^2$。亚历山大城的丢番图意识到这样一个重要的事实。如毕达哥拉斯定理，方程描述的是整数之间可能（或不可能）存在的关系。丢番图迷上了毕达哥拉斯方程，并于公元 250 年，在他最著名的作品《算术》中提出了一个方法，该方法能够产生毕达哥拉斯三元组，比如 (3,4,5)、(5,12,13)、(9,12,15)、(7,24,25)。

当丢番图的《算术》在 17 世纪初被重新发现之后，它激发了新一代数论学家的灵感。在随后的几个世纪，数论的一个中心目标是了解整数，研究方程是否可以通过丢番图方法解决。这种方法激发了皮埃尔·德·费马，一个法国的律师、政府官员和业余数学家的想象。

费马数

费马在阅读丢番图的《算术》时，他思考了这个问题的变化形式。如果将毕达哥拉斯定理中的平方改为立方，这个定理有什么变化？是否能找到 3 个整数 a、b、c，满足 $a^3+b^3=c^3$。费马经过努力尝试后没有找到这组数，于是他认为这是不可能存在的。那么四次幂呢，是否有 $a^4+b^4=c^4$ 的整数解呢？再一次，他没有找到答案。对于五次幂方程 $a^5+b^5=c^5$，他也无法找到整数解。于是费马总结道：当 n 大于 2 时，方程 $a^n+b^n=c^n$ 没有整数解。费马只是在所读的书页的空白处随手写了这些东西：

将一个立方数分成两个立方数之和，或将一个四次幂数分成两个四次幂数之和，或者一般地将一个高于二次的幂分成两个同次幂之和，这是不可能的。关于此，我确信已发现了一种美妙的证法，可惜这里空白的地方太小，写不下。

这些话折磨了数学家数百年。所有进一步的研究表明，费马是正确的：这些方程是不可解的，但是却没有人能够提供费马大定理的证明。费马大

所有进一步的研究表明，费马是正确的：这些方程是不可解的，但是却没有人能够提供费马大定理的证明。

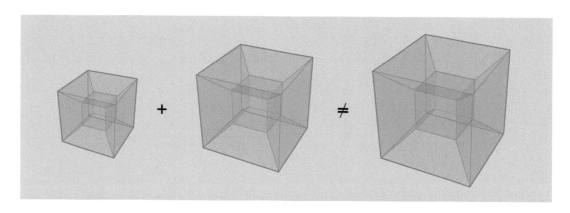

定理成为数学史上最著名的难题，直到 20 世纪 80 年代，英国研究员安德鲁·怀尔斯将目光锁定在这个问题上。怀尔斯第一次见到费马大定理时还是一个孩子，从那个时刻起，他就决心要证明它。

上图：3 个立方体。假设 3 个立方体的所有边长都是整数，我们不可能用两个较小的立方体的体积相加得到较大的那个立方体的体积。

证明过程

证明费马大定理的一个重要的发展是在 1986 年，肯·黎贝证明了 ε 猜想（现称黎贝定理），从而证明了谷山－志村猜想与费马大定理之间的联系。这一突破第一次表明，可以把已知数学猜想与费马大定理关联起来，尽管证明它还要克服巨大的障碍。怀尔斯的证明方法是反证法。他首先假设费马大定理是错误的，有 3 个整数 a、b、c，满足公式：$a^n + b^n = c^n$。第一步就是用这 3 个数字定义一个叫弗雷曲线的几何对象。接下来，他需要证明该曲线可以应用到一个完全不同的数学领域。回到 20 世纪 50 年代，日本数学家谷山丰和志村五郎，提出了谷山－志村猜想，建立了像弗雷曲线那样的椭圆曲线（代数几何的对象）和模形式（数论中用到的某种周期性全纯函数）之间的重要联系。黎贝证明了谷山－志村猜想与费马大定理之间的联系。所以，在怀尔斯的费马大定理的证明中，核心是证明"谷山－志村猜想"。

经过 7 年的努力，1993 年，怀尔斯完成了谷山－志村猜想的证明。作为一个结果，他也证明了费马大定理，于是他向世界宣布了他的结果。但专家在对他的证明进行审查时发现有漏洞。怀尔斯不得不努力修复这个看似简单的漏洞。怀尔斯和他以前的博士研究生理查德·泰勒用了近一年的时间，终于修补了这个漏洞。他们证明了谷山－志村猜想的一个特殊情况（半稳定椭圆曲线的情况），这个特殊情况足以证明费马大定理。

92 开普勒猜想

突破：约翰内斯·开普勒提出了一个问题：在三维欧几里得空间中最佳的装球方式（留下的空隙最小的装球方式）是什么？ 1998 年，托马斯·黑尔斯给出了一个关于开普勒猜想的"99% 正确性"的证明。

奠基者：约翰内斯·开普勒（1571 年—1630 年）、托马斯·黑尔斯（1958 年—）。

影响：证明黑尔斯的结果，需要改进计算机证明检查，这是对人工智能研究的挑战。

16 世纪晚期，女王伊丽莎白一世聘请航海家沃尔特·罗利爵士去探索新世界。在一次航程中，他思考着在他的船上该怎样堆炮弹才是最好的方法。他不知道的是，他的思路将变成未来几百年的优秀几何问题之一。

传统方式是，炮弹被堆放成金字塔的形状，就像现在橙子堆放在水果摊上一样。罗利想知道每个金字塔包含多少枚炮弹。如果他说 35 枚炮弹，那么由此产生的金字塔应该有多高？他对数学家和天文学家托马斯·哈里奥特提出了这些问题。当时托马斯·哈里奥特还是船上的导航员、会计和科学顾问。经过简单的计算，哈里奥特回答了罗利的问题。但这些问题激发了他的一些思考。

在底层，炮弹被排列成六边形，每枚炮弹旁边都围着 6 枚炮弹。接下来的一层是同样的排列方式，炮弹不是放到下层炮弹的正上方的，而是尽可能让球形炮弹的中心位置最低。哈里奥特想知道这种方法到底有多大的效果。是否可能有另外一个系统，它可以将更多的炮弹放到同一个空间呢？哈里奥特是第一个传播原子理论的人，对他来说这个问题的影响力远远超出了海军弹药的运输。

哈里奥特与他的朋友德国科学家约翰内斯·开普勒讨论了此事。原来

左图：开普勒猜想说明把球放在一起的最有效方法是像这样分层，铺设在彼此的顶部。事实上，这样的排列是菜贩堆放水果使用的标准方法。

右图: 开普勒在他的
论文《关于六角雪
花》中第一次提到开
普勒猜想。在思考为
什么雪花有六重对称
性时,开普勒认为,
圆形和球体都可以按
六边形方式排列,并
提出这可能是最有效
的方法。

以大约74%的填充密度(更精确的是$\frac{\pi}{\sqrt{18}}$)排列炮弹的方法是非常有效的,
这意味着球体占据74%的可用的空间,而只剩下26%的是空的。相反,
放在立方晶格的球体(在同一层上每颗球旁边都有4颗球,再加上一个在
上层,一个在下层)仅填充52%左右的空间。

无论是哈里奥特还是开普勒,都不能找到合适的球的排列方式来提高
这个74%的填充密度,尽管一些细微的变化方案也可以达到这个数字。
在他开创性的、题目为《关于六角雪花》的晶体论文中,开普勒猜想这种
球的排列方法是最有效的。当然,无论是在罗利的船上的水手们,还是任
意一个现代蔬菜水果商,都不会对这个新发现感到惊讶。但是开普勒对此
没有给出一个严格的证明。

高斯格点

众所周知,尽管开普勒猜想有看似显而易见的答案,但是它挑战了一
代又一代的数学家。没有人能找到更有效的装球方式,也没有人能够证明
装炮弹的排列方法的确是最优的。1831年,卡尔·弗里德里希·高斯证
明了最好的、合理的规则排列方式就是开普勒猜想的球排列方式,这是一
个重大的突破。也就是说,只要该球根据一个重复的模式排列,我们是没
有办法来提高74%这个密度的。关于开普勒猜想,所有仍待解决的问题
是排除一些奇怪的、杂乱无章但非常有效的排列方法。

高斯对圆也证明了类似的结果。假设你面临的挑战是，尽可能多地把相同的硬币放在桌面上。显而易见的方法是模仿底层炮弹的排列方式，并把硬币排列成六边形，每个硬币旁边都围有 6 枚硬币。高斯证明了这种能以大约 91% 的填充密度（更精确的是 $\frac{\pi}{\sqrt{12}}$）排列硬币的方法是最有效的规则方法。后来，杜厄在 1890 年，拉斯洛·托特在 1940 年分别排除了圆的不规则排列方法存在的可能性。

黑尔斯定理

在 1953 年，费耶斯·托特也提出了一个方法来证明原来的开普勒猜想。他意识到，这个问题原则上可能是一个单一的计算问题。这意味着可找到一个通过特定的代数表达式表达的最小值。令人感到麻烦的是，表达式显得格外长而且复杂，这使得计算完全不切实际。然而，托特高瞻远瞩地评论说，因为"电脑的快速发展"，这种情况可能会改变。

电脑确实是下一个故事的核心。密歇根大学的数学家托马斯·黑尔斯（现在在匹兹堡大学），借由费耶斯·托特所提出的方式，大量地使用计算机程序的运算以验证开普勒猜想。1998 年，在他的研究生塞缪尔·弗格森的协助下，黑尔斯终于公开了他不平凡的证明。其证明包含了 250 页的注解，但是和用来解决黑尔斯分解的 100 000 个独立子问题的 30 亿字节的计算机代码相比较，这是"小巫见大巫"的。

这个伟大的证明由费耶斯·托斯的儿子加伯·费耶斯·托斯领导的 12 位专家组成的小组进行审阅。然而，经过 4 年的研究，专家小组决定放弃。2003 年，他们发表声明说这个证明的正确性有"99% 的确定性"，但他们无法予以完全的证明。开普勒猜想目前已几乎可说是个定理了。就像它之前的四色定理的证明（见第 86 篇），开普勒猜想挑战了计算机时代数学的本质，在这种思想下证明开普勒猜想的故事才可能会完结。黑尔斯目前致力于他的"开普勒猜想的形式证明"这个项目。他的目的是让证明的逻辑推理可以被软件验证通过。

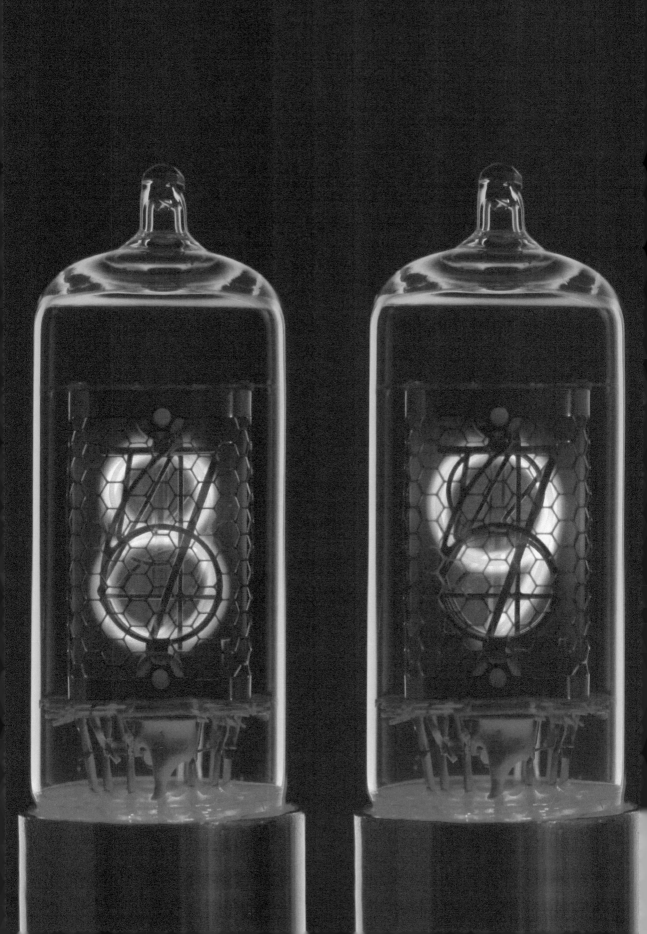

93

卡塔兰猜想

突破： 1884 年，比利时数学家欧仁·卡塔兰提出了一个数论的猜想，即除了 8 和 9，没有两个连续整数都是正整数的幂。2002 年，普雷达·米哈伊列斯库证明了这个猜想。

奠基者： 欧仁·卡塔兰（1814 年—1894 年）、普雷达·米哈伊列斯库（1955 年—）。

影响： 米哈伊列斯库定理是数论中的一个重大成就，但许多问题仍然没有得到解决。

对于非数学界的人来说，整数，如 1、2、3、4、5 等，应该没有什么秘密可言。毕竟每一个 8 岁的孩子通常都可以很好地掌握整数。然而，即使是最简单的整数也包含着最艰深和最难以解决的问题。最引人注目的例子是由比利时数学家和社会活动家欧仁·卡塔兰在 1884 年提出的猜想，它涉及数字 8 和 9。

8 和 9 是其他数字的幂。幂次是一个数乘本身的次数。8 是 2 的幂，即 $8=2^3$，同样地，$9=3^2$。与此同时，8 和 9 是连续的整数，这是显而易见的，但是，卡塔兰猜想使它们变得如此特别。

连续幂

经过努力搜索，卡塔兰没有找到其他的两个连续整数都是正整数的幂，所以他得到了一个猜想：没有其他的两个连续整数都是正整数的幂，8 和 9 是唯一的一对连续幂。

卡塔兰是一位受人尊敬的数学家和演讲家，但他直率的观点让他的研究工作受到严重影响。不止一次，他的行为令他失去工作，比如他拒绝宣誓效忠拿破仑皇帝，于是他被解雇了教师的职位。尽管经历了这些挫折，卡塔兰仍旧在数论和几何方面做出了重大贡献。

左图： 奇怪的邻居。卡塔兰猜想告诉我们，8 和 9 是唯一的两个连续整数都是正整数的幂。虽然是一个简单的描述，但证明它用了超过一个世纪。

500 年前，列维·本·吉尔森（也被称为吉尔松尼德），给出了类似的观察。他成功地证明了 2 和 3 的幂之间只有 8 和 9 相差是 1。虽然不排除有其他幂只相差为 1 的可能性，但似乎卡塔兰的预感是正确的。

在 20 世纪，卡塔兰猜想的证据逐渐被发现，20 世纪 60 年代，芬兰的赛波·胡勒和波兰的安德烈·马科夫斯基独立证明，在任何情况下，永远不可能存在连续 3 个整数都是正整数的幂。但它们不能消除其他的两个连续整数都是正整数的幂的可能性。1976 年，对卡塔兰猜想的证明取得了重大进展，罗贝特·泰德曼证明卡塔兰猜想的方程只有有限个解。泰德曼证明，以一个数字为界，比它更大的数字中没有邻近的幂。所有剩下的工作就是检查所有低于这一界线的数字。但遗憾的是，泰德曼不能确定这样一个确切的数字。20 世纪 90 年代，研究人员解出了一个数，但它是非常大的，即使随着计算机时代的到来，这个策略也是不可行的。

直到 2002 年，卡塔兰的问题终于得到了解决。使用伽罗瓦理论（见第 43 篇），罗马尼亚数学家普雷达·米哈伊列斯库提供了人们长期寻找的证据，卡塔兰猜想是正确的：8 和 9 是唯一的连续的幂。

尽管卡塔兰猜想现在已经得到解决了，但是仍可以提出一些相关的问题。例如，两个整数的幂不是相邻的整数，而是相差为 2 的整数，如 25（$25=5^2$）和 27（$27=3^3$），或相差为 3 的整数，如 $125=5^3$，$128=2^7$。1936 年，皮莱猜想把卡塔兰猜想一般化，推测对任何正整数 k，仅有有限多对正整数的幂的差是这个数 k。

到目前为止，皮莱猜想唯一证明了的例子是 $k=1$，这就是卡塔兰猜想。所有其他的情况现在仍未被解决。他们想要的真相要借助于数论中一个最大的问题——abc 猜想的解决。

abc 猜想

abc 猜想最先由乔瑟夫·奥斯特莱及大卫·马瑟在 1985 年提出，但一直未能被证明。其名字来自把猜想中涉及的 3 个数字称为 a、b、c 的做法。他们认为 3 个整数 a、b 和 c，满足 $a + b = c$，其中 a、b 是互质的正整数。比如，$a = 4$、$b = 5$ 和 $c = 9$。现在，把 a、b、c 这 3 个数的质因子相乘（忽略重复的质因子），得到一个新的整数——d。在这个例子中，$d = 2 \times 5 \times 3 = 30$。问题的关键是比较 c 和 d。乔瑟夫·奥斯特莱及大卫·马瑟注意到，更多的时候，d 的数值更大，就像在这个例子中，30>9。但是在有些情况下，c 更大些，比如，$a=1$、$b=8$、$c=9$。abc 猜想断言，这些例外的情况是罕见的，即如果 e 是任何大于 1 的数（甚至只大一点点），那么将只有有限多个三元组（a,b,c）使得 $c > d^e$。

乍一看，这个猜想似乎非常神秘。但是，如果 abc 猜想被证明是正确的，那么在数学界的反响将是巨大的。不仅皮莱猜想会自动得到证明，像华林问题（见第 59 篇）和一系列的数论问题也能得到解决。2012 年 8 月，日本京都大学数学家望月新一公布了有关 abc 猜想长达 500 页的证明，但这个证明过程尚未被证实是正确无误的。

1976 年，对卡塔兰猜想的证明取得了重大进展，罗贝特·泰德曼证明卡塔兰猜想的方程只有有限个解。

94

庞加莱猜想

> **突破：** 庞加莱注意到，从某个角度来说，每一个没有破洞的、封闭的三维物体，都可拓扑等价于三维的球面。这个猜想最终由佩雷尔曼在 2002 年证明。
>
> **奠基者：** 昂利・庞加莱（1854 年—1912 年）、格雷戈里・佩雷尔曼（1966 年—）。
>
> **影响：** 佩雷尔曼的研究成果甚至超越了庞加莱的最初预期，带给我们对三维空间的全新理解。

20 世纪，世界上最伟大的数学家之一，昂利・庞加莱，把他的研究重点转向"破洞"。哪些形状有破洞？哪些没有？没有人能想到，这个问题会发展成数学最深和最困难的课题之一。

庞加莱意识到，分析破洞的最好的视角是拓扑学。拓扑学已经发展为一个流行的理论，在 20 世纪，它对几乎每一个数学分支都有或大或小的影响。在几何上，拓扑学是对拓扑形状的研究，但是它的方法又不同于几何方法。几何学家考虑的是点、线、面之间的位置关系以及它们的度量性质——长度、角度、弯曲度等。与此同时，拓扑学与研究对象的长短、大小、面积、体积等度量性质和数量关系都无关。拓扑学家关心的是一个形状的更广泛的特点，即形状拉伸和扭曲之后的情况。结果是，对于一系列形状，几何学家会认为是不同形状，而拓扑学家则认为它们在本质上是相同的。

庞加莱意识到，最重要的反映拓扑拉伸和扭曲性质的是形状中"破洞"的数量和类型，例如，对于拓扑学家来说，立方体、圆柱体和球体都是一样的。这不是巧合，因为这些形状都是没有破洞的球面。有一个破洞的球面，典型的例子是甜甜圈，或者圆环，这两个形状和球面在拓扑上是不同的。有两个破洞的球面是双圆环，而有三个破洞的是三重环面等。然而，数学词汇包含了远比这更奇怪的表面，一个著名的例子是克莱因瓶。但是克莱因瓶有破洞吗？有鉴于此，庞加莱意识到，古老的、传统的"破洞"

左图： 将曲率看作是可变的，甚至是流动的，而不是静态的，这个突破打开了期待已久的庞加莱猜想证明的大门。

这一非正式的概念是远远不够的。要确定像克莱因瓶这类奇怪的形状是否包含破洞，他需要一个更合适、精确的定义。

收缩环

如果我们伸缩围绕在一个球面上的一个圆圈，那么我们可以既不扯断它，也不让它离开表面，使它慢慢移动收缩为一个点；另一方面，如果我们想象同样的圆圈以适当的方向被套在一个圆环上，那么不扯断圆圈或者圆环，是没有办法让它不离开表面而又收缩到一点的。这是一个庞加莱关于球面是否有破洞的试验。如果圆圈可以收缩到一点，那么这个球面是没有"破洞"的。从上面的结论来看，克莱因瓶就像圆环一样，有一个洞。

事实上，从拓扑学的角度可以清楚地看出，二维球面本质上是无"破洞"的球面，任何一个二维球面都是相同的。那么更高维度的球面呢？困难之处在于，这些都不是可视化的。人类只能应付一般的三维空间。但是有一些三维空间与自己相交，类似二维空间中的球面、圆环面和克莱因瓶。

庞加莱的问题是，从拓扑结构上来说，三维超球面是否是唯一的无"破洞"的三维形状。他相信这是正确的，但却不能证明。

超球面

事实上，每个维度都有自己对应的球面。三维球面是一个无"破洞"的形状。庞加莱的问题是，从拓扑结构上来说，三维超球面是否是唯一的无"破洞"的三维形状。他相信这是正确的，但却不能证明。

20 世纪，是拓扑学的繁荣时期，但经过这一时期后，拓扑学的方法在研究三维庞加莱猜想上也没有进展。即使是最富有想象力的数学家都无法创造出一个新的无"破洞"的形状来反驳它。令人惊讶的是，在更高的维度，这种情况更简单。1961 年，史蒂芬·斯梅尔证明了在五维和六维空间，或更高维度的空间里，类似的规则是正确的。1982 年，美国数学家弗里德曼将证明又向前推动了一步，他证出了四维的庞加莱猜想，并因此获得菲尔兹奖。但是，再向前推进的工作又停滞了。所以在过去的 20 年里，剩下的唯一问题就是解决三维的庞加莱猜想。

里奇流

然而，庞加莱猜想依然没有得到证明，人们在期待一个新的工具的出现。可是，解决庞加莱猜想的工具在哪里呢？工具有了——理查德·汉密尔顿提出了一个非常不同的数学领域的工具，即流。数学家们研究热与液体的流动（见第44篇）已经很长时间了，汉密尔顿创建了里奇流理论，并提出了用其作为破解庞加莱猜想的解析方法，里奇流是以意大利数学家里奇的名字命名的一个方程。用它可以把流形变形，从而解决三维的庞加莱猜想。这一点也逐渐被国际主流数学界所认同。

这是一个绝妙的想法，但它却在实际应用中遇到了障碍。这个障碍是，三维流形上的里奇流将会产生瓶颈现象，并把流形分解为一些连通的片。这个障碍终于被一个俄罗斯数学隐士——格雷戈里·佩雷尔曼克服。他仔细分析了每一种形状，发现里奇流可以在每一片中自由运行。通过应用他的技术以及允许曲率流，情形终于变得清晰起来：任何单连通的无孔流形一定等同于一个超球面。

佩雷尔曼获得了近代最伟大的数学成就，但在发表了他的研究成果后不久，这位颇有隐者风范的大胡子学者就从人们的视野中消失了，并且拒绝了克雷数学研究所奖励他的100万美元和数学界的最高奖项——菲尔兹奖。

95

素数的轨迹

> 突破：素数轨迹是素数分布模式。素数是否以一个固定的模式分布呢？这是一个深刻的和困难的问题，对其证明的一个重大突破是 2004 年的格林－陶定理。
>
> 奠基者：陶哲轩（1975 年—）、本·格林（1977 年—）。
>
> 影响：格林－陶定理和著名的狄利克雷定理一样，都是数学界的大事件。但是关于它，我们还有很多未解的疑问。

即使在今天，素数问题依然是现代数学的中心问题。一个问题是：在素数的无穷序列内到底隐藏着一个什么样的模式？约翰·狄利克雷在 1837 年，以及陶哲轩和本·格林在 2004 年，分别给出了这个问题的部分答案。但这个问题的确切答案仍然笼罩着一层神秘的面纱。

1837 年，约翰·狄利克雷分析了素数和一种简单的序列类型之间的关系，从一个数开始，比如 2，然后反复加上另一个数，如 5，就产生了一个序列，人们称之为一个等差数列：2,7,12,17,22,27,32,37,…。

狄利克雷定理是描述素数如何在这些不同的序列中存在的：他证明每一个这样的等差数列中都有无穷多个素数（唯一的例外是像 6,10,14,18,22,…这样的序列。在这些序列中，每个数字都不是素数。最初的两个数存在公约数，在这个序列中是 2）。

素数的级数

狄利克雷定理是对素数认识的一个飞跃，但仍存在很多问题，例如，一个等差数列中能有多少个相邻的素数呢？例如，序列 3,5,7 是一个特殊的素数序列，每一个素数和前一个"距离"相同（在这个序列中是 2）。

左图：昴宿星团，金牛座的一部分。它是离我们最近、也是最亮的几个疏散星团之一。就像过去我们在夜空中寻找星球运行的模式，今天的数学家也在寻找素数的轨迹。

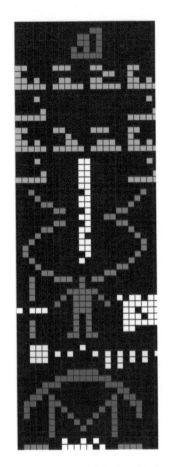

上图： 阿雷西博信息，是于 1974 年，以距离地球 25 000 光年的球状星团 M13 为目标，把信息通过该望远镜射向太空。该信息共有 1679 个二进制数字，而且 1679 这个数字只能由两个质数相乘，因此只能把信息拆成 73 条横行及 23 条直行。这时假设该信息的读者会先将它排成一个长方形，便可得出图中的信息。

同样，11,17,23,29 是由 4 个素数构成的序列，每一个与前面一个"距离"也相同（6）。

这样的素数等差数列最长能包含多少个素数呢？逐个搜索变得很困难，因为数字实在是太大了。目前已知最长的素数等差数列是由 26 个素数构成，从 431 424 695 714 191 开始，公差是 544 680 710。一直有一个猜想，在质数序列中应该包含任意长的等差数列。这个想法至少可追溯到 1770 年爱德华·华林和约瑟夫·路易斯·拉格朗日的研究。但直到 2004 年，本·格林和陶哲轩才共同证明了这个猜想。

如果你想得到一个由 100 个素数构成的等差数列，根据格林-陶定理可以确定会有这样的一个列表存在。然而，它并没有提供很多有用的信息让我们可以准确地找到这个序列。

孪生素数

一个问题是，有多少种素数分布的固定模式呢？这个问题中，最著名的例子是孪生素数猜想。孪生素数是一对相差为 2 的素数，如 3 和 5，11 和 13。人们已经发现了数以百万计这样的素数，已知的最大的孪生素数有 388 342 位！孪生素数猜想断言，像素数一样，孪生素数数列可以持续到永远，有无限多个这种孪生素数。很遗憾，孪生素数猜想尚没有得到完全证明。

孪生素数是素数的轨迹的一个例子。轨迹是一个模式，孪生素数这个特殊的模式只包含两个相差为 2 的素数。1849 年，阿尔方·德·波利尼亚克提出了一个更广泛的素数轨迹，即波利尼亚克猜想。他认为，对于每一个偶数，都会存在无数对的素数，这对素数之差就是这个偶数。所以有无穷多对素数，相差为 4（如 3 和 7），也有无穷多对素数，相差为 6（如 5 和 11），等等。也就是说，对所有自然数 k，存在无穷多个素数对 $(p, p+2k)$。$k=1$ 的情况就是孪生素数猜想，但是这个猜想也没有得到完全证明。

哈代 – 李特尔伍德猜想和 H 假设

1921 年，英国数学家戈弗雷·哈代和约翰·李特尔伍德提出了一个与波利尼亚克猜想类似的猜想，通常称为"哈代 – 李特尔伍德猜想"或"强孪生素数猜想"（孪生素数猜想的强化版）。正如素数定理（见第 50 篇）提供了准确的估计特定值下素数个数的方法，哈代 – 李特尔伍德猜想不仅提出孪生素数有无穷多对，还给出了其分布形式。例如，他们的猜想可以用来估计小于 100 万的孪生素数的个数（估计值是 8248，而确切答案是 8169）。

所有证据都表明，这个估计就像素数定理一样有效。然而，它尚未得到证明。如果这个猜想能够得到证明，那么狄利克雷定理和格林 – 陶定理将有一个统一的结果，这也意味着许多关于素数的猜想都是真实的，包括孪生素数猜想、波利尼亚克猜想等。

如果你想得到一个由 100 个素数构成的等差数列，根据格林 - 陶定理可以确定会有这样的一个列表存在。然而，它并没有提供很多有用的信息让我们可以准确地找到这个序列。

1958 年，安德烈·施英策尔和瓦茨瓦夫·谢尔宾斯基进一步拓展了哈代–李特尔伍德猜想，制定了一个笼统的声明，以解决素数轨迹的整个问题。他们扩展的猜想，即 H 假设，也意味着有无穷多个形式是 n^2+1 的素数（比如 $5 = 2^2+1$）。

素数存在的模式已经成为过去几个世纪的数学难题。事实上，孪生素数猜想仍未得到解决的事实说明这个问题是很难解决的。数学家们发现可以用哈代 - 李特尔伍德猜想和 H 假设来概括这个问题。在我们这个时代的数学家能否证明这个问题还有待观察，如果能够最终得到证明，它将给这个数学的黑暗角落带来光明。

96

有限单群分类定理

突破：每一个有限单群的形态必须是可知的，其中包括阶数最多的怪兽群。

奠基者：来自世界各地的百余位著名的数学家，包括丹尼尔·戈朗斯坦、约翰·康韦、迈克尔·阿什巴赫和西蒙·诺顿，共同发现和证明了有限单群分类定理。

影响：这在代数学研究历史上具有里程碑意义。

1972年，丹尼尔·戈朗斯坦在芝加哥提出了有限单群分类方案，在方案中，他指出了如何才能实现有限单群的完全分类，从而迈出了数学发展史上勇敢的一步。从19世纪早期开始，群论已经成为数学界研究的重点。1983年，戈朗斯坦宣称已经完成了对有限单群的分类，部分是基于对准薄群方面的证明已完成的认知。在随后的30年间，经过世界各地百余名数学家共同努力，终于攻克了这个难题，得出了有限单群的完全分类。

19世纪初，群论由埃瓦利斯特·伽罗瓦和尼尔斯·阿贝尔提出，尽管这些数学家过去一直致力于代数学的研究，但是他们从数学的另外一个分支——几何学中得到了启发。伽罗瓦使用群论的想法讨论方程式的可解性，系统地研究了方程的根的排列置换性质。

对称性

在伽罗瓦彻底解决代数方程的根式求解问题之后，群的概念在代数研究中应用得越来越广泛。1854年，阿瑟·凯莱在其发表的一篇文章中给出了抽象群的概念，他认为相同的群可以体现像正方形或者立方体那样的对称性，或者体现出方程的对称性。群论学者并不会把自己局限在某种特殊表示上，而是试图去研究群的内部结构。

左图：荷兰鹿特丹港的立方体房屋。自然界存在的所有的对称性，包括荷兰鹿特丹港的立方体房屋，都是群论在艺术和建筑等方面的体现。目前，群论在有限单群分类方面已经取得了巨大成就。

有限群

具有有限多个元素的群，称为有限群，有一些群则是无限群。举个例子，圆有无限的对称性，不管围绕圆心在平面内怎样旋转，形状都不改变。而对于正方形来说，只能在有限个旋转角度下才能保证图形形状不变。

无论是有限群还是无限群，都有多种存在形式。整数的整个集合构成一个无限群，同样，实数、复数以及抽象代数中很多其他数的集合都分别构成一个无限群。尽管有限群中的元素是有限的，但是随着对有限群理论研究的不断深入，其内容已经十分丰富，所以有限群理论专家决定将有限的精力投入最重要的方面。

某些群具有类似于素数的不可分解性，我们将这些不可分解的群称为单群。

某些群具有类似于素数的不可分解性，我们将这些不可分解的群称为单群。由于素数是不可分解的，伽罗瓦认为这类群将会对有限群分类研究产生重要影响。19 世纪 60 年代，卡米尔·乔丹和奥托·霍尔德对素数进行了深入研究，伽罗瓦的观点也得到了验证。研究结果表示，就像每个整数都可以分解为若干个不同的素数，每个有限群也可分解为若干个有限单群。

戈朗斯坦的研究计划

乔丹和霍尔德的研究结果表明，单群是理解所有有限群的基础。1972年，戈朗斯坦将单群作为自己的研究重点，并希望实现有限单群的完全分类。从古代数学家对柏拉图体的痴迷程度就可以看出，分类理论在数学研究中起着至关重要的作用。在立方体的研究过程中，泰阿泰德并没有将 5 种具体形状列举出来，但是得出了一个定理——立方体有且只有 5 种存在形式。戈朗斯坦拜访了世界各地的群理论研究专家，想通过同样的方法实现自己的 16 步有限群分类计划。数百名专家齐心协力试图攻克此难题，但结果并不令人满意。他们在研究过程中面对的主要问题是目前被发现的有限单群的数量有限，但仍有很多更新的、更复杂的有限单群等待发现。其次，与柏拉图体理论不同，目前已经发现的单群的集合已经构成了一个无限的列表。

族和散在群

有限单群分类的前提是可以划分为族,专家们共发现了 18 个族,其中每个族都体现了若干个类型的几何图形的对称性。其中,最简单族包括正三角形、五边形、七边形以及面数为素数的普通多面体,其他的族主要由抽象几何形状构成。

但是,研究得到的分类结果仍不够全面,存在某些单群并不能被这 18 个族所覆盖。这些分散的单群改变了戈朗斯坦的研究计划,他一共列举出了 26 个散在单群,其中元素数最多的群就像怪兽一样,它的元素数达到了 808 017 424 794 512 875 886 459 904 961 710 757 005 754 368 000 000 000,约为 10^{54}。

1981 年戈朗斯坦给出的群分类结果存在缺陷。直到 2004 年,研究者们才给出了完整的有限单群分类结果:每一个有限单群要么属于 18 个族,要么是 26 个散在单群中的一个。

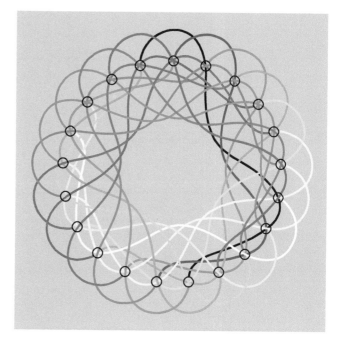

上图: 在一个投影面上有 21 个点,每个点都有 5 条线经过;共有 21 条线,每条线都能经过 5 个点。这种图形的对称性恰巧构成了群分类中的有限单群,即除了单位元群以外没有其他正规子群的有限群。

97

朗兰兹纲领

> 突破：罗伯特·朗兰兹提出了一组意义深远的猜想，预言所有主要数学领域之间原本就存在着统一的连接。2009 年，吴宝珠通过引入新的代数 - 几何学方法，证明了朗兰兹纲领自守形式中的基本引理。
>
> 奠基者：罗伯特·朗兰兹（1936 年—）、洛朗·拉福格（1966 年—）、吴宝珠（1972 年—）。
>
> 影响：虽然朗兰兹纲领中的几个猜测已经被证明出来，但是彻底解决朗兰兹纲领仍然是一个艰巨的任务。

朗兰兹纲领，这个由罗伯特·朗兰兹在 1967 年提出的研究计划无疑是数学史上最雄心勃勃的项目之一。近年来，朗兰兹纲领出现了显著的进步，2009 年，吴宝珠证明了"基本引理"，标志着朗兰兹纲领的重大突破。

几十年来，数论学家一直在研究一个特别深奥的几何对象：椭圆曲线（见第 88 篇）。其实自牛顿开始，人们就对椭圆曲线感兴趣，但直到 20 世纪，它才成为数学研究的重点。

模形式

对朗兰兹纲领最强有力的支持之一，是 20 世纪 90 年代安德鲁·怀尔斯证明费马大定理。当安得鲁·怀尔斯证明费马大定理的时候（见第 91 篇），其证明的一个关键步骤就涉及椭圆曲线。特别是，他得出了一个非常惊人的事实：椭圆曲线也是模形式。模形式论是一种特殊的自守形式的理论，是属于单复变函数论的一个课题（见第 37 篇），它是高度对称的复数结构。1955 年，日本数学家谷山丰首先猜测椭圆曲线和模曲线之间存在着某种联系。谷山丰的猜测后经韦依和志村五郎进一步精确化而形成了所谓"谷山 - 志村猜想"，这个猜想说明了有理数域上的椭圆曲线都是模曲线。

左图：曼努埃尔·A. 贝兹的"环面"。作为一个几何对象，环面也具有代数结构，可以通过分析环绕的曲线得到。不同维度的代数环面在朗兰兹纲领中发挥了核心作用。

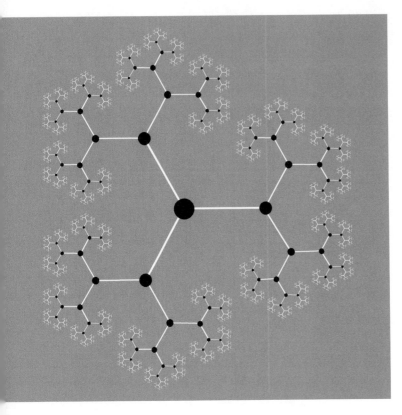

1986年，格哈德·弗雷指出了谷山－志村猜想和费马大定理之间的关系，得出了一个惊人的结论：如果费马大定理为假，这将产生一个非模形式的椭圆曲线。因此对谷山－志村猜想的证明就意味着对费马大定理的证明。

这也正是怀尔斯的方法。然而，他并没有完全证明谷山－志村猜想，但是由于他在报告中表明了弗雷曲线恰好属于他所说的这一大类椭圆曲线，也就表明了他最终证明了"费马大定理"。模形式理论的证明最终是在2001年，由克里斯托夫·布鲁伊、布赖恩·康拉德、

上图：数学树状图，其中每个节点有3个分叉，且没有循环。像这样的对象可以从代数场景中提取。了解数学树状图可以帮助我们很好地了解对称性在朗兰兹的基本引理中的重要作用。

弗雷德·戴蒙德和理查·泰勒共同完成。

罗伯特·朗兰兹

模形式理论是一个惊人的结果，它将数学中两个看起来不相干的区域连接在一起。但定理本身只是冰山一角，是现代数学中的最大挑战之一——朗兰兹纲领的一部分。

朗兰兹纲领最先是在罗伯特·朗兰兹在1967年给安德雷·韦依的一封著名的信中提出的，在信的开始，他写道：

回应您的邀请，我写这封信。写下这封信后，我意识到这些猜测中任何一个我都不能证明。如果您能把（我的信）当作纯粹的猜测来读，我会很感激；如果不行——我相信您的手边就有废纸篓。

这封信用一个统一的视角去看数学中两个非常不同的领域：代数、复数分析。在复数分析方面，核心对象是自守形式——一个扩展的模形式。

在这两种情况下，通过不同的手段，可以得出一个数学工具称为 L- 函数，它是黎曼 ζ 函数的推广（见第 50 篇）。从本质上讲，朗兰兹纲领就是由 L- 函数的配对出发，建立起了代数与解析领域之间的桥梁。

朗兰兹的猜想，可以用于不同的领域，一些领域中取得的进展会比其他领域中更多些。最棘手的情况是将某个领域与数论相联系。然而，科学家更多的是在几何领域取得了成功。2002 年，洛朗·拉福格在朗兰兹纲领研究方面取得了巨大的进展，他证明了与函数域情形相应的整体朗兰兹纲领。这让他在当年获得了菲尔兹奖。

吴宝珠对基本引理的证明

尽管解决朗兰兹纲领看起来遥遥无期，但朗兰兹本人还是走出了解决这个猜想迷宫的第一步。最早的一个案例是亚瑟－塞尔伯格迹公式的发现，这个公式可以从一个几何场景中提取数论的信息。朗兰兹使用这个公式开始了他的工作，但他遇到了一个障碍。他将一定的数字集合加在一起，答案的形式却不是他想要的。这很烦人，但却不是一个沉重打击。所以他试图让他的一个研究生证明，看看他所得到的答案和他所需要的答案是不是相同的。朗兰兹最初认为这不过是一个引理——在比真正的定理低的层次。

证明所谓的"基本引理"将是完成这项任务的一个合理跳板。他和同事以及学生只能够证明这一基本引理的特殊情况，但证明普通情况所面临的挑战却大大超出朗兰兹的预计。

这个研究生没能帮助到他，然而，当朗兰兹自己来解决这个问题的时候，他也发现这个问题比他预期的要难得多。他向他的同行请教，但没有人能够提供朗兰兹所需的证据。朗兰兹知道，证明自己理论立基的假设这项任务需要几代人的共同努力。他认为，证明所谓的"基本引理"将是完成这项任务的一个合理跳板。他和同事以及学生只能够证明这一基本引理的特殊情况，之后引理被提升到了基本定理的层次。

2009 年，吴宝珠通过引入新的代数－几何学方法，证明了朗兰兹纲领自守形式中的基本引理。吴宝珠的成就也为他赢得了菲尔兹奖，这是朗兰兹纲领的一个重大进展。即使如此，整个朗兰兹纲领的证明也需要相当长的时间才能完成。

98

反推数学

突破：反推数学探讨的是将主流的数学定理和数学事实与基本的逻辑系统联系起来。

奠基者：格哈德·根岑（1909 年—1945 年）、哈维·弗里德曼（1948 年—）、斯蒂芬·辛普森（1948 年—）。

影响：弗里德曼对整数看似简单的陈述，却需要最强的逻辑系统，这是对可证实性的挑战。

哥德尔不完备性定理（见第 68 篇）将数理逻辑的世界完全颠倒。这意味着我们要放弃得出唯一的整数基本运算法则的目标。在此之后，证明论开始比较不同算法逻辑系统的优势，而反推数学则研究得出特定的定理需要什么样的定律。

描述整数的公理系统是皮亚诺算术，以其发明者，19 世纪的逻辑学家朱塞佩·皮亚诺的名字命名。皮亚诺算术包含着 7 个简单的公理，这些公理在很大程度上似乎是显而易见的，例如，如果 x 和 y 不相等，那么 $x + 1$ 和 $y + 1$ 也不相等。在很长的时间里，人们一直认为皮亚诺算术是整个数学的基础。但在 1931 年，哥德尔第一不完备性定理否定了这个想法。虽然皮亚诺算术是不完备的，但用它来达到最实用的目的似乎足够了。

即使在技术上是不完备的，但至少皮亚诺算术应该是一致的，这意味着它不包含任何隐藏的矛盾。这意味着在任何情况下，根据皮亚诺算术规则，应该不会产生荒谬的结果，如 $1 + 2 = 4$。

证明论

遗憾的是，哥德尔得出一个不受欢迎的结果，他的第二不完备性定理指出，一个包含公理化的算术的系统不能证明它自身的无矛盾性。然而，

左图：反推数学家的目的是，通过检查它的数学结果来重新构建逻辑框架。正如由彩色玻璃窗产生的一个复杂图案去得出光的颜色一样，所以数学逻辑规律和定理证明之间的关系远远不是这么简单的。

哥德尔发现了另一个微妙的可能性，仅仅几年之后，格哈德·根岑就证实了这种可能性。比起哥德尔的不完备性定理，根岑的定理更让人安心：他表明皮亚诺算术是一致的。他通过构建第二个逻辑系统，来避免哥德尔第二不完备性定理的发生。根岑的新逻辑系统在某些方面比皮亚诺算术更强，但在其他方面较弱。它不能证明它自身的一致性，但能够证明皮亚诺算术的一致性。

根岑的工作引发了一系列比较不同公理系统优势的研究。这一新的学科被称为证明论，直到现在它仍然是逻辑学家的研究重点。

自从根岑的开创性成果以来，证明论学家分析了大量各种不同的逻辑系统。一个有趣的问题是如何将这些逻辑系统与主流的数学定理联系在一起。给定一个经典的数学定理，我们需要用哪些基本的逻辑假设来证明它呢？这样的问题有着令人吃惊的答案。例如，事实证明，若尔当曲线定理（见第 51 篇）背后的逻辑系统，比中间值定理（见第 42 篇）需要用到的逻辑系统更强。

有限组合理论

给定一个经典的数学定理，我们需要用哪些基本的逻辑假设来证明它呢？

哥德尔定理说明任意一个包含一阶谓词逻辑与初等数论的形式系统，都存在一个命题，它在这个系统中既不能被证明也不能被否定。但是哥德尔的例子是人为设计过的，不太可能应用于主流数学研究，由于理论的发展而自然提出的各种待证命题似乎不会是不可判定的。

组合数学不完全性最早的例子是 1977 年由杰夫·帕里斯和利奥·哈林顿发现的。他们发现了一个拉姆齐定理（见第 67 篇）的轻微变化形态，似乎所有的数字都会满足它。我们可能自然地认为，这类事情可能出现在普通数学中。然而，帕里斯和哈林顿却表明，其结果在皮亚诺算术系统中无法证实。

由于这一突破性的发现，许多不完全的组合进一步被发现。尤其令人震惊的是逻辑学家哈维·弗里德曼（反推数学的创始人之一）的发现。自此以后人们沿着不可计算的道路给出一些不同的不可判定的命题。

大基数公理

在一个系统中，如果添加一个新的规则，就可以让任何一个无法证实的命题变得可以证明。但弗里德曼模式需要添加哪些新的规则呢？似乎一般系统都不能完成这个任务，答案是一个重大的冲击。

逻辑上最强的数学规律是格奥尔格·康托尔的基数理论（见第53篇）。康托尔证明了多层次的无限集存在，这被称为基数理论。事实上，康托尔的理论直接导致的结论是，有无穷多个这样的无限层次。但人们会问，是否有更高的层次，高到永远实现不了，甚至无法根据任何标准的数学程序建立？

这些实体（如果它们存在）被称为大基数。但是，像连续统假设（见第76篇），它们的存在不能从任何既定的数学原理中推导。获得大基数的唯一方法是假定它们的存在作为一个新的规则。人们普遍认为，大基数的存在与否与大多数数学家的日常事务无关。然而，要证明弗里德曼对整数的描述，必须在原有公理系统的基础上额外地加上大基数公理。

上图： 柯尼希引理，如果一个数学树有无限多个节点，而每个节点只有有限个分叉，那么数学树会存在一条无限长的分支。这一事实不能在最简单的逻辑框架中证明，是一个具有较强的系统逻辑的公理。

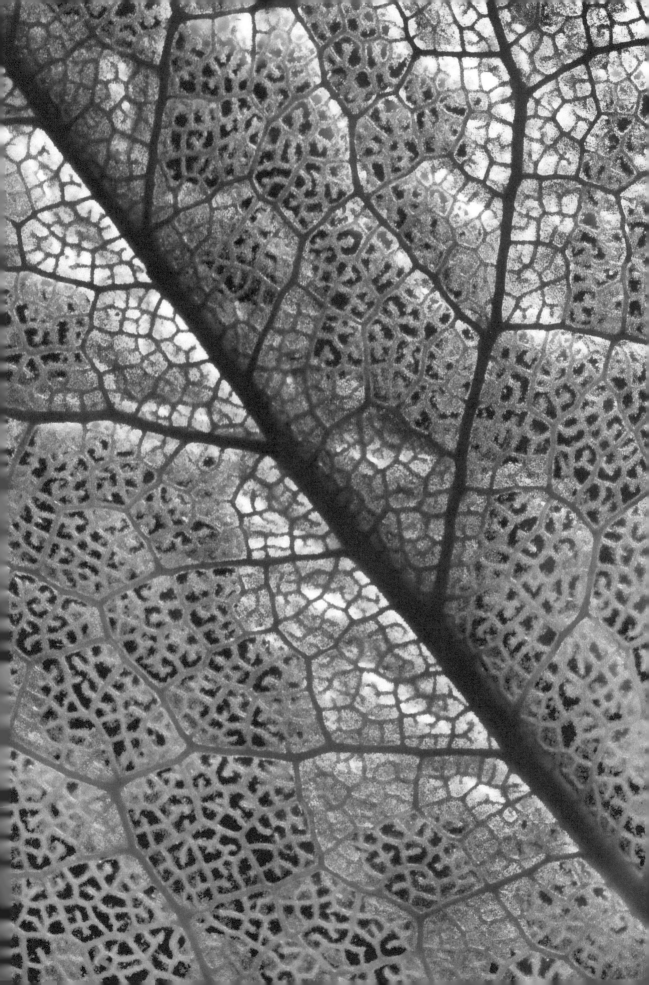

99

整数分拆

突破：整数分拆是指将一组对象分拆成更小的子集。在 1918 年，哈罗德和拉马努金对于可能的拆分数量提供了更好的估计。这为小野团队在 2011 年的研究提供了思路。

奠基者：G.H. 哈代（1887 年—1947 年）、斯里尼瓦瑟·拉马努金（1887 年—1920 年）、肯恩·小野（1968 年—）、洋·布吕尼埃（1971 年—）、阿曼达·福尔瑟姆（1979 年—）、扎卡里·A. 肯特（1977 年—）。

影响：整数分拆，一个看似简单的数学对象，多年来却一直困扰着我们。它象征着我们征服数论的一座里程碑。

在 20 世纪初期，看似简单的整数分拆理论激发了常数论的发展。这开始于数学界伟大的两名数学家的研究：斯里尼瓦瑟·拉马努金和 G.H. 哈代。后来，在 2011 年，由肯恩·小野领导的团队最终解决了关于整数分拆的一些问题。

有多少种方式可以把数字 4 写成不大于 4 的自然数的和？通过一个小实验可以解释，有 5 种方式：1+1+1+1，1+1+2，2+2，3+1 都等于 4，另一种方式是 "4 等于 4"，因此，自然数 4 存在 5 种分拆方式。（对整数分拆时，存在一个至关重要的前提：认为 1+3 与 3+1 是相同的。）

分拆是一个简单、自然的想法，但隐藏在背后的数学理论却远远不止这么简单。对于小数字，分拆个数容易计算：整数 1 的分拆个数是 1，整数 2 的分拆个数是 2，整数 3 的分拆个数是 3。但是，随着分拆个数序列的延伸，序列的模式也越来越模糊：1,2,3,4,5,7,11,15,22,30,42,56,77,101… 数学家几个世纪以来都在寻找该序列的潜在规则。如果有人想知道整数 100 的分拆个数，是否存在一个公式可以迅速给出答案呢？或者，根本没有其他的选择，只能一个一个地计算分拆个数？

左图：一片叶子的骨架可以将叶子的表面分成大小不同的区域。一个大的整数可以分解成较小的整数集合，这属于分拆的理论。

第一个认真思考该问题的人是莱昂哈德·欧拉，他发现了整数分拆的生成函数。原则上，欧拉的方法可以提供自然数 100 的分拆个数：190 569 292。事实上，这是一个缓慢的方法，这意味着要处理所有的中间数据。对于大数据而言，这是一种不切实际的方法。

哈代和拉马努金

分拆问题更直接的解决方法来自两个数学家的合作：斯里尼瓦瑟·拉马努金（从印度农村自学成才）和 G.H. 哈代（20 世纪初期杰出的英国数学家）。

无论如何衡量，拉马努金是人类史上最伟大的天才之一。他生长在印度南部的泰米尔纳德邦，在库姆巴科纳姆的学校时期，他就快速地读完了身边所有可用的数学书，在他 13 岁时，他就已经能够证明他的定理。他一个人工作，并且在极度贫困的条件下，拉马努金重新发现了几个著名的数学结果，包括一些有关发散级数（见第 23 篇）和解代数方程的公式（见第 20 篇）。拉马努金进行研究时，有自己独特的风格，即使在他最为辉煌的时期，他也并没有完整进行过一个严格的数学证明。尽管如此，他依然进行了大量的原创性研究，他声称这些研究是梦中他的家族女神 Namagiri 揭露的。

当他因为在入学考试的非数学部分失败而被拒绝进入马德拉斯大学时，拉马努金在印度发展自己事业的努力白费了。为了生计，他不得不做职员的工作。1913 年，他给在剑桥大学的教授 G.H. 哈代写了一封决定命运的信。哈代为信中包含的一系列非凡的理论而震惊，并且他意识到自己将与最聪明

下图：1 ~ 5 的数字拆分可以由费勒斯图像表示。

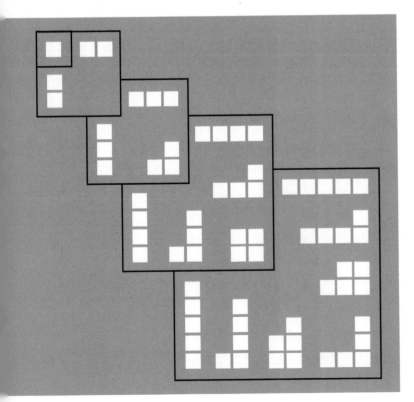

的大脑合作。第二年，拉马努金到达英国开始他们历史性的合作，后来哈代称这一事件为"我生命中最浪漫的事件"。

哈代 – 拉马努金公式

哈代与拉马努金两人互相借鉴对方的长处，他们最终合作发现了数论方面的几个重大成果。他们最重大的发现包括整数分拆。虽然没有找到分拆问题的精确解，但哈代与拉马努金却发现了一个近乎完美的答案。他俩发现整数 n 的分拆个数可以近似为：

$$\frac{1}{4n\sqrt{3}}e^{\pi\sqrt{\frac{2n}{3}}}$$

尽管第一眼看到这个公式时会感觉，令人震惊，然而答案却很容易计算，特别是计算机发明之后。尽管通过他们的公式并不能得到精确值，哈代与拉马努金却证明了 n 值越大，公式的估计值将越准确。

分拆和模形式

哈代与拉马努金的研究是一个巨大的突破，他们的方法也给数论提供了一个新的武器去解决分拆问题。在 1937 年，汉斯·拉特马赫扩展了他们的结果，并产生了对于给定数字分拆个数的一个精确的表达式。然而，汉斯·拉特马赫的结果并不是一个有限公式，而是需要添加一个无穷级数的公式。尽管从技术上来说这是令人印象深刻的，但计算分拆个数时是不实用的。

拉马努金从没有完整进行过一个严格的数学证明。尽管如此，他依然进行了大量的原创性研究，他声称这些研究是梦中他的家族女神 Namagiri 揭露的。

在 20 世纪，许多现代数论的深层次分析被用到了分拆问题中。事实上，拉马努金发现通过模运算处理分拆问题的惊人效果（见第 18 篇）。最终在 2011 年，由威斯康星大学肯恩·小野领导的团队引用模形式的分析给出了解释。他们的研究是成功的，这是第一次得到了一个能够确定任何整数分拆个数的单一的、有限的公式。

100

数独

突破： 现代数独都是在"拉丁方阵"的基础上发展起来的，其具有一些有趣的特性。关于数独的一个重要的理论问题由加里·麦圭尔在 2012 年解决。

奠基者： 莱昂哈德·欧拉（1707 年—1783 年）、加斯顿·塔里（1843 年—1913 年）、加里·麦圭尔（1967 年—）。

影响： 拉丁方阵不仅给广大爱好者们提供了一种娱乐方式，其特性也使它们在计算机科学中具有重要用途，它们被用来作为纠错码的理论基础。

数独毫无疑问是数学界最流行的娱乐方式之一，它基于一个更为古老的对象，被称为拉丁方阵。这些有趣的问题不仅仅是数学难题，从抽象的对称性到维护现代互联网通信，它们的应用广泛。2012 年，科学家提出了关于数独的一个关键的理论问题。

拉丁方阵之所以受人喜爱是因为它简单明确的定义。你可以在开始时用 3×3 方格。其目的是用数字 1、2 和 3 填充它，以使每个数字特征恰好出现在每一行、每一列中且不能重复。一种可能的解决方案是这样的：

1	2	3
2	3	1
3	1	2

这样的"拉丁方阵"是名不副实的，据我们所知，它们第一次出现在 7 ~ 10 世纪。大约公元 1225 年，苏菲派思想家艾哈迈德·阿尔布尼对"拉丁方阵"进行了研究，用一封信件中的人名组成了一个 4×4 方阵，说明数字其实是无关紧要的：任何一组符号都能组成拉丁方阵。我们能够构建任意规模的拉丁方阵，而相同规模下的拉丁方阵其组合种类的数量随规模的增大迅速增加。2×2 拉丁方阵有两种不同组合，3×3 拉丁方阵有 12 种

左图： 美国达特茅斯学院的希腊 - 拉丁方阵。小的彩色瓷砖形成一个拉丁方阵，彩色环也组成一个拉丁方阵，没有组合是重复的。

1	2	3
2	3	1
3	1	2

A	B	C
C	A	B
B	C	A

A1	B2	C3
C2	A3	B1
B3	C1	A2

上图： 两个拉丁方阵合为一个希腊 - 拉丁方阵，最后的结果中，A1 到 C3 各项都既不重复也无遗漏。

不同的组合。

常用的 9×9 数独方格的组合，则达到了 5 524 751 496 156 892 842 531 225 600 种。

36 名军官问题

在欧洲，经过数学家欧拉的研究，拉丁方阵才被人们熟知。欧拉是第一个将这些正方形的数学研究做到如此深层的数学家，他考虑如何将两个拉丁方阵形成一个希腊 - 拉丁方阵（见图示）。

欧拉的研究只能用于创建一些特定规模的网格。除了 2×2、6×6、10×10、14×14、18×18 等拉丁方阵之外，他能够建立每个维度的希腊 - 拉丁方阵。因此他推测在上述几种情况下希腊 - 拉丁方阵不可能存在。

事实上，不可能存在一个 2×2 的希腊 - 拉丁方阵，因为只有两个 2×2 方阵，它们不能配合在一起以正确的方式组成一个希腊 - 拉丁方阵。6×6 方阵的问题由 36 名军官而闻名：如果有 36 名军官来自 6 个不同的队伍，有 6 种不同的军衔，他们想组成一个方阵游行，能否有一个组合使得这些军官组成的方阵中每一行、每一列的 6 名军官来自不同的队伍且军衔不同？

欧拉坚定地认为，这样的安排是"绝对不可能"的，但他未能对此进行证明。直到 1901 年，这一判断才得到解答，加斯顿·塔里分析出了所有可能的 6×6 拉丁方阵。得出的结论是欧拉的判断是正确的：没有任何两个可以搭配在一起。但当希腊拉丁方阵的规模达到 10、14、18 时这个结论是不同的。1959 年，3 个研究员（拉吉·钱德拉·鲍斯、欧内斯特·帕克和沙拉德钱德拉·史瑞克汉德）指出欧拉的判断是错误的，这些规格的希腊-拉丁方阵是存在的，只是 2×2 方阵和 6×6 方阵不存在。

数独的线索

尽管拉丁方阵早已在数学界闻名，但是近年来它们在数独中意想不到地流行起来。数独游戏由霍华德于 1979 年制定，这个难题是一个 9×9 拉丁方阵，同时要求满足额外的条件。9×9 方阵中每一行每一列中出现的数字不同，同时被线围起来的 3×3 的方阵中要包含不重复的 9 个数字。2005 年，伯特伦·费尔根豪尔和弗雷泽贾维斯对此进行研究，证明恰好有 6 670 903 752 021 072 936 960（约 6.67×10^{21}）种有效方式可以填满数独格。

出现在杂志和报纸上的数独谜题通常有 25 个数字已经被填写好了。设置这些线索在数学上来讲是微妙的。设定者不能随便填写数据，他必须保证两件事情。最明显的是，应该有一些有效的方法来完成整个方阵，也就是说，多维数据集必须是一致的。但更为严格地讲，只能允许存在唯一解。解决数独的合乎逻辑的方法是："此行中必须存在这个数字，而且填写的地方只能在那里。"基于这种类型的解决思路，不可能有两个同样正确的答案。当然，只包含一个或两个线索时数独格将存在多种解决办法。因此这也抛给我们一个问题：需要多少个线索，以保证数独的唯一解呢？ 数学家们广泛猜测说，答案是17。2012 年 1 月 1 日，由加里·麦圭尔率领的团队宣布，他们已经证明该答案是正确的。他们通过巧妙的计算搜索，使用超过 700 万个 CPU 时间，排除了提供16 个提示线索使得数独存在唯一解的可能性。

如果有 36 名军官来自 6 个不同的队伍，有 6 种不同的军衔，他们想组成一个方阵游行，能否有一个组合使得这些军官组成的方阵中每一行、每一列的 6 名军官来自不同的队伍且军衔不同？

仅仅通过提供 17 个提示线索就能够完成数独九宫格，如果数据被删除，甚至输入有误，可以通过检查方阵的其余部分进行纠正。因此，拉丁方阵和相关对象通常被用来作为现代数据传输的校正装置。

名词解释

算法
一系列完成某个任务的指令。所有的计算机程序都是用某些语言编写的算法。

算术
数与数之间进行的加、减、乘、除运算。

基数（Bases）
描述数字的一种方法，依赖于一些固定的数字。在十进制中基数是 10，在二进制中基数是 2，基数可以取任意数值。

二进制
一种只用 0 和 1 两个数字来表示数的方法。在二进制中基数是 2，但是十进制是人们更熟悉的记数方法，它的基数是 10。二进制是计算机系统使用的基本进制。

比特
Binary Digit 的混成词，只有两种形式：0 和 1。在二进制中它是用来表示数字的字符串，或者传输、存储信息。

在计算机中，比特可以通过"开关"来存储。

微积分学
这门学科的目的是分析几何体系的变化。这门学科的两个分支分别是反映曲线的弯曲程度的微分学和计算曲线围成面积的积分学。

基数（Cardinal number）
刻画任意集合的大小。任意一个有限集的基数与通常意义下的自然数 0,1,2,3…一致。但是，对于无限集，传统概念中没有个数，而按基数概念，无限集也有基数。

笛卡儿坐标
表示点在空间中的位置。坐标 (2,3) 表示这个点到 y 轴的距离是两个单位，到 x 轴的距离是三个单位。

混沌理论
一种兼具质性思考与量化分析的方法，用以探讨动态系统中无法用单一的数据关系，

而必须用整体、连续的数据关系才能解释及预测的行为（有时候被称为蝴蝶效应）。

复数
复数是指能写成"实数加虚数"形式的数，比如 3+2i 或者 $\pi + \sqrt{6}\,i$。所有复数组成的系统是现代数学的背景。

计算复杂性
任务复杂性的研究，根据计算机完成任务需要花费的时间来判断任务复杂性。

圆锥曲线
椭圆、双曲线和抛物线是人们通常提到的圆锥曲线，因为它们都是用一个平面去截一个圆锥面得到的交线。它们都是除直线外最简单的曲线，并且在物理学上它们描述了轨道体的旋转路径。

猜想
数学猜想是指不知其真假的数学叙述，它被建议为真，暂时未被证明或反证。例如"abc 猜想"和"黎曼猜想"。

当猜想被证明后，它便成为定理。

曲线

指一维的几何对象。曲线可以通过对直线做各种"扭曲"得到。例如直线本身、圆和圆锥曲线都是曲线。

十进分数

十进分数是根据十进制的位值原则，把十进分数仿照整数的写法写成不带分母的形式，比如 3.14159265358979… 中的点叫作小数点，小数点后的数字依次表示十分之一、百分之四、千分之一、万分之五等。

微分法

描述变化率。质点的位移对时间的一次微分表示速度，而质点的位移对时间的二次微分表示加速度。

丢番图方程

指有一个或者几个变量的整系数方程，对它们求解仅仅在整数范围内进行。著名的费马大定理和卡塔兰猜想都是丢番图方程的例子。对丢番图方程的研究是数论中一个主要的研究话题。

熵

描述数据流的不确定性。理想的硬币熵是 1，而双正面硬币或者双背面硬币的熵是 0。

方程

表示两个表达式之间相等关系的一种等式。例如 $E = mc^2$ 和 1+1 = 2 都是方程。

指数函数

任意给定一个 x，就有一个相应的函数值 e^x。我们有公式 $e^x = 1 + x + \dfrac{x^2}{2} + \dfrac{x^3}{3 \times 2} + \dfrac{x^4}{4 \times 3 \times 2} + \cdots$。指数函数在分析复数和积分的时候起着重要的作用。

乘方

对于整数，乘方的结果就等于作幂运算。我们需要更有技术性的工作才能将上述概念应用到更大的数，这就涉及指数函数。

因子

一个整数的因子是指能够整除它的整数。例如，4 是 12 的一个因子（这是因为 $4 \times 3 = 12$），但是 5 不是 12 的因子。

阶乘

正整数阶乘指从 1 一直乘到所要求的数。例如所要求的数是 6，则阶乘式子是 $1 \times 2 \times 3 \times 4 \times 5 \times 6$，得到的积是 720，720 就是 6 的阶乘。所以 $6! = 6 \times 5 \times 4 \times 3 \times 2 \times 1 = 720$。

分形

具有自相似性的形状或图案：放大图形，其局部形状和整体形态相似，它们从整体到局部，都是自相似的。

集合

是代数上的一个概念，集合是把人们直观的或思维中的某些确定的能够区分的对象汇合在一起，使之成为一个整体（或称为单体），这一整体就是集合。组成集合的对象称为这一集合的元素（或简称元）。

阿拉伯数字

阿拉伯数字由 0, 1, 2, 3, 4, 5, 6, 7, 8, 9 共 10 个记数符号组成。采取位值法，高位在左，低位在右，从左往右书写。现今国际通用数字，最初由印度人发明，后由阿拉伯人传向欧洲，之后经欧洲人将其现代化。

虚数

虚数就是其平方是负数的数。所有的虚数都是复数。这种数有一个专门的符号"i"，它被称为虚数单位，是 -1 的开方，即 $i = \sqrt{-1}$。所有的虚数都是 i 的组合，比如 4i 或 $\sqrt{6}$ i。

整数

一个整数，要么是正整数，要么是负整数或 0：

…,-3,-2,-1,0,1,2,3,…

积分

积分是微分的反过程。对物体加速度进行积分可得到物体的速度。用积分也可以计算几何形状的面积。

无理数

无理数，即非有理数之实数，不能写作两整数之比。若将它写成小数形式，小数点之后的数字有无限多个，并且不会循环。常见的无理数有 $\sqrt{2}$、π 和 e。

对数

如果 2 的 3 次方等于 8，那么数 3 叫作以 2 为底 8 的对数（logarithm），记作 3 = $\log_2 8$。其中，2 叫作对数的底数，8 叫作真数，3 叫作"以 2 为底 8 的对数"。

矩阵

在数学中，矩阵（Matrix）是指纵横排列的二维数据表格，如 $\begin{pmatrix} 1 & 0 \\ 0 & 1 \end{pmatrix}$（行和列的数目可能会有所不同）。矩阵的基本运算包括矩阵加(减)法、数乘和转置运算。

纳什均衡

所谓纳什均衡，指的是参与人的这样一种策略组合——在该策略组合上，任何参与人单独改变策略都不会得到好处。换句话说，如果在一个策略组合上，当所有其他人都不改变策略时，没有人会改变自己的策略，则该策略组合就是一个纳什均衡。

负数

小于零的数称为负数，负数用负号"-"和一个正数标记，如"-4"代表的就是 4 的相反数。如果正数 4 可能代表利润，那么 -4 表示相应的亏损。

NP 完全问题

一个任务如果可以快速验证（在多项式时间内），但不一定能快速解答，那么这个任务就被称为 NP 问题，NP 完全问题是这类问题中最难的。

数论

数论就是指研究整数性质的一门理论。数论的两个主要的研究对象是素数和丢番图方程。

悖论

悖论指在逻辑上可以推导出互相矛盾的结论，但表面上能自圆其说的命题或理论体系。典型的例子是"这句话是错的"（一些所谓的悖论仅是人们理解认识不够深刻、正确，或是非常意外的事实）。

完全数

如果一个整数恰好等于它的因子之和，则称该数为"完全数"。一个例子是 6，因为它的真因子是 1、2 和 3，而 1 + 2 + 3 = 6。

π

圆周率，一般以 π 表示，定义为圆的周长与直径之比。π 的精确值不能表示为分数或小数，因为它是一个无理数，但它的近似值为 3.141592653589…。

位值制记数法

位值制即每个数码所表示的数值，不仅取决于这个数码本身，而且取决于它在记数中所处的位置。比如在十进位值制中，同样是数码"7"，放在个位上表示 7，放在十位上就表示 70（7×10）。

柏拉图体

最对称的多面体，一共有五种：正四面体、正六面体、正八面体、正十二面体、正二十面体。

多边形

数学用语，由三条或三条以上的线段首尾顺次连接所组成的封闭图形叫作多边形。常见的例子为矩形和三角形。正多边形是边长和角都相同的多边形，包括正方形和等边三角形。

多面体

多面体是指四个或四个以上多边形所围成的立体，典型例子就是立方体。最对称的多面体是柏拉图体。

多项式

在数学中，多项式是指由未知量（通常表示为 x）、系数以及它们通过加、减、乘、指数（正整数次）运算得到的表达式，如 x^2-2x+1。根是让多项式的值等于 0 的量，在这个多项式中，解是 $x=1$。

多胞形

多胞形是一类由平的边界构成的几何对象。多胞形可以存在于任意维的空间中。多边形（如正方形）为二维多胞形，多面体（如立方体）为三维多胞形，也可以延伸到三维以上的空间。

幂

指乘方运算的结果。如"4的5次幂"（写作 4^5），就是将5个4相乘：$4×4×4×4×4$。

素数

指一个大于1的自然数，除了1和它自身外，不能被其他自然数（除0以外）整除的数，否则称为合数。7是素数，8不是素数，因为 $2×4=8$。

概率

概率衡量一个事件发生的可能性。概率位于 0 和 1 之间。不可能事件的概率是 0，确定事件的概率为 1，抛硬币时，正面和反面出现的概率均是 0.5。

证明

在数学上，证明是在一个特定的公理系统中，根据一定的规则或标准，由公理和定理推导出某些命题的过程。证明是将真相从猜想（或不知情的猜测）中提炼出来的手段。

二次方程

二次方程是一种整式方程，其未知项（x）的最高次数是 2（表示为 x^2 或 $x×x$）。例如，$x^2-6x+9=0$，它的解是 $x=3$，即 $3^2-6×3+9=0$。

量子力学

量子力学是研究微观粒子运动规律的物理学分支学科。量子力学对决定状态的物理量不能给出确定的"预言"，只能给出物理量取值的概率。

实数

实数包括有理数和无理数。其中无理数就是无限不循环小数，有理数包括整数和分数。例如，2、$-3\frac{1}{4}$、π 和 $\sqrt{2}$。任何实数可以写成一个十进制数（可能是无限小数）。实数集也被称为实直线。

相对论

相对论是关于时空和引力的基本理论。相对论有一个最基本的假设就是"光速不变原理"，即相对于任何运动或静止的物体来说，光速都是不变的。广义相对论还考虑引力的影响。

直角三角形

直角三角形有一个角是直角（90°）。毕达哥拉斯定理描述了直角三角形的一个重要性质。

环

环是一种代数结构，环中的元素可以进行加法、减法和乘法运算。最著名的例子是整数集。

根式

乘方运算的反过程。比如

16 的平方根是 4，表示为 $\sqrt{16} = 4$。81 的四次方根是 3，表示为 $\sqrt[4]{81} = 3$。

尺规作图

古希腊的几何学家认为可以通过使用没有标记的直尺和圆规来解决几何问题。用这些工具，可以将线段分成相同的两部分，但有些问题无法解决，最有名的是"化圆为方"问题。

集合论

集合论或集论是研究集合（由一堆抽象物件构成的整体）的数学理论。集合论的核心问题是比较两个任意集合的大小。为此，在比较无限集大小时我们引入了"基数"的概念。

奇点

奇点（奇异点）是一个在传统几何中不存在的点。例如，光滑曲面上的尖点。

时空

四维空间包括三维空间和时间维度。时空是相对论研究的中心对象。

表面

一个二维几何对象，在每个小的区域看起来像一块扁平的二维平面。常见的例子包括球面、环面和平面。

三段论

三段论推理是演绎推理中的一种简单推理判断。它包含一个一般性的原则（大前提），一个附属于大前提的特殊化陈述（小前提），以及由此引申出的特殊化陈述符合一般性原则的结论。如著名的"苏格拉底三段论推理"：

所有的人都是要死的，

苏格拉底是人，

所以苏格拉底是要死的。

对称性

一种改变形状的方式，让它看起来和原先相同，例如对一个正方形，旋转 90°。对称性可以反射（镜像对称性）、旋转、平移（滑动）或它们的任意组合。

定理

在数学里，定理是指在既有命题的基础上证明出来的命题。产生有趣的定理是数学研究的主要目标。

拓扑结构

在拓扑中，对于两个几何形状，如果能够将其中一个拉伸或弯曲成另外一个形状，那么这两个几何形状就被认为是相同的。

超越数

超越数是不能只通过以下步骤变为分数的实数，包括加法、减法、乘法和除法（不包括除以本身得到 1）。超越数包括 π 和 e。

三角学

三角学是分析三角形的角度和边长的一系列技术。三个主要的概念是正弦、余弦和正切，都是将直角三角形的内角和它的两个边长长度的比值相关联。

图灵机

所谓的图灵机就是指一个抽象的机器，是艾伦·图灵用来分析算法的一种抽象的计算模型。任何计算机在本质上都相当于一个通用图灵机。

波形

一个曲线在周期中重复，用于构建如声、光等物理波的模型。通常，数学家最喜欢的是正弦波。